强制性条文速查系列手册

建筑材料强制性条文
速查手册

闫军 主编

中国建筑工业出版社

图书在版编目（CIP）数据

建筑材料强制性条文速查手册/闫军主编. —北京：中国建筑工业出版社，2014.9
（强制性条文速查系列手册）
ISBN 978-7-112-17317-4

Ⅰ.①建…　Ⅱ.①闫…　Ⅲ.①建筑材料-国家标准-中国-手册　Ⅳ.①TU5-65

中国版本图书馆 CIP 数据核字（2014）第 226538 号

强制性条文速查系列手册

建筑材料强制性条文速查手册

闫军　主编

*

中国建筑工业出版社出版、发行（北京西郊百万庄）
各地新华书店、建筑书店经销
北京红光制版公司制版
北京同文印刷有限责任公司印刷

*

开本：850×1168 毫米　1/32　印张：13⅜　字数：369 千字
2014 年 11 月第一版　　2014 年 11 月第一次印刷
定价：**65.00** 元
ISBN 978-7-112-17317-4
（26090）

本书为"强制性条文速查系列手册"第六分册。共收录建设工程材料类规范145本，强制性条文千条左右。全书共分十七篇。主要内容包括：通用；水泥；钢筋；混凝土；预应力；暖通与管道；砌筑材料；外加剂；门窗；玻璃与幕墙；装饰；防水；防火、灭火与消防；钢结构；型材与构件；市政与燃气；给水排水。

本书供建筑材料人员使用且兼顾大土木，并可供建筑施工、监理、安全、试验、检测、加固、市政、公路、道桥、交通等土木工程建设领域人员学习参考。

* * *

责任编辑：郭　栋

责任设计：李志立

责任校对：陈晶晶　赵　颖

前　言

　　《工程建设强制性条文》是工程建设过程中的强制性技术规定，是参与建设活动各方执行工程建设强制性标准的依据。执行《工程建设强制性条文》既是贯彻落实《建设工程质量管理条例》的重要内容，又是从技术上确保建设工程质量的关键。强制性条文的正确实施，对促进房屋建筑活动健康发展，保证工程质量、安全，提高投资效益、社会效益和环境效益都具有重要的意义。

　　强制性条文的内容，摘自工程建设强制性标准，主要涉及人民生命财产安全、人身健康、环境保护和其他公众利益。强制性条文的内容是工程建设过程中各方必须遵守的。按照建设部第81号令《实施工程建设强制性标准监督规定》，施工单位违反强制性条文，除责令整改外，还要处以工程合同价款 2% 以上 4% 以下的罚款。勘察、设计单位违反工程建设强制性标准进行勘察、设计的，责令改正，并处以 10 万元以上 30 万元以下的罚款。

　　"强制性条文速查系列手册"搜集整理了最新的工程建设强制性条文，共分建筑设计、建筑结构与岩土、建筑施工、给水排水与暖通、交通工程、建筑材料六个分册。六个分册购齐，工程建设强制性条文就齐全了。搜集、整理强制性条文花费了不少的时间和心血，希望读者喜欢。六个分册的名称如下：

> ➢《建筑设计强制性条文速查手册》
> ➢《建筑结构与岩土强制性条文速查手册》
> ➢《建筑施工强制性条文速查手册》
> ➢《给水排水与暖通强制性条文速查手册》
> ➢《交通工程强制性条文速查手册》
> ➢《建筑材料强制性条文速查手册》

本书为"强制性条文速查系列手册"的第六分册。收录的主要为国家标准（GB）、建材行业标准（JC）、产品标准（JG、CJ）等。全文强制性标准未收录，读者可购买需要的正版单行本。为保证强制性条文文本阐述含义的完整性，以较小篇幅附上个别相关非强制性条文且用楷体标识，请读者留意。

全书由闫军主编，参加编写的有张爱洁、沈伟、高正华、吴建亚、胡明军、张慧、张安雪、乔文军、朱永明、李德生、朱忠辉、刘永刚、徐益斌、张晓琴、杨明珠、刘昌言、曹立峰、周少华、郑泽刚、季鹏、肖刚、赵彬彬、许金松、刘小路、曹艳艳、韩欣鹏、李毅、黄慧、安昌锋。

目　　录

第七篇　砌筑材料

第八篇　外加剂

第九篇　门窗

第十篇　玻璃与幕墙

第十一篇　装饰

一、《室内装饰装修材料　胶粘剂中有害物质限量》

第十二篇　防水

第十三篇　防火、灭火与消防

第十四篇　钢结构

第十五篇　型材与构件

第十六篇　市政与燃气

第十七篇　给水排水

第一篇 通 用

一、《建筑材料放射性核素限量》GB 6566—2010

3　要求

3.1　建筑主体材料

建筑主体材料中天然放射性核素镭-226、钍-232、钾-40 的放射性比活度应同时满足 $I_{Ra} \leqslant 1.0$ 和 $I_r \leqslant 1.0$。

对空心率大于 25% 的建筑主体材料，其天然放射性核素镭-226、钍-232、钾-40 的放射性比活度应同时满足 $I_{Ra} \leqslant 1.0$ 和 $I_r \leqslant 1.3$。

3.2　装饰装修材料

本标准根据装饰装修材料放射性水平大小划分为以下三类：

3.2.1　A 类装饰装修材料

装饰装修材料中天然放射性核素镭-226、钍-232、钾-40 的放射性比活度同时满足 $I_{Ra} \leqslant 1.0$ 和 $I_r \leqslant 1.3$ 要求的为 A 类装饰装修材料。A 类装饰装修材料产销与使用范围不受限制。

3.2.2　B 类装饰装修材料

不满足 A 类装饰装修材料要求但同时满足 $I_{Ra} \leqslant 1.3$ 和 $I_r \leqslant 1.9$ 要求的为 B 类装饰装修材料。B 类装饰装修材料不可用于 I 类民用建筑的内饰面，但可用于 II 类民用建筑物、工业建筑内饰面及其他一切建筑的外饰面。

3.2.3　C 类装饰装修材料

不满足 A、B 类装修材料要求但满足 $I_r \leqslant 2.8$ 要求的为 C 类装饰装修材料。C 类装饰装修材料只可用于建筑物的外饰面及室外其他用途。

二、《建筑用电子水平尺》JG 142—2002

4.3　基本参数

建筑用电子水平尺的基本参数应符合表 1 中规定。

表 1 基本参数

序号	参数名称	参数值
1	分辨率	0.01
2	测量范围	$-9.99°\sim+99.99°$
3	温度范围	$-25\sim+60℃$
4	工作面长度	400mm、1000mm、2000mm、3000mm
5	工作电源额定电压	DC 12V
6	使用寿命	6 年/8 万次

5.2.2 准确度

建筑用电子水平尺的准确度等级，按照基本误差限值标定见表3。

表 3 准确度等级与基本误差限关系表

准确度等级	0.01	0.02
基本误差限 （满量程的百分数表示）	$\pm0.01\%$	$\pm0.02\%$

第二篇　水　　泥

一、《通用硅酸盐水泥》GB 175—2007

7.1 化学指标

通用硅酸盐水泥化学指标应符合表 2 的规定。

表 2 %

品种	代号	不溶物（质量分数）	烧失量（质量分数）	三氧化硫（质量分数）	氧化镁（质量分数）	氯离子（质量分数）
硅酸盐水泥	P·Ⅰ	≤0.75	≤3.0	≤3.5	≤5.0	≤0.06c
	P·Ⅱ	≤1.50	≤3.5			
普通硅酸盐水泥	P·O	—	≤5.0			
矿渣硅酸盐水泥	P·S·A	—	—	≤4.0	≤6.0a	
	P·S·B	—	—			
火山灰质硅酸盐水泥	P·P	—	—	≤3.5	≤6.0b	
粉煤灰硅酸盐水泥	P·F	—	—			
复合硅酸盐水泥	P·C	—	—			

a 如果水泥压蒸试验合格，则水泥中氧化镁的含量（质量分数）允许放宽至 6.0%。

b 如果水泥中氧化镁的含量（质量分数）大于 6.0%时，需进行水泥压蒸安定性试验并合格。

c 当有更低要求时，该指标由买卖双方确定

7.3.1 凝结时间

硅酸盐水泥初凝时间不小于 45min，终凝时间不大于 390min。

普通硅酸盐水泥、矿渣硅酸盐水泥、火山灰质硅酸盐水泥、粉煤灰硅酸盐水泥和复合硅酸盐水泥初凝不小于 45min，终凝不大于 600min。

7.3.2 安定性

沸煮法合格。

7.3.3 强度

不同品种不同强度等级的通用硅酸盐水泥，其不同龄期的强度应符合表 3 的规定。

表 3 单位为兆帕

品种	强度等级	抗压强度		抗折强度	
		3d	28d	3d	28d
硅酸盐水泥	42.5	≥17.0	≥42.5	≥3.5	≥6.5
	42.5R	≥22.0		≥4.0	
	52.5	≥23.0	≥52.5	≥4.0	≥7.0
	52.5R	≥27.0		≥5.0	
	62.5	≥28.0	≥62.5	≥5.0	≥8.0
	62.5R	≥32.0		≥5.5	
普通硅酸盐水泥	42.5	≥17.0	≥42.5	≥3.5	≥6.5
	42.5R	≥22.0		≥4.0	
	52.5	≥23.0	≥52.5	≥4.0	≥7.0
	52.5R	≥27.0		≥5.0	
矿渣硅酸盐水泥 火山灰质硅酸盐水泥 粉煤灰硅酸盐水泥 复合硅酸盐水泥	32.5	≥10.0	≥32.5	≥2.5	≥5.5
	32.5R	≥15.0		≥3.5	
	42.5	≥15.0	≥42.5	≥3.5	≥6.5
	42.5R	≥19.0		≥4.0	
	52.5	≥21.0	≥52.5	≥4.0	≥7.0
	52.5R	≥23.0		≥4.5	

9.4 判定规则

9.4.1 检验结果符合 7.1、7.3.1、7.3.2、7.3.3 的规定为合格品。

9.4.2 检验结果不符合 7.1、7.3.1、7.3.2、7.3.3 中的任何一项技术要求为不合格品。

二、《钢渣硅酸盐水泥》GB 13590—2006

4 材料要求

4.1 钢渣须符合 YB/T 022 的规定。

4.2 粒化高炉矿渣须符合 GB/T 203 规定。

4.3 石膏须符合 GB/T 5483 的规定。

4.4 硅酸盐水泥熟料须符合 JC/T 853 的规定且强度不低于 42.5MPa。

4.5 助磨剂

粉磨时允许加入助磨剂，其加入量不超过水泥质量的 1%，助磨剂须符合 JC/T 667 的规定。

5 强度等级

钢渣硅酸盐水泥强度等级分为 32.5、42.5。

6 技术要求

6.1 三氧化硫

三氧化硫含量不超过 4%。

6.2 比表面积

比表面积不小于 $350m^2/kg$。

6.3 凝结时间

初凝时间不得早于 45min，终凝时间不得迟于 12h。

6.4 安定性

安定性检验必须合格。用氧化镁含量大于 13% 的钢渣制成的水泥，经压蒸安定性检验，必须合格。

6.5 强度

水泥强度等级按规定龄期的抗压强度和抗折强度来划分，各强度等级水泥的各龄期强度不得低于下表数值。

表 1 水泥的强度等级与各龄期强度   单位为兆帕

强度等级	抗压强度		抗折强度	
	3d	28d	3d	28d
32.5	10.0	32.5	2.5	5.5
42.5	15.0	42.5	3.5	6.5

三、《油井水泥》GB 10238—2005

4 要求

4.1 级别和类型、化学和物理性能要求

4.1.1 级别和类型

油井水泥分为以下级别（A、B、C、D、E、F、G 和 H）和类型（O、MSR 和 HSR）。外加剂或调凝剂不能影响油井水泥的预期性能。

A 级：由水硬性硅酸钙为主要成分的硅酸盐水泥熟料，通常加入适量的符合 GB/T 5483 的石膏经磨细制成的产品。在生产 A 级水泥时，允许掺入符合 JC/T 667 的助磨剂。该产品适合于无特殊性能要求时使用，只有普通（O）型。

B 级：由水硬性硅酸钙为主要成分的硅酸盐水泥熟料，通常加入适量的符合 GB/T 5483 的石膏经磨细制成的产品。在生产 B 级水泥时，允许掺入符合 JC/T 667 的助磨剂。该产品适合于井下条件要求中抗或高抗硫酸盐时使用，有中抗硫酸盐（MSR）和高抗硫酸盐（HSR）2 种类型。

C 级：由水硬性硅酸钙为主要成分的硅酸盐水泥熟料，通常加入适量的符合 GB/T 5483 的石膏经磨细制成的产品。在生产 C 级水泥时，允许掺入符合 JC/T 667 的助磨剂。该产品适合于井下条件要求高的早期强度时使用，有普通（O）、中抗硫酸盐（MSR）和高抗硫酸盐（HSR）3 种类型。

D 级：由水硬性硅酸钙为主要成分的硅酸盐水泥熟料，通常加入适量的符合 GB/T 5483 的石膏经磨细制成的产品。在生产 D 级水泥时，允许掺入符合 JC/T 667 的助磨剂。此外，在生产时还可选用合适的调凝剂进行共同粉磨或混合。该产品适合于中温中压的条件下使用，有中抗硫酸盐（MSR）和高抗硫酸盐（HSR）2 种类型。

E 级：由水硬性硅酸钙为主要成分的硅酸盐水泥熟料，通常加入适量的符合 GB/T 5483 的石膏经磨细制成的产品。在生产 E 级水泥时，允许掺入符合 JC/T 667 的助磨剂。此外，在生产时还可选用合适的调凝剂进行共同粉磨或混合。该产品适合于高温高压条件下使用，有中抗硫酸盐（MSR）和高抗硫酸盐（HSR）2 种类型。

F级：由水硬性硅酸钙为主要成分的硅酸盐水泥熟料，通常加入适量的符合 GB/T 5483 的石膏经磨细制成的产品。在生产 F 级水泥时，允许掺入符合 JC/T 667 的助磨剂。此外，在生产时还可选用合适的调凝剂进行共同粉磨或混合。该产品适合于高温高压条件下使用，有中抗硫酸盐（MSR）和高抗硫酸盐（HSR）2 种类型。

G级：由水硬性硅酸钙为主要成分的硅酸盐水泥熟料，通常加入适量的符合 GB/T 5483 的石膏经磨细制成的产品。在生产 G 级水泥时，除了加石膏或水或两者一起与熟料相互粉磨或混合外，不得掺加其他外加剂。该产品是一种基本油井水泥，有中抗硫酸盐（MSR）和高抗硫酸盐（HSR）2 种类型。

H级：由水硬性硅酸钙为主要成分的硅酸盐水泥熟料，通常加入适量的符合 GB/T 5483 的石膏经磨细制成的产品。在生产 H 级水泥时，除了加石膏或水或两者一起与熟料相互粉磨或混合外，不得掺加其他外加剂。该产品是一种基本油井水泥，有中抗硫酸盐（MSR）和高抗硫酸盐（HSR）2 种类型。

4.1.2 化学要求

不同级别和类型的油井水泥应符合表 1 规定的相应化学要求。

水泥的化学分析应按 GB/T 176 规定的方法进行。

4.1.3 物理性能要求

不同级别和类型的油井水泥应符合表 2 规定的相应物理性能要求。

表 1 化学要求（%）

化学要求	水 泥 级 别					
	A	B	C	D、E、F	G	H
普通型（O）						
氧化镁（MgO），最大值	6.0	NA	6.0	NA	NA	NA

续表1

化学要求	水　泥　级　别					
	A	B	C	D、E、F	G	H
三氧化硫（SO_3），最大值	3.5^a	NA	4.5	NA	NA	NA
烧失量，最大值	3.0	NA	3.0	NA	NA	NA
不溶物，最大值	0.75	NA	0.75	NA	NA	NA
铝酸三钙（C_1A），最大值	NR	NA	15	NA	NA	NA
中抗硫酸盐型（MSR）						
氧化镁（MgO），最大值	NA	6.0	6.0	6.0	6.0	6.0
三氧化硫（SO_3），最大值	NA	3.0	3.5	3.0	3.0	3.0
烧失量，最大值	NA	3.0	3.0	3.0	3.0	3.0
不溶物，最大值	NA	0.75	0.75	0.75	0.75	0.75
硅酸三钙（C_3S），　　最大值	NA	NR	NR	NR	58^b	58^b
最小值	NA	NR	NR	NR	48^b	48^b
铝酸三钙（C_3A），最大值	NA	8	8	8	8	8
以氧化钠（Na_2O）当量表示的总碱量，最大值	NA	NR	NR	NR	0.75^c	0.75^c
高抗硫酸盐型（HSR）						
氧化镁（MgO），最大值	NA	6.0	6.0	6.0	6.0	6.0
三氧化硫（SO_3），最大值	NA	3.0	3.5	3.0	3.0	3.0
烧失量，最大值	NA	3.0	3.0	3.0	3.0	3.0
不溶物，最大值	NA	0.75	0.75	0.75	0.75	0.75

续表1

化学要求	水泥级别					
	A	B	C	D、E、F	G	H
硅酸三钙（C_3S）， 最大值 最小值	NA NA	NR NR	NR NR	NR NR	65[b] 48[b]	65[b] 48[b]
铝酸三钙（C_3A）， 最大值	NA	3[b]	3[b]	3[b]	3[b]	3[b]
铝铁酸四钙（C_4AF） 十二倍铝酸三钙 （C_3A），最大值	NA	24[b]	24[b]	24[b]	24[b]	24[b]
以氧化钠（Na_2O） 当量表示的总碱量，最 大值	NA	NR	NR	NR	0.75[c]	0.75[c]

注：NR—不要求，NA—不适用。

[a]　当 A 级水泥的铝酸三钙含量（以 C_3A 表示）为 8% 或小于 8% 时，SO_3 最大含量为 3%。

[b]　用计算假定化合物表示化学成分范围时，不一定就指氧化物真正或完全以该化合物的形式存在。当 $Al_2O_3/Fe_2O_3 \leqslant 0.64$ 时，C_3A 含量为零。当 $Al_2O_3/Fe_2O_3 > 0.64$ 时，化合物按下式计算：

$C_3A = 2.65 \times Al_2O_3\% - 1.69 \times Fe_2O_3\%$

$C_4AF = 3.04 \times Fe_2O_3\%$

$C_3S = 4.07 \times CaO\% - 7.60 \times SiO_2\% - 6.72 \times Al_2O_2\% - 1.43 \times Fe_2O_3\% - 2.85 \times SO_3\%$

当 $Al_2O_3/Fe_2O_3 < 0.64$ 时，形成氧化铁-氧化铝-氧化钙固熔体（表达为 $C_4AF + C_2F$），化合物按下式计算：

$C_3S = 4.07 \times CaO\% - 7.60 \times SiO_2\% - 4.48 \times Al_2O_3\% - 2.86 \times Fe_2O_3\% - 2.85 \times SO_3\%$

[c]　总碱量（以 Na_2O 当量表示）应按下式计算：

Na_2O 当量 $= 0.658 \times K_2O\% + Na_2O\%$。

表 2　物理性能要求

油井水泥级别				A	B	C	D	E	F	G	H
混合水，占水泥质量分数/%（表5）				46	46	56	38	38	38	44	38
细度（比表面积，勃氏法），最小值（m²/kg），（第6章）				280	280	400	NR	NR	NR	NR	NR
游离液含量，最大值/%，（第8章）				NR	NR	NR	NR	NR	NR	5.90	5.90
抗压强度（8h养护）（第9章）	试验方案（表6）	最终养护温度/℃（℉）	最终养护压力/MPa（psi）	抗压强度，最小值/MPa（psi）							
	NA	38(100)	常压	1.7(250)	1.4(200)	2.1(300)	NR	NR	NR	2.1(300)	2.1(300)
	NA	60(140)	常压	NR	NR	NR	NR	NR	NR	10.3(1500)	10.3(1500)
	6S	110(230)	20.7(3000)	NR	NR	NR	NR	NR	NR	NR	NR
	8S	143(290)	20.7(3000)	NR	NR	NR	3.4(500)	3.4(500)	NR	NR	NR
	9S	160(320)	20.7(3000)	NR	NR	NR	NR	NR	3.4(500)	NR	NR
抗压强度（24h养护）（第9章）	试验方案（表6）	最终养护温度/℃（℉）	最终养护压力/MPa（psi）	抗压强度，最小值/MPa（psi）							
	NA	38(100)	常压	12.4(1800)	10.3(1500)	13.8(2000)	NR	NR	NR	NR	NR
	4S	77(170)	20.7(3000)	NR	NR	NR	6.9(1000)	6.9(1000)	NR	NR	NR

续表 2

油井水泥级别

	试验方案（表6）	最终养护温度/℃（℉）	最终养护压力/MPa（psi）	抗压强度，最小值/MPa（psi）							
				A	B	C	D	E	F	G	H
抗压强度（24h养护）（第9章）	6S	110（230）	20.7（3000）	NR	NR	NR	13.8（2000）	NR	6.9（1000）	NR	NR
	8S	143（290）	20.7（3000）	NR	NR	NR	NR	13.8（2000）	NR	NR	NR
	9S	160（320）	20.7（3000）	NR	NR	NR	NR	NR	6.9（1000）	NR	NR

	试验方案（表9~表13）	15~30min 最大稠度/Bc[b]		稠化时间（最大值/最小值）/min							
				A	B	C	D	E	F	G	H
稠化时间（压力、温度条件下）（第10章）	4	30		90 最小值	90 最小值	90 最小值	90 最小值	NR	NR	NR	NR
	5	30		NR	NR	NR	NR	NR	NR	90 最小值	90 最小值
	5	30		NR	NR	NR	NR	NR	NR	120 最大值	120 最大值
	6	30		NR	NR	NR	100 最小值	100 最小值	100 最小值	NR	NR
	8	30		NR	NR	NR	NR	154 最小值	NR	NR	NR
	9	30		NR	NR	NR	NR	NR	190 最小值	NR	NR

注：NR—不要求，NA—不适用。

a 稠度单位 Bc，采用第10章的增压稠度仪测得，并按照第10章进行校准。

四、《抗硫酸盐硅酸盐水泥》GB 748—2005

7.1 硅酸三钙和铝酸三钙

水泥中硅酸三钙和铝酸三钙的含量应符合表 1 规定。

表 1　水泥中硅酸三钙和铝酸三钙的含量（质量分数）　　%

分类	硅酸三钙含量（质量分数）	铝酸三钙含量（质量分数）
中抗硫酸盐水泥	≤55.0	≤5.0
高抗硫酸盐水泥	≤50.0	≤3.0

7.2 烧失量

水泥中烧失量应不大于 3.0%。

7.3 氧化镁

水泥中氧化镁的含量应不大于 5.0%。

如果水泥经过压蒸安定性试验合格，则水泥中氧化镁的含量允许放宽到 6.0%。

7.4 三氧化硫

水泥中三氧化硫的含量应不大于 2.5%。

7.5 不溶物

水泥中的不溶物应不大于 1.50%。

7.6 比表面积

水泥的比表面积应不小于 280m²/kg。

7.7 凝结时间

初凝应不早于 45min，终凝应不迟于 10h。

7.8 安定性

用沸煮法检验，必须合格。

7.9 强度

水泥强度等级按规定龄期的抗压强度和抗折强度来划分，各龄期的抗压强度和抗折强度应不低于表 2 数值。

表2　水泥的等级与各龄期的强度　　单位为兆帕

分　类	强度等级	抗压强度		抗折强度	
		3d	28d	3d	28d
中抗硫酸盐水泥、	32.5	10.0	32.5	2.5	6.0
高抗硫酸盐水泥	42.5	15.0	42.5	3.0	6.5

五、《硫铝酸盐水泥》GB 20472—2006

6　技术要求

6.1　硫铝酸盐水泥物理性能、碱度和碱含量

硫铝酸盐水泥物理性能、碱度和碱含量应符合表1规定。

表1

项　　目		指　　标		
		快硬硫铝酸盐水泥	低碱度硫铝酸盐水泥	自应力硫铝酸盐水泥
比表面积（m²/kg）　≥		350	400	370
碱度 pH 值　　　　≤		—	10.5	—
28d 自由膨胀率/%		—	0.00～0.15	—
自由膨胀率/%	7d　≤	—	—	1.30
	28d　≤	—	—	1.75
水泥中的碱含量（Na₂O＋0.658×K₂O)%　＜		—	—	0.50
28d 自应力增进率（MPa/d）　≤		—	—	0.010

6.2　强度指标

6.2.1　快硬硫铝酸盐水泥各强度等级水泥应不低于表2数值。

6.2.2　低碱度硫铝酸盐水泥各强度等级水泥应不低于表3数值。

表 2 单位为兆帕

强度等级	抗压强度			抗折强度		
	1d	3d	28d	1d	3d	28d
42.5	30.0	42.5	45.0	6.0	6.5	7.0
52.5	40.0	52.5	55.0	6.5	7.0	7.5
62.5	50.0	62.5	65.0	7.0	7.5	8.0
72.5	55.0	72.5	75.0	7.5	8.0	8.5

表 3 单位为兆帕

强度等级	抗压强度		抗折强度	
	1d	7d	1d	7d
32.5	25.0	32.5	3.5	5.0
42.5	30.0	42.5	4.0	5.5
52.5	40.0	52.5	4.5	6.0

6.2.3 自应力硫铝酸盐水泥所有自应力等级的水泥抗压强度 7d 不小于 32.5MPa，28d 不小于 42.5MPa。

6.3 自应力硫铝酸盐水泥各级别各龄期自应力值应符合表 4 要求。

表 4 单位为兆帕

级 别	7d	28d	
	≥	≥	≤
3.0	2.0	3.0	4.0
3.5	2.5	3.5	4.5
4.0	3.0	4.0	5.0
4.5	3.5	4.5	5.5

六、《低热微膨胀水泥》GB 2938—2008

5 强度等级

低热微膨胀水泥强度等级为 32.5 级。

6 技术要求

6.1 三氧化硫

三氧化硫含量（质量分数）应为 4.0%～7.0%。

6.2 比表面积

比表面积不得小于 300m²/kg。

6.3 凝结时间

初凝不得早于 45min，终凝不得迟于 12h，也可由生产单位和使用单位商定。

6.4 安定性

沸煮法检验应合格。

6.5 强度

水泥各龄期的抗压强度和抗折强度应不低于表 1 数值。

表 1 水泥的等级与各龄期强度

强度等级	抗折强度/MPa		抗压强度/MPa	
	7d	28d	7d	28d
32.5	5.0	7.0	18.0	32.5

6.6 水化热

水泥的各龄期水化热应不大于表 2 数值。

表 2 水泥的各龄期水化热

强度等级	水化热（kJ/kg）	
	3d	7d
32.5	185	220

6.7 线膨胀率

线膨胀率应符合以下要求：

1d 不得小于 0.05%；

7d 不得小于 0.10%；

28d 不得大于 0.60%。

6.8 氯离子

水泥的氯离子含量（质量分数）不得大于 0.06%。

8 检验规则

8.1 编号及取样

水泥出厂前按同品种编号和取样。装装水泥和散装水泥应分别进行编号和取样。每一编号为一取样单位。水泥出厂编号按不超过 400t 为一编号。

取样方法按 GB/T 12573 进行。

取样应有代表性。可连续取，亦可从 20 个以上不同部位取等量样品，总量至少 14kg。

所取样品按本标准第 7 章规定的方法进行出厂检验。

8.2 出厂水泥

出厂水泥技术要求应符合本标准第 6 章 6.1～6.8 的技术要求。

8.3 判定规则

8.3.1 合格品

符合本标准第 6 章 6.1～6.8 规定的技术要求的为合格品。

8.3.2 不合格品

任一项不符合本标准第 6 章 6.1～6.8 规定的技术要求的为不合格品。

8.4 试验报告

试验报告内容应包括本标准规定的各项技术要求及试验结果，如使用助磨剂、工业副产石膏，应说明其名称和掺加量。水泥厂应在水泥发出日起 11d 内寄发除 28d 强度和 28d 线膨胀率以外的各项试验结果。28d 强度和 28d 线膨胀率数值，应在水泥发出日起 32d 内补报。

8.5 交货与验收

8.5.1 交货

交货时水泥的质量验收可抽取实物试样以其检验结果为依据，也可以水泥厂同编号水泥的检验报告为依据。采取何种方法验收由买卖双方商定，并在合同或协议中注明。

8.5.2　验收

8.5.2.1　以抽取实物试样的检验结果为验收依据时，买卖双方应在发货前或交货地共同取样和签封。取样方法按 GB/T 12573 进行，取样数量为 28kg，缩分为两等份，一份由卖方保存 40d，一份由买方按本标准规定的项目和方法进行检验。

在 40d 以内，买方检验认为产品质量不符合本标准要求，而卖方又有争议时，则双方应将卖方保存的另一份试样送省级或省级以上国家认可的水泥质量监督检验机构进行仲裁检验。

8.5.2.2　以水泥厂同编号水泥的检验报告为验收依据时，在发货前或交货时买方在同编号水泥中抽取试样，双方共同签封后保存 90d；或委托卖方在同编号水泥中抽取试样，签封后保存 90d。

在 90d 内，买方对水泥质量有疑问时，则买卖双方应将共同签封的试样送省级或省级以上国家认可的水泥质量监督检验机构进行仲裁检验。

七、《道路硅酸盐水泥》GB 13693—2005

6.1　氧化镁

道路水泥中氧化镁含量应不大于 5.0%。

6.2　三氧化硫

道路水泥中三氧化硫含量应不大于 3.5%。

6.3　烧失量

道路水泥中的烧失量应不大于 3.0%。

6.4　比表面积

比表面积为 300～450m²/kg。

6.5　凝结时间

初凝应不早于 1.5h，终凝不得迟于 10h。

6.6　安定性

用沸煮法检验必须合格。

6.7　干缩率

28d 干缩率应不大于 0.10%。

6.8 耐磨性

28d 磨耗量应不大于 $3.00kg/m^2$。

6.9 强度

水泥的强度等级按规定龄期的抗压强度和抗折强度划分，各龄期的抗压强度和抗折强度应不低于表 1 数值。

表 1 水泥的等级与各龄期强度　　　单位为兆帕

强度等级	抗折强度		抗压强度	
	3d	28d	3d	28d
32.5	3.5	6.5	16.0	32.5
42.5	4.0	7.0	21.0	42.5
52.5	5.0	7.5	26.0	52.5

八、《钢渣道路水泥》GB 25029—2010

6.1 三氧化硫

三氧化硫含量（质量分数）应不大于 4.0%。

6.2 凝结时间

初凝时间不小于 90min，终凝时间不大于 600min。

6.3 安定性

安定性检验采用压蒸法，压蒸膨胀率应不大于 0.50%。

6.4 干缩率

28d 干缩率不得大于 0.10%。

6.5 耐磨性

28d 磨耗量不得大于 $3.00kg/m^2$。

6.6 强度

钢渣道路水泥的强度等级按规定龄期的抗压强度和抗折强度划分，各龄期的抗压强度和抗折强度应符合表 2 规定。

6.7 比表面积

钢渣道路水泥的细度以比表面积表示，其比表面积不小于 $350m^2/kg$。

表2　钢渣道路水泥各龄期的强度指标　　单位为兆帕

强度等级	抗压强度		抗折强度	
	3d	28d	3d	28d
32.5	≥16.0	≥32.5	≥3.5	≥6.5
42.5	≥21.0	≥42.5	≥4.0	≥7.0

6.8　氯离子含量

钢渣道路水泥中氯离子含量（质量分数）应不大于0.06％。

8.4　判定规则

8.4.1　检验结果符合6.1～6.8的规定为合格品。

8.4.2　检验结果不符合6.1～6.8中的任何一项技术要求为不合格品。

第三篇　钢　　筋

一、《钢筋混凝土用钢 第 1 部分：热轧光圆钢筋》GB 1499.1—2008 /XG1—2012

1 范围

本部分规定了钢筋混凝土用热轧光圆钢筋的术语和定义、分类、牌号、订货内容、尺寸、外形、重量及允许偏差、技术要求、试验方法、检验规则、包装、标志和质量证明书等。

本部分适用于钢筋混凝土用热轧直条、盘卷光圆钢筋。

本部分不适用于由成品钢材再次轧制成的再生钢筋。

2 规范性引用文件

略

3 术语和定义

下列术语和定义适用于本部分。

3.1 热轧光圆钢筋 hot rolled plain bars

经热轧成型，横截面通常为圆形，表面光滑的成品钢筋。

3.2 特征值 characteristic value

在无限多次的检验中，与某一规定概率所对应的分位值。

4 分级、牌号

4.1 钢筋屈服强度特征值为 300 级。

4.2 钢筋牌号的构成及其含义见表 1。

表 1

产品名称	牌号	牌号构成	英文字母含义
热轧光圆钢筋	HPB300	由 HPB＋屈服强度特征值构成	HPB—热轧光圆钢筋的英文（Hot rolled Plain Bars）缩写

5 订货内容

按本部分订货的合同至少应包括下列内容：

a）本部分标准编号；

b）产品名称；

c) 钢筋牌号；

d) 钢筋公称直径、长度及重量（或数量、盘重）；

e) 特殊要求。

6 尺寸、外形、重量及允许偏差

6.1 公称直径范围及推荐直径

钢筋的公称直径范围为 6～22mm，本部分推荐的钢筋公称直径为 6mm、8mm、10mm、12mm、16mm、20mm。

6.2 公称横截面面积与理论重量

钢筋的公称横截面面积与理论重量列于表 2。

表 2

公称直径 /mm	公称横截面 面积/mm²	理论重量 /（kg/m）
6（6.5）	28.27（33.18）	0.222（0.260）
8	50.27	0.395
10	78.54	0.617
12	113.1	0.888
14	153.9	1.21
16	201.1	1.58
18	254.5	2.00
20	314.2	2.47
22	380.1	2.98
注：表中理论重量按密度为 7.85g/cm³ 计算。公称直径 6.5mm 的产品为过渡性产品		

6.3 光圆钢筋的截面形状及尺寸允许偏差

6.3.1 光圆钢筋的截面形状如图 1 所示。

6.3.2 光圆钢筋的直径允许偏差和不圆度应符合表 3 的规定。钢筋实际重量与理论重量的偏差符合表 4 规定时，钢筋直径允许偏差不作交货条件。

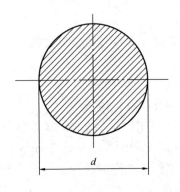

d—钢筋直径

图1

表3

公称直径/mm	允许偏差/mm	不圆度/mm
6 (6.5) 8 10 12	±0.3	≤0.4
14 16 18 20 22	±0.4	

6.4　长度及允许偏差

6.4.1　长度

6.4.1.1　钢筋可按直条或盘卷交货。

6.4.2　长度允许偏差

按定尺长度交货的直条钢筋其长度允许偏差范围为 0～+50mm。

6.5　弯曲度和端部

6.5.1　直条钢筋的弯曲度应不影响正常使用，总弯曲度不大于钢筋总长度的 0.4%。

6.5.2　钢筋端部应剪切正直，局部变形应不影响使用。

6.6 重量及允许偏差

6.6.1 钢筋按实际重量交货，也可按理论重量交货。

6.6.2 直条钢筋实际重量与理论重量的允许偏差应符合表 4 的规定。

表 4

公称直径/mm	实际重量与理论重量的偏差/%
6～12	±7
14～22	±5

6.6.3 盘重

按盘卷交货的钢筋，每根盘条重量应不小于 500kg，每盘重量应不小于 1000kg。

7 技术要求

7.1 牌号和化学成分

钢筋牌号及化学成分（熔炼分析）应符合表 5 的规定。

表 5

牌号	化学成分（质量分数）/% 不大于				
	C	Si	Mn	P	S
HPB300	0.25	0.55	1.50	0.045	0.050

7.1.2 钢中残余元素铬、镍、铜含量应各不大于 0.30%，供方如能保证可不作分析。

7.1.3 钢筋的成品化学成分允许偏差应符合 GB/T 222 的规定。

7.2 冶炼方法

钢以氧气转炉、电炉冶炼。

7.3 力学性能、工艺性能

7.3.1 钢筋的屈服强度 R_{eL}、抗拉强度 R_m、断后伸长率 A、最大力总伸长率 A_{gt} 等力学性能特征值应符合表 6 的规定。表 6 所列各力学性能特征值，可作为交货检验的最小保证值。

表 6

牌号	R_{eL} /MPa	R_m /MPa	A /%	A_{gt} /%	冷弯试验 180° d—弯芯直径 a—钢筋公称直径
	不小于				
HPB300	300	420	25.0	10.0	$d=a$

7.3.3 弯曲性能

按表 6 规定的弯芯直径弯曲 180°后，钢筋受弯曲部位表面不得产生裂纹。

7.4 表面质量

7.4.1 钢筋应无有害的表面缺陷，按盘卷交货的钢筋应将头尾有害缺陷部分切除。

7.4.2 试样可使用钢丝刷清理，清理后的重量、尺寸、横截面积和拉伸性能满足本部分准的要求，锈皮、表面不平整或氧化铁皮不作为拒收的理由。

7.4.3 当带有 7.4.2 条规定的缺陷以外的表面缺陷的试样不符合拉伸性能或弯曲性能要求时，则认为这些缺陷是有害的。

8 试验方法

8.1 检验项目

每批钢筋的检验项目，取样方法和试验方法应符合表 7 的规定。

表 7

序号	检验项目	取样数量	取样方法	试验方法
1	化学成分 （熔炼分析）	1	GB/T 20066	GB/T 223 GB/T 4336
2	拉伸	2	任选两根钢筋切取	GB/T 228、 本部分 8.2
3	弯曲	2	任选两根钢筋切取	GB/T 232、 本部分 8.2
4	尺寸	逐支（盘）		本部分 8.3
5	表面	逐支（盘）		目视

续表7

序号	检验项目	取样数量	取样方法	试验方法
6	重量偏差	本部分8.4		本部分8.4

注：对化学分析和拉伸试验结果有争议时，仲裁试验分别按 GB/T 223、GB/T 228进行

8.2 力学性能、工艺性能试验

8.2.1 拉伸、弯曲试验试样不允许进行车削加工。

8.2.2 计算钢筋强度用截面面积采用表2所列公称横截面面积。

8.2.3 最大力总伸长率 A_{gt} 的检验，除按表7规定采用 GB/T 228 的有关试验方法外，也可采用附录 A 的方法。

8.3 尺寸测量

钢筋直径的测量应精确到 0.1mm。

8.4 重量偏差的测量

8.4.1 测量钢筋重量偏差时，试样应从不同根钢筋上截取，数量不少于5支，每支试样长度不小于500mm。长度应逐支测量，应精确到1mm。测量试样总重量时，应精确到不大于总重量的1%。

8.4.2 钢筋实际重量与理论重量的偏差（％）按公式（1）计算：

$$\frac{试样实际总重量－（试样总长度×理论重量）}{试样总长度×理论重量}×100 \qquad (1)$$

8.5 检验结果的数值修约与判定应符合 YB/T 081 的规定。

9 检验规则

钢筋的检验分为特征值检验和交货检验。

9.1 特征值检验

9.1.1 特征值检验适用于下列情况：

a) 供方对产品质量控制的检验；

b) 需方提出要求，经供需双方协议一致的检验；

　　c) 第三方产品认证及仲裁检验。

9.1.2　特征值检验应按附录 B 规则进行。

9.2　交货检验

9.2.1　交货检验适用于钢筋验收批的检验。

9.2.2　组批规则

9.2.2.1　钢筋应按批进行检查和验收，每批由同一牌号、同一炉罐号、同一尺寸的钢筋组成。每批重量通常不大于 60t。超过60t 的部分，每增加 40t（或不足 40t 的余数），增加一个拉伸试验试样和一个弯曲试验试样。

9.2.2.2　允许由同一牌号、同一冶炼方法、同一浇注方法的不同炉罐号组成混合批。各炉罐号含碳量之差不大于 0.02%，含锰量之差不大于 0.15%。混合批的重量不大于 60t。

9.2.3　检验项目和取样数量

　　钢筋检验项目和取样数量应符合表 7 及 9.2.2.1 的规定。

9.2.4　检验结果

　　各检验项目的检验结果应符合第 6 章和第 7 章的有关规定。

9.2.5　复验与判定

　　钢筋的复验与判定应符合 GB/T 2101 的规定。

10　包装、标志和质量证明书

　　钢筋的包装、标志和质量证明书应符合 GB/T 2101 的有关规定。

附　录　A
（规范性附录）
钢筋在最大力下总伸长率的测定方法

A.1　试样

A.1.1　长度

　　试样夹具之间的最小自由长度应符合表 A.1 要求：

表 A.1 单位为毫米

钢筋公称直径	试样夹具之间的最小自由长度
$d \leqslant 22$	350

A.1.2　原始标距的标记和测量

在试样自由长度范围内，均匀划分为 10mm 或 5mm 的等间距标记，标记的划分和测量应符合 GB/T 228 的有关要求。

A.2　拉伸试验

按 GB/T 228 规定进行拉伸试验，直至试样断裂。

A.3　断裂后的测量

选择 Y 和 V 两个标记，这两个标记之间的距离在拉伸试验之前至少应为 100mm。两个标记都应当位于夹具离断裂点较远的一侧。两个标记离开夹具的距离都应不小于 20mm 或钢筋公称直径 d（取二者之较大者）；两个标记与断裂点之间的距离应不小于 50mm（取二者之较大者）。见图 A.1。

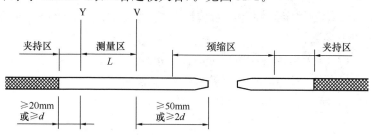

图 A.1　断裂后的测量

在最大力作用下试样总伸长率 A_{gt}（％）可按公式（A.1）计算：

$$A_{gt} = \left[\frac{L - L_0}{L_0} + \frac{R_m^o}{E} \right]_{\times 100} \quad (A.1)$$

式中：L——图 A.1 所示断裂后的距离，单位为毫米（mm）；

L_0——试验前同样标记间的距离，单位为毫米（mm）；

R_m^o——抗拉强度实测值，单位为兆帕（MPa）；

E——弹性模量，其值可取为 2×10^5，单位为兆帕（MPa）。

附 录 B

（规范性附录）

特征值检验规则

B.1 试验组批

为了试验，组批应细分为试验批。组批规则应符合本部分9.2.2 的规定。

B.2 每批取样数量

B.2.1 化学成分（成品分析），应从不同根钢筋取两个试样。

B.2.2 本部分规定的所有其他性能试验，应从不同钢筋取 15 个试样（取 60 个试样时，见 B.3.1）。

B.3 试验结果的评定

B.3.1 参数检验

为检验规定的性能，如特性参数 R_{eL}、R_m、A_{gt} 或 A，应确定以下参数：

a) 15 个试样的所有单个值 x_i（$n=15$）；

b) 平均值 m_{15}（$n=15$）；

c) 标准偏差 s_{15}（$n=15$）。

$$s_{15} = \sqrt{\frac{\sum(x_i - m_{15})^2}{14}} \qquad (B.1)$$

如果所有性能满足公式（B.2）给定的条件则该试验批符合要求。

$$m_{15} - 2.33 \times s_{15} \geqslant f_k \qquad (B.2)$$

式中：f_k——要求的特征值；

2.33——当 $n=15$，90% 置信水平（$1-\alpha=0.90$），不合格率 5%（$p=0.95$）时验收系数 k 的值。

如果上述条件不能满足，系数 k' 由试验结果确定。

$$k' = \frac{m_{15} - f_k}{s_{15}} \qquad (B.3)$$

式中 $k' \geqslant 2$ 时，试验可继续进行。在此情况下，应从该试验批的不同根钢筋上切取 45 个试样进行试验，这样可得到总计 60 个试验结果（$n=60$）。

如果所有性能满足公式（B.4）条件，则应认为该试验批符合要求。

$$m_{60} - 1.93 \times s_{60} > f_k \qquad (B.4)$$

式中：1.93——当 $n=60$，90% 置信水平（$1-\alpha=0.90$），不合格率 5%（$p=0.95$）时验收系数 k 的值。

B.3.2 属性检验

当试验性能规定为最大或最小值时，15 个试样测定的所有结果应符合本部分的要求，此时，应认为该试验批符合要求。

当最多有两个试验结果不符合条件时，应继续进行试验，此时，应从该试验批的不同根钢筋上，另取 45 个试样进行试验，这样可得到总计 60 个试验结果，如果 60 个试验结果中最多有 2 个不符合条件，该试验批符合要求。

B.3.3 化学成分

两个试样均应符合本部分要求。

二、《钢筋混凝土用钢 第 2 部分：热轧带肋钢筋》GB 1499.2—2007

1 范围

本部分规定了钢筋混凝土用热轧带肋钢筋的定义、分类、牌号、订货内容、尺寸、外形、重量及允许偏差、技术要求、试验方法、检验规则、包装、标志和质量证明书。

本部分适用于钢筋混凝土用普通热轧带肋钢筋和细晶粒热轧带肋钢筋。

本部分不适用于由成品钢材再次轧制成的再生钢筋及余热处理钢筋。

2 规范性引用文件

略

3 定义

下列定义适用于本部分。

3.1

普通热轧钢筋 hot rolled bars

按热轧状态交货的钢筋。其金相组织主要是铁素体加珠光体，不得有影响使用性能的其他组织存在。

3.2

细晶粒热轧钢筋 hot rolled bars of fine grains

在热轧过程中，通过控轧和控冷工艺形成的细晶粒钢筋。其金相组织主要是铁素体加珠光体，不得有影响使用性能的其他组织存在，晶粒度不粗于 9 级。

3.3

带肋钢筋 ribbed bars

横截面通常为圆形，且表面带肋的混凝土结构用钢材。

3.4

纵肋 longitudinal rib

平行于钢筋轴线的均匀连续肋。

3.5

横肋 transverse rib

与钢筋轴线不平行的其他肋。

3.6

月牙肋钢筋 crescent ribbed bars

横肋的纵截面呈月牙形，且与纵肋不相交的钢筋。

3.7

公称直径 nominal diameter

与钢筋的公称横截面积相等的圆的直径。

3.8

相对肋面积 specific projected rib area

横肋在与钢筋轴线垂直平面上的投影面积与钢筋公称周长和横肋间距的乘积之比。

3.9

肋高 rib height

测量从肋的最高点到芯部表面垂直于钢筋轴线的距离。

3.10

肋间距 rib spacing

平行钢筋轴线测量的两相邻横肋中心间的距离。

3.11

特征值 characteristic value

在无限多次的检验中，与某一规定概率所对应的分位值。

4 分类、牌号

4.1 钢筋按屈服强度特征值分为 335、400、500 级。

4.2 钢筋牌号的构成及其含义见表 1。

表 1

类别	牌号	牌号构成	英文字母含义
普通热轧钢筋	HRB335	由 HRB+屈服强度特征值构成	HRB—热轧带肋钢筋的英文（Hot rolled Ribbed Bars）缩写
	HRB400		
	HRB500		
细晶粒热轧钢筋	HRBF335	由 HRBF+屈服强度特征值构成	HRBF—在热轧带肋钢筋的英文缩写后加"细"的英文（Fine）首位字母
	HRBF400		
	HRBF500		

5 订货内容

按本部分订货的合同至少应包括下列内容：

a）本部分编号；

b）产品名称；

c）钢筋牌号；

d）钢筋公称直径、长度（或盘径）及重量（或数量、或盘重）；

e）特殊要求。

6 尺寸、外形、重量及允许偏差

6.1　公称直径范围及推荐直径

钢筋的公称直径范围为 6~50mm，本标准推荐的钢筋公称直径为 6mm、8mm、10mm、12mm、16mm、20mm、25mm、32mm、40mm、50mm。

6.2　公称横截面面积与理论重量

钢筋的公称横截面面积与理论重量列于表 2。

表 2

公称直径/mm	公称横截面面积/mm²	理论重量/（kg/m）
6	28.27	0.222
8	50.27	0.395
10	78.54	0.617
12	113.1	0.888
14	153.9	1.21
16	201.1	1.58
18	254.5	2.00
20	314.2	2.47
22	380.1	2.98
25	490.9	3.85
28	615.8	4.83
32	804.2	6.31
36	1018	7.99
40	1257	9.87
50	1964	15.42

注：表 2 中理论重量按密度为 7.85g/cm³ 计算

6.3　带肋钢筋的表面形状及尺寸允许偏差

6.3.1　带肋钢筋横肋设计原则应符合下列规定。

6.3.1.1　横肋与钢筋轴线的夹角 β 不应小于 45°，当该夹角不大于 70°时，钢筋相对两面上横肋的方向应相反。

6.3.1.2　横肋公称间距不得大于钢筋公称直径的 0.7 倍。

6.3.1.3　横肋侧面与钢筋表面的夹角 α 不得小于 45°。

6.3.1.4　钢筋相邻两面上横肋末端之间的间隙（包括纵肋宽度）总和不应大于钢筋公称周长的 20%。

6.3.1.5　当钢筋公称直径不大于 12mm 时，相对肋面积不应小于 0.055；公称直径为 14mm 和 16mm 时，相对肋面积不应小于

0.060；公称直径大于 16mm 时，相对肋面积不应小于 0.065。相对肋面积的计算可参考附录 C。

6.3.2 带肋钢筋通常带有纵肋，也可不带纵肋。

6.3.3 带有纵肋的月牙肋钢筋，其外形如图 1 所示，尺寸及允许偏差应符合表 3 的规定。钢筋实际重量与理论重量的偏差符合表 4 规定时，钢筋内径偏差不做交货条件。

6.3.4 不带纵肋的月牙肋钢筋，其内径尺寸可按表 3 的规定作适当调整，但重量允许偏差仍应符合表 4 的规定。

表 3 单位为毫米

公称直径 d	内径 d_1		横肋高 h		纵肋高 h_1（不大于）	间距 l		横肋末端最大间隙（公称周长的 10% 弦长）
	公称尺寸	公称偏差	公称尺寸	公称偏差		公称尺寸	公称偏差	
6	5.8	±0.3	0.6	±0.3	0.8	4.0		1.8
8	7.7		0.8	+0.4 −0.3	1.1	5.5		2.5
10	9.6		1.0	±0.4	1.3	7.0		3.1
12	11.5	±0.4	1.2		1.6	8.0	±0.5	3.7
14	13.4		1.4	+0.4 −0.5	1.8	9.0		4.3
16	15.4		1.5		1.9	10.0		5.0
18	17.3		1.6	±0.5	2.0	10.0		5.6
20	19.3		1.7		2.1	10.0		6.2
22	21.3	±0.5	1.9		2.4	10.5	±0.8	6.8
25	24.2		2.1	±0.6	2.6	12.5		7.7
28	27.2		2.2		2.7	12.5		8.6
32	31.0	±0.6	2.4	+0.8 −0.7	3.0	14.0		9.9
36	35.0		2.6	+1.0 −0.8	3.2	15.0	±1.0	11.1
40	38.7	±0.7	2.9	±1.1	3.5	15.0		12.4
50	48.5	±0.8	3.2	±1.2	3.8	16.0		15.5

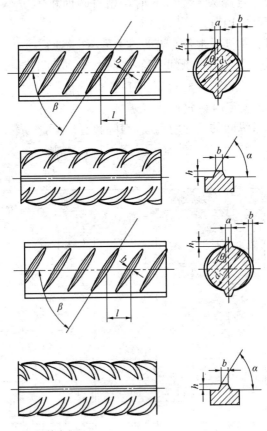

d_1——钢筋内径；

α——横肋斜角；

h—— 横肋高度；

β——横肋与轴线夹角；

h_1——纵肋高度；

θ——纵肋斜角；

a——纵肋顶宽；

l——横肋间距；

b——横肋顶宽

图 1 月牙肋钢筋（带纵肋）表面及截面形状

6.4　长度及允许偏差

6.4.2　长度允许偏差

钢筋按定尺交货时的长度允许偏差为±25mm。

当要求最小长度时，其偏差为+50mm。

当要求最大长度时，其偏差为-50mm。

6.5　弯曲度和端部

直条钢筋的弯曲度应不影响正常使用，总弯曲度不大于钢筋总长度的 0.4%。

钢筋端部应剪切正直，局部变形应不影响使用。

6.6　重量及允许偏差

6.6.1　钢筋可按理论重量交货，也可按实际重量交货。按理论重量交货时，理论重量为钢筋长度乘以表 2 中钢筋的每米理论重量。

6.6.2　钢筋实际重量与理论重量的允许偏差应符合表 4 的规定。

表 4

公称直径/mm	实际重量与理论重量的偏差/%
6～12	±7
14～20	±5
22～50	±4

7　技术要求

7.1　牌号和化学成分

7.1.1　钢筋牌号及化学成分和碳当量（熔炼分析）应符合表 5 的规定。根据需要，钢中还可以加入 V、Nb、Ti 等元素。

7.1.2　碳当量 Ceq（百分比）值可按式（1）计算：

$$Ceq = C + Mn/6 + (Cr + V + Mo)/5 + (Cu + Ni)/15 \qquad (1)$$

7.1.3　钢的氮含量应不大于 0.012%。供方如能保证可不作分析。钢中如有足够数量的氮结合元素，含氮量的限制可适当放宽。

7.1.4　钢筋的成品化学成分允许偏差应符合 GB/T 222 的规定，

碳当量 Ceq 的允许偏差为+0.03%。

表 5

牌　号	化学成分,%					
	C	Si	Mn	P	S	Ceq
HRB335						0.52
HRBF335						
HRB400	0.25	0.80	1.60	0.045	0.045	0.54
HRBF400						
HRB500						0.55
HRBF500						

7.2 交货型式

钢筋通常按直条交货,直径不大于 12mm 的钢筋也可按盘卷交货。

7.3 力学性能

7.3.1 钢筋的屈服强度 R_{eL}、抗拉强度 R_m、断后伸长率 A、最大力总伸长率 A_{gt} 等力学性能特征值应符合表 6 的规定。表 6 所列各力学性能特征值,可作为交货检验的最小保证值。

表 6

牌号	$R_{eL}/$ MPa	$R_m/$ MPa	$A/$ %	$A_{gt}/$ %
	不小于			
HRB335	335	455	17	
HRBF335				
HRB400	400	540	16	7.5
HRBF400				
HRB500	500	630	15	
HRBF500				

7.3.2 直径 28~40mm 各牌号钢筋的断后伸长率 A 可降低 1%;直径大于 40mm 各牌号钢筋的断后伸长率 A 可降低 2%。

7.3.3 有较高要求的抗震结构适用牌号为:在表 1 中已有牌号后加 E(例如:HRB400E、HRBF400E)的钢筋。该类钢筋除应满足以下 a)、b)、c) 的要求外，其他要求与相对应的已有牌号钢筋相同。

a) 钢筋实测抗拉强度与实测屈服强度之比 $R^{\circ}_{m}/R^{\circ}_{eL}$ 不小于 1.25。

b) 钢筋实测屈服强度与表 6 规定的屈服强度特征值之比 R°_{eL}/R_{eL} 不大于 1.30。

c) 钢筋的最大力总伸长率 A_{gt} 不小于 9%。

注：R°_{m} 为钢筋实测抗拉强度；R°_{eL} 为钢筋实测屈服强度。

7.3.4 对于没有明显屈服强度的钢，屈服强度特征值 R_{eL} 应采用规定非比例延伸强度 $R_{p0.2}$。

7.4　工艺性能

7.4.1　弯曲性能

按表 7 规定的弯芯直径弯曲 $180°$ 后，钢筋受弯曲部位表面不得产生裂纹。

表 7　　　　　　　　　　　单位为毫米

牌号	公称直径 d	弯芯直径
HRB335 HRBF335	6～25	3d
	28～40	4d
	＞40～50	5d
HRB400 HRBF400	6～25	4d
	28～40	5d
	＞40～50	6d
HRB500 HRBF500	6～25	6d
	28～40	7d
	＞40～50	8d

7.6　焊接性能

7.6.1 钢筋的焊接工艺及接头的质量检验与验收应符合相关行业标准的规定。

7.6.2 普通热轧钢筋在生产工艺、设备有重大变化及新产品生产时进行型式检验。

7.6.3　细晶粒热轧钢筋的焊接工艺应经试验确定。

7.7　晶粒度

细晶粒热轧钢筋应做晶粒度检验，其晶粒度不粗于 9 级，如供方能保证可不做晶粒度检验。

7.8　表面质量

7.8.1　钢筋应无有害的表面缺陷。

7.8.2　只要经钢丝刷刷过的试样的重量、尺寸、横截面积和拉伸性能不低于本部分的要求，锈皮、表面不平整或氧化铁皮不作为拒收的理由。

7.8.3　当带有 7.8.2 条规定的缺陷以外的表面缺陷的试样不符合拉伸性能或弯曲性能要求时，则认为这些缺陷是有害的。

8　试验方法

8.1　检验项目

每批钢筋的检验项目、取样方法和试验方法应符合表 8 的规定。

表 8

序号	检验项目	取样数量	取样方法	试验方法
1	化学成分 （熔炼分析）	1	GB/T 20066	GB/T 223 GB/T 4336
2	力学	2	任选两根钢筋切取	GB/T 228、本部分 8.2
3	弯曲	2	任选两根钢筋切取	GB/T 232、本部分 8.2
4	反向弯曲	1		YB/T 5126、本部分 8.2
5	疲劳试验	供需双方协议		
6	尺寸	逐支		本部分 8.3
7	表面	逐支		目视
8	重量偏差	按本部分 8.4		按本部分 8.4
9	晶粒度	2	任选两根钢筋切取	GB/T 6394
注：对化学分析和拉伸试验结果有争议时，仲裁试验分别按 GB/T 223、GB/T 228 进行				

8.2　拉伸、弯曲、反向弯曲试验

8.2.1　拉伸、弯曲、反向弯曲试验试样不允许进行车削加工。

8.2.2　计算钢筋强度用截面面积采用表 2 所列公称横截面面积。

8.2.3　最大力总伸长率 A_{gt} 的检验，除按表 8 规定采用 GB/T 228 的有关试验方法外，也可采用附录 A 的方法。

8.2.4　反向弯曲试验时，经正向弯曲后的试样，应在 100℃ 温度下保温不少于 30min，经自然冷却后再反向弯曲。当供方能保证钢筋经人工时效后的反向弯曲性能时，正向弯曲后的试样亦可在室温下直接进行反向弯曲。

8.3　尺寸测量

8.3.1　带肋钢筋内径的测量应精确到 0.1mm。

8.3.2　带肋钢筋纵肋、横肋高度的测量采用测量同一截面两侧横肋中心高度平均值的方法，即测取钢筋最大外径，减去该处内径，所得数值的一半为该处肋高。应精确到 0.1mm。

8.3.3　带肋钢筋横肋间距采用测量平均肋距的方法进行测量。即测取钢筋一面上第 1 个与第 11 个横肋的中心距离，该数值除以 10 即为横肋间距，应精确到 0.1mm。

8.4　重量偏差的测量

8.4.1　测量钢筋重量偏差时，试样应从不同根钢筋上截取，数量不少于 5 支，每支试样长度不小于 500mm。长度应逐支测量，应精确到 1mm。测量试样总重量时，应精确到不大于总重量的 1%。

8.4.2　钢筋实际重量与理论重量的偏差（％）按公式（2）计算：

$$重量偏差 = \frac{试样实际总重量 - （试样总长度 \times 理论重量）}{试样总长度 \times 理论重量} \times 100$$

$$（2）$$

8.5　检验结果的数值修约与判定应符合 YB/T 081 的规定。

9　检验规则

钢筋的检验分为特征值检验和交货检验。

9.1　特征值检验

9.1.1　特征值检验适用于下列情况

　　a）供方对产品质量控制的检验；

　　b）需方提出要求，经供需双方协议一致的检验；

　　c）第三方产品认证及仲裁检验。

9.1.2　特征值检验应按附录 B 规则进行。

9.2　交货检验

9.2.1　交货检验适用于钢筋验收批的检验。

9.2.2　组批规则

9.2.2.1　钢筋应按批进行检查和验收，每批由同一牌号、同一炉罐号、同一规格的钢筋组成。每批重量通常不大于 60t。超过 60t 的部分，每增加 40t（或不足 40t 的余数），增加一个拉伸试验试样和一个弯曲试验试样。

9.2.2.2　允许由同一牌号、同一冶炼方法、同一浇注方法的不同炉罐号组成混合批，但各炉罐号含碳量之差不大于 0.02%，含锰量之差不大于 0.15%。混合批的重量不大于 60t。

9.2.3　检验项目和取样数量

　　钢筋检验项目和取样数量应符合表 8 及 9.2.2.1 的规定。

9.2.4　检验结果

　　各检验项目的检验结果应符合第 6 章和第 7 章的有关规定。

9.2.5　复验与判定

　　钢筋的复验与判定应符合 GB/T 17505 的规定。

10　包装、标志和质量证明书

10.1　带肋钢筋的表面标志应符合下列规定。

10.1.1　带肋钢筋应在其表面轧上牌号标志，还可依次轧上经注册的厂名（或商标）和公称直径毫米数字。

10.1.2　钢筋牌号以阿拉伯数字或阿拉伯数字加英文字母表示，HRB335、HRB400、HRB500 分别以 3、4、5 表示，HRBF335、HRBF400、HRBF500 分别以 C3、C4、C5 表示。厂名以汉语拼音字头表示。公称直径毫米数以阿拉伯数字表示。

10.1.3　公称直径不大于 10mm 的钢筋，可不轧制标志，可采用挂标牌方法。

10.1.4 标志应清晰明了，标志的尺寸由供方按钢筋直径大小作适当规定，与标志相交的横肋可以取消。

10.2 牌号带 E（例如 HRB400E、HRBF400E 等）的钢筋，应在标牌及质量证明书上明示。

10.3 除上述规定外，钢筋的包装、标志和质量证明书应符合 GB/T 2101 的有关规定。

附 录 A

（规范性附录）

钢筋在最大力下总伸长率的测定方法

A.1 试样

A.1.1 长度

试样夹具之间的最小自由长度应符合表 A.1 要求：

表 A.1　　　　　　　　　　单位为毫米

钢筋公称直径	试样夹具之间的最小自由长度
$d \leqslant 25$	350
$25 < d \leqslant 32$	400
$32 < d \leqslant 50$	500

A.1.2 原始标距的标记和测量

在试样自由长度范围内，均匀划分为 10mm 或 5mm 的等间距标记，标记的划分和测量应符合 GB/T 228 的有关要求。

A.2 拉伸试验

按 GB/T 228 规定进行拉伸试验，直至试样断裂。

A.3 断裂后的测量

选择 Y 和 V 两个标记，这两个标记之间的距离在拉伸试验之前至少应为 100mm。两个标记都应当位于夹具离断裂点最远的一侧。两个标记离开夹具的距离都应不小于 20mm 或钢筋公称直径 d（取二者之较大者）；两个标记与断裂点之间的距离应不小于 50mm，或 $2d$（取二者之较大者）。见图 A.1。

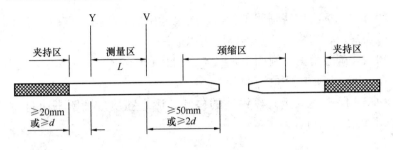

图 A.1   断裂后的测量

在最大力作用下试样总伸长率 A_{gt}（%）可按公式（A.1）计算：

$$A_{gt} = \left[\frac{L - L_0}{L} + \frac{R_m^\circ}{E} \right] \times 100 \qquad (A.1)$$

式中：L——图 A.1 所示断裂后的距离，单位为毫米（mm）；

L_0——试验前同样标记间的距离，单位为毫米（mm）；

R_m°——抗拉强度实测值，单位为兆帕（MPa）；

E——弹性模量，其值可取为 2×10^5，单位为兆帕（MPa）。

附　录　B

（规范性附录）

特征值检验规则

B.1   试验组批

为了试验，交货应细分为试验批。组批规则应符合本部分 9.2.2 的规定。

B.2   每批取样数量

B.2.1   化学成分（成品分析），应从不同根钢筋取两个试样。

B.2.2   本部分规定的所有其他性能试验，应从不同钢筋取 15 个试样（如果适用 60 个试样时，见 B.3.1 规定）。

B.3   试验结果的评定

B.3.1   参数检验

为检验规定的性能，如特性参数 R_{eL}、R_m、A_{gt} 或 A，应确定以下参数：

a) 15 个试样的所有单个值 X_i（$n=15$）；

b) 平均值 m_{15}（$n=15$）；

c) 标准偏差 S_{15}（$n=15$）。

如果所有性能满足公式（B.1）给定的条件，则该试验批符合要求。

$$m_{15} - 2.33 \times S_{15} \geqslant f_k \qquad (B.1)$$

式中：f_k——要求的特征值；

2.33——当 $n=15$，90% 置信水平（$1-\alpha=0.90$），不合格率 5%（$P=0.95$）时验收系数 K 的值。

如果上述条件不能满足，系数 $K' = \dfrac{m_{15} - f_K}{S_{15}}$ 由试验结果确定。式中 $K' \geqslant 2$ 时，试验可继续进行。在此情况下，应从该试验批的不同根钢筋上切取 45 个试样进行试验，这样可得到总计 60 个试验结果（$n=60$）。

如果所有性能满足公式（B.2）条件，则应认为该试验批符合要求。

$$m_{60} - 1.93 \times S_{60} > f_k \qquad (B.2)$$

式中：1.93——当 $n=60$，90% 置信水平（$1-\alpha=0.90$），不合格率 5%（$P=0.95$）时验收系数 K 的值。

B.3.2 属性检验

当试验性能规定为最大或最小值时，15 个试样测定的所有结果应符合本部分的要求，此时，应认为该试验批符合要求。

当最多有两个试验结果不符合条件时，应继续进行试验，此时，应从该试验批的不同根钢筋上，另取 45 个试样进行试验，这样可得到总计 60 个试验结果，如果 60 个试验结果中最多有 2 个不符合条件，该试验批符合要求。

B.3.3 化学成分

两个试样均应符合本部分要求。

三、《钢筋混凝土用余热处理钢筋》GB 13014—2013

1 范围

本标准规定了钢筋混凝土用余热处理钢筋的代号、尺寸、外形、重量、技术要求、试验方法、检验规则、包装、标志和质量证明书等。

本标准适用于钢筋混凝土用表面淬火并自回火处理的钢筋。

本标准不适用于由成品钢材和废旧钢材再次轧制成的钢筋。

2 规范性引用文件

略

3 术语和定义

GB 1499.2 界定的以及下列术语和定义适用于本文件。

3.1 钢筋混凝土用余热处理钢筋 quenching and self—tempering ribbed steel bars for the reinforcement of concrete

热轧后利用热处理原理进行表面控制冷却，并利用芯部余热自身完成回火处理所得的成品钢筋。其基圆上形成环状的淬火自回火组织。

4 分类、牌号

4.1 钢筋混凝土用余热处理钢筋按屈服强度特征值分为 400 级、500 级，按用途分为可焊和非可焊。

4.2 钢筋牌号的构成及其含义见表1。

注：4.1中的可焊指的是焊接规程中规定的闪光对焊和电弧焊等工艺。

表1

类别	牌号	牌号构成	英文字母含义
余热处理钢盘	RRB400 RRB500	由 RRB＋规定的屈服强度特征值构成	RRB——余热处理筋的英文缩写， W——焊接的英文缩写
	RRB400W	由 RRB＋规定的屈服强度特征值构成＋可焊	

5 订货内容

按本标准订货的合同至少应包括下列内容：

a）本标准编号；

b）产品名称；

c）钢筋牌号；

d）钢筋公称直径、长度（或盘径）及重量（或数量、或盘重）；

e）特殊要求。

6 尺寸、外形、重量及允许偏差

6.1 公称直径范围及推荐直径

钢筋的公称直径范围为 8～50mm，RRB400、RRB500 钢筋推荐的公称直径为 8mm、10mm、12mm、16mm、20mm、25mm、32mm、40mm、50mm，RRB400W 钢筋推荐直径为 8mm、10mm、12mm、16mm、20mm、25mm、32mm、40mm。

6.2 公称横截面面积与理论重量

钢筋的公称横截面面积与理论重量列于表 2。

表 2

公称直径/mm	公称横截面面积/mm²	理论重量/（kg/m）
8	50.27	0.395
10	78.54	0.617
12	113.1	0.888
14	153.9	1.21
16	201.1	1.58
18	254.5	2.00
20	314.2	2.47
22	380.1	2.98
25	490.9	3.85
28	615.8	4.83
32	804.2	6.31
36	1018	7.99
40	1257	9.87
50	1964	15.42

注：理论重量按密度 7.85g/cm³ 计算。

6.3 带肋钢筋的表面形状及尺寸允许偏差

6.3.1 带肋钢筋横肋设计原则应符合下列规定：

a）横肋与钢筋轴线的夹角 β 不应小于 45°，当该夹角不大于 70°时，钢筋相对两面上横肋的方向应相反。

　b）横肋公称间距不得大于钢筋公称直径的 0.7 倍。

　c）横肋侧面与钢筋表面的夹角 α 不得小于 45°。

　d）钢筋相对两面上横肋末端之间的间隙（包括纵肋宽度）总和不应大于钢筋公称周长的 20%。

　e）当钢筋公称直径不大于 12mm 时，相对肋面积不应小于 0.055；公称直径为 14mm 和 16mm 时，相对肋面积不应小于 0.060；公称直径大于 16mm 时，相对肋面积不应小于 0.065。相对肋面积的计算可参考 GB 1499.2—2007 中附录 C。

6.3.2　带肋钢筋通常带有纵肋，也可不带纵肋。

6.3.3　带有纵肋的月牙肋钢筋，其外形如图 1 所示，尺寸及允许偏差应符合表 3 的规定。重量偏差符合表 4 规定时，钢筋内径偏差不做交货条件。

6.3.4　不带纵肋的月牙肋钢筋，其内径尺寸可按表 3 的规定作适当调整，但重量允许偏差仍应符合表 4 的规定。

表 3　　　　　　　　　　　　单位为毫米

公称直径	内径 d_1		横肋高 h		纵肋高 h_1（不大于）	间距 l		横肋末端最大间隙（公称周长的 10% 弦长）
	公称尺寸	公称偏差	公称尺寸	公称偏差		公称尺寸	公称偏差	
8	7.7	±0.4	0.8	$^{+0.4}_{-0.3}$	1.1	5.5	±0.5	2.5
10	9.6		1.0	±0.4	1.3	7.0		3.1
12	11.5		1.2	$^{+0.4}_{-0.5}$	1.6	8.0		3.7
14	13.4		1.4		1.8	9.0		4.3
16	15.4		1.5		1.9	10.0		5.0
18	17.3		1.6	±0.5	2.0	10.0		5.6
20	19.3		1.7		2.1	10.0		6.2
22	21.3	±0.5	1.9	±0.6	2.4	10.5	±0.8	6.8
25	24.2		2.1		2.6	12.5		7.7
28	27.2		2.2		2.7	12.5		8.6
32	31.0	±0.6	2.4	$^{+0.8}_{-0.7}$	3.0	14.0		9.9
36	35.0		2.6	$^{+1.0}_{-0.8}$	3.2	15.0	±1.0	11.1
40	38.7	±0.7	2.9	±1.1	3.5	15.0		12.4
50	48.5	±0.8	3.2	1.2	3.8	16.0		15.5

注1：纵肋斜角 θ 为 0°～30°。

注2：尺寸 a、b 为参考数据。

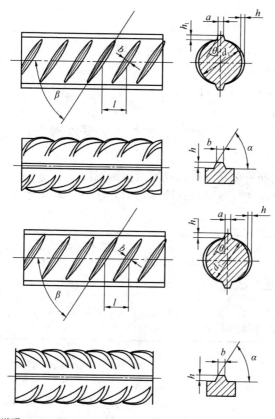

说明：

d_1——钢筋内径；

α——横肋斜角；

h——横肋高度；

β——横肋与轴线夹角；

h_1——纵肋高度；

θ——纵肋斜角；

a——纵肋顶宽；

l——横肋间距；

b——横肋顶宽

图1　月牙肋钢筋（带纵肋）表面及截面形状

6.4 长度及允许偏差

6.4.2 长度允许偏差

钢筋按定尺交货时的长度允许偏差为 0～+50mm。

6.5 弯曲度和端部

直条钢筋的弯曲度应不影响正常使用，总弯曲度不大于钢筋总长度的 0.4%。

钢筋端部应剪切正直，局部变形应不影响使用。

6.6 重量及允许偏差

6.6.1 钢筋可按实际重量或理论重量交货。

6.6.2 钢筋实际重量与理论重量的允许偏差应符合表 4 的规定。

表 4

公称直径/mm	实际重量与理论重量的偏差/%
8～12	±6
14～20	±5
22～50	±4

7 技术要求

7.1 牌号和化学成分

7.1.1 钢的牌号、化学成分和碳当量（熔炼分析）应符合表 5 的规定。根据需要，钢中还可加入 V、Nb、Ti 等元素。

表 5

牌号	化学成分（质量分数）/%（不大于）					
	C	Si	Mn	P	S	Ceq
RRB400 RRB500	0.30	1.00	1.60	0.045	0.045	—
RRB400W	0.25	0.80	1.60	0.045	0.045	0.50

7.1.2 碳当量 CEV（百分比）值可按式（1）计算：

$$CEV = C + Mn/6 + (Cr + V + Mo)/5 + (Cu + Ni)/15$$

$$(1)$$

7.1.3 钢中铬、镍、铜的残余含量应各不大于 0.30%，其总量不大于 0.60%。经需方同意，铜的残余含量可不大于 0.35%。

7.1.4 钢的氮含量应不大于 0.012%。供方如能保证可不作分析。钢中如有足够数量的氮结合元素，含氮量的限制可适当放宽。

7.1.5 钢筋的成品化学成分允许偏差应符合 GB/T 222 的规定。碳当量 CEV 的允许偏差为 +0.02%。

7.2 交货状态

钢筋以余热处理状态交货。

7.3 力学性能

7.3.1 力学性能试验条件为交货状态或人工时效状态。在有争议时，试验条件按人工时效进行。

7.3.2 钢筋的力学性能特性值应符合表 6 的规定。

表 6

牌号	R_{eL}/MPa	R_m/MPa	A/%	A_{gt}/%
	不小于			
RRB400	400	540	14	5.0
RRB500	500	630	13	
RRB400W	430	570	16	7.5

注：时效后检验结果。

7.3.3 直径 28～40mm 各牌号钢筋的断后伸长率 A 可降低 1%。直径大于 40mm 各牌号钢筋的断后伸长率可降低 2%。

7.3.4 对于没有明显屈服强度的钢，屈服强度特性值 R_{eL} 应采用规定非比例延伸强度 $R_{p0.2}$。

7.4 工艺性能

7.4.1 弯曲性能

按表 7 规定的弯芯直径弯曲 180°后，钢筋受弯曲部位表面不得产生裂纹。

表 7　　　　　　　　　　单位为毫米

牌　　号	公称直径 d	弯芯直径
RRB400 RRB400W	8～25	$4d$
	28～40	$5d$
RRB500	8～25	$6d$

7.6　连接性能

钢筋的焊接和机械连接的质量检验与验收应符合相关标准的规定。

7.7　表面质量

7.7.1　钢筋应无有害的表面缺陷。

7.7.2　只要经钢丝刷刷过的试样的重量、尺寸、横截面积和拉伸性能不低于本标准的要求，锈皮、表面不平整或氧化铁皮不作为拒收的理由。

7.7.3　当带有 7.7.2 规定的缺陷以外的表面缺陷的试样不符合拉伸性能或弯曲性能要求时，则认为这些缺陷是有害的。

7.8　特征

余热处理钢筋具备的特征见附录 A。

8　检验项目和试验方法

8.1　检验项目

每批钢筋的检验项目，取样方法和试验方法应符合表 8 的规定。

8.2　连接性能试验、金相检验只进行型式试验，即在钢筋在生产工艺、设备有重大变化及新产品生产时进行。

8.3　拉伸、弯曲、反向弯曲试验

8.3.1　拉伸、弯曲、反向弯曲试验试样不允许进行车削加工。

8.3.2　计算钢筋强度用截面面积采用表 2 所列公称横截面面积。

8.3.3　最大力下的总伸长率 A_{gt} 的检验，除按表 8 规定采用 GB/T 228.1 的有关试验方法外，也可采用 GB/T 28900。

8.3.4　反向弯曲试验时，经正向弯曲后的试样，应在 100℃温度下保温不少于 30min，经自然冷却后再反向弯曲。当供方能保证钢筋经人工时效后的反向弯曲性能时，正向弯曲后的试样亦可在室温下直接进行反向弯曲。

8.3.5　人工时效工艺条件：加热试样到 100℃，在 100±10℃下保温 60～75min，然后在静止的空气中自然冷却到室温。

表 8

序号	检验项目	取样数量	取样方法	试验方法
1	化学成分（熔炼分析）	1	GB/T 20066	GB/T 223 GB/T 4336
2	拉伸	2	任选两根钢筋切取	GB/T 228.1、本标准 8.3
3	弯曲	2	任选两根钢筋切取	GB/T 232、本标准 8.3
4	反向弯曲	1	任选一根	YB/T 5126、本标准 8.3
5	疲劳试验		协商	
6	连接性能		协商	
7	金相组织		协商	
8	尺寸	逐支	—	本标准 8.4
9	表面	逐支	—	目视
10	重量偏差		本标准 8.5	本标准 8.5

注：对化学分析和拉伸试验结果有争议时，仲裁试验分别按 GB/T 233、GB/T 228.1 进行。

8.4　尺寸测量

8.4.1　带肋钢筋内径的测量精确到 0.1mm。

8.4.2　带肋钢筋纵肋、横肋高度的测量采用测量同一截面两侧纵肋、横肋中心高度平均值的方法，即测取钢筋最大外径，减去该处内径，所得数值的一半为该处肋高，应精确到 0.1mm。

8.4.3 带肋钢筋横肋间距采用测量平均肋距的方法进行测量。即测取钢筋一面上第 1 个与第 11 个横肋的中心距离，该数值除以 10 即为横肋间距，应精确到 0.1mm。

8.5　重量偏差的测量

8.5.1 测量钢筋重量偏差时，试样应从不同根钢筋上截取，试样数量不少于 5 支，每支试样长度不小于 500mm。长度应逐支测量，应精确到 1mm。测量试样总重量时，应精确到不大于总重量的 1%。

8.5.2 钢筋实际重量与理论重量的偏差按式（2）计算：

$$重量偏差 = \frac{试样实际总重量 - (试样总长度 \times 理论重量)}{试样总长度 \times 理论重量} \times 100\%$$

$$(2)$$

8.6 检验结果的数值修约与判定应符合 YB/T 081 的规定。

9　检验规则

钢筋的检验分为特征值检验和交货检验。

9.1　特征值检验

　　1 特征值检验适用于下列情况：

　　a）供方对产品质量控制的检验；

　　b）需方提出要求，经供需双方协议一致的检验；

　　c）第三方产品认证及仲裁检验。

　　2 特征值检验应按 GB 1499.2—2007 中附录 B 规定进行。

9.2　交货检验

9.2.1　适用范围

　　交货检验适用于钢筋验收批的检验。

9.2.2　组批规则

9.2.2.1 钢筋应按批进行检查和验收，每批由同一牌号、同一炉罐号、同一规格、同一余热处理制度的钢筋组成。每批重量不大于 60t。超过 60t 的部分，每增加 40t（或不足 40t 的余数），增加一个拉伸试验试样和一个弯曲试验试样。

9.2.2.2 允许由同一牌号、同一冶炼方法、同一浇注方法的不同炉罐号组成混合批，但各炉罐号含碳量之差不大于 0.02%，含锰量之差不大于 0.15%。混合批的重量不大于 60t。

9.2.3 检验项目和取样数量

钢筋检验项目和取样数量应符合表 8 和 9.2.2.1 的规定。

9.2.4 检验结果

各检验项目的检验结果应符合第 6 章和第 7 章的有关规定。

9.2.5 复验与判定

钢筋的复验与判定应符合 GB/T 17505 的规定。

10 包装、标志和质量证明书

10.1 带肋钢筋的表面标志应符合下列规定：

a）带肋钢筋应在其表面轧上牌号标志，还可依次轧上经注册的厂名（或商标）和公称直径毫米数字。

b）钢筋牌号以阿拉伯数字加英文字母表示，RRB400 以 K4 表示；RRB500 以 K5 表示；RRB400W 以 KW4 表示。厂名以汉语拼音字头表示。公称直径毫米数以阿拉伯数字表示。

c）公称直径不大于 10mm 的钢筋，可不轧制标志，可采用挂标牌方法。

d）标志应清晰明了，标志的尺寸由供方按钢筋直径大小作适当规定，与标志相交的横肋可以取消。

10.2 除上述规定外，钢筋的包装、标志和质量证明书应符合 GB/T 2101 的有关规定。

四、《冷轧扭钢筋》JG 190—2006

5.2.3 质量偏差

冷轧扭钢筋实际质量与理论质量的负偏差不应大于 5%。

5.3 冷轧扭钢筋力学性能和工艺性能

冷轧扭钢筋力学性能和工艺性能应符合表 3 的规定。

表3　力学性能和工艺性能指标

强度级别	型号	抗拉强度 σ_b/ (N/mm^2)	伸长率 A/ %	180°弯曲试验 (弯心直径 $=3d$)	应力松弛率/% (当 $\sigma_{con}=0.7f_{ptk}$)	
					10h	1000h
CTB550	I	≥550	$A_{11.3}$≥4.5	受弯曲部位钢筋表面不得产生裂纹	—	—
	II	≥550	A≥10		—	—
	III	≥550	A≥12		—	—
CTB650	III	≥650	A_{100}≥4		≤5	≤8

注1：d 为冷轧扭钢筋标志直径。

2：A、$A_{11.3}$分别表示以标距 $5.65\sqrt{S_0}$ 或 $11.3\sqrt{S_0}$（S_0 为试样原始截面面积）的试样拉断伸长率，A_{100}表示标距为 100mm 的试样拉断伸长率。

3：σ_{con}为预应力钢筋张拉控制应力；f_{ptk}为预应力冷轧扭钢筋抗拉强度标准值。

7　检验规则

7.3.2　当检验项目中一项或几项检验结果不符合本标准相关规定时，则应从同批钢筋中重新加倍随机抽样，对不合格项目进行复检。若试样复检后合格，则可判定该批钢筋合格。否则应根据不同项目按下列规则判定：

　　a）当抗拉强度、伸长率、180°弯曲性能不合格或质量负偏差大于 5%时，判定该批钢筋为不合格。

　　b）当钢筋力学与工艺性能合格，但截面控制尺寸（轧扁厚度、边长或内外圆直径）小于本标准规定值或节距大于本标准规定值时，该批钢筋应降直径规格使用。

五、《冷轧带肋钢筋》GB 13788—2008

1　范围

　　本标准规定了冷轧带肋钢筋的定义、分类、牌号、尺寸、外形、重量及允许偏差、技术要求、试验方法、检验规则、包装、标志和质量证明书。

本标准适用于预应力混凝土和普通钢筋混凝土用冷轧带肋钢筋，也适用于制造焊接网用冷轧带肋钢筋（以下简称钢筋）。

2　规范性引用文件

略

3　术语和定义

下列术语和定义适用于本标准。

3.1

冷轧带肋钢筋　cold-rolled ribbed steel wires and bars

热轧圆盘条经冷轧后，在其表面带有沿长度方向均匀分布的三面或二面横肋的钢筋。

3.2

公称直径　nominal diameter

相当于横截面积相等的光圆钢筋的公称直径。

3.3

相对投影肋面积　specific projected rib area

横肋在与钢筋轴线垂直平面上的投影面积与公称周长和横肋间距的乘积之比。

3.4

横肋间隙　rib spacing

钢筋周圈上横肋不连续部分在垂直于钢筋轴线平面上投影的弦长。

4　分类、牌号

冷轧带肋钢筋的牌号由 CRB 和钢筋的抗拉强度最小值构成。C、R、B 分别为冷轧（cold rolled）、带肋（Ribbed）、钢筋（Bar）三个词的英文首位字母。冷轧带肋钢筋分为 CRB550、CRB650、CRB800、CRB970 四个牌号。CRB550 为普通钢筋混凝土用钢筋，其他牌号为预应力混凝土用钢筋。

5.1　公称直径范围

CRB550 钢筋的公称直径范围为 4～12mm，CRB650 及以上牌号钢筋的公称直径为 4mm、5mm、6mm。

5.2 外形

5.2.1 钢筋表面横肋应符合下列基本规定：

5.2.1.1 横肋呈月牙形。

5.2.1.2 横肋沿钢筋横截面圆圈上均匀分布，其中三面肋钢筋有一面肋的倾角必须与另两面反向，二面肋钢筋一面肋的倾角必须与另一面反向。

5.2.1.3 横肋中心线和钢筋纵轴线夹角 β 为 $40°\sim60°$。

5.2.1.4 横肋两侧面和钢筋表面斜角 α 不得小于 $45°$，横肋与钢筋表面呈弧形相交。

5.2.1.5 横肋间隙的总和应不大于公称周长的 20%（$\Sigma f_i \leqslant 0.2\pi d$）。

5.2.1.6 相对肋面积 f_r 按式（1）确定：

$$f_r = \frac{K \times F_R \times \sin\beta}{\pi \times d \times l} \qquad (1)$$

式中：

$K=3$ 或 2（三面或二面有肋）；

F_R——一个肋的纵向截面积；

β——横肋与钢筋轴线的夹角；

d——钢筋公称直径；

l——横肋间距。

已知钢筋的几何参数，相对肋面积也可用下面的近似式（2）计算：

$$f_r = \frac{(d \times \pi - \Sigma f_i) \times (h + 4h_{1/4})}{6 \times \pi \times d \times l} \qquad (2)$$

式中：

Σf_i——钢筋周圈上各排横肋间隙之和；

h——横肋中点高；

$h_{1/4}$——横肋长度四分之一处高。

5.2.2 三面肋钢筋的外形应符合图 1 和 5.2.1 的规定。

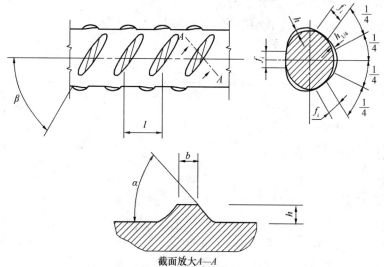

截面放大A—A

a—横肋斜角；β—横肋与钢筋轴线夹角；h—横肋中点高；
l—横肋间距；b—横肋顶宽；f_i—横肋间隙
图1 三面肋钢筋表面及截面形状

5.2.3 二面肋钢筋的外形应符合图2和5.2.1的规定。

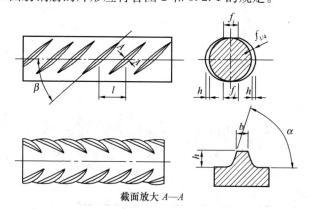

截面放大 A—A

α—横肋斜角；
β—横肋与钢筋轴线夹角；
h—横肋中点高度；
l—横肋间距；
b—横肋顶宽；
f_i—横肋间隙
图2 二面肋钢筋表面及截面形状

5.3 尺寸、重量及允许偏差

三面肋和二面肋钢筋的尺寸、重量及允许偏差应符合表 1 的规定。

表 1   三面肋和二面肋钢筋的尺寸、重量及允许偏差

公称直径 d/ mm	公称横截面积/ mm^2	重量		横肋中点高		横肋间隙		相对肋面积 f_r 不小于
		理论重量/ (kg/m)	允许偏差/ %	h/ mm	允许偏差/ mm	l/ mm	允许偏差/%	
4	12.6	0.099		0.30		4.0		0.036
4.5	15.9	0.125		0.32		4.0		0.039
5	19.6	0.154		0.32		4.0		0.039
5.5	23.7	0.186		0.40		5.0		0.039
6	28.3	0.222		0.40	+0.16 −0.05	5.0		0.039
6.5	33.2	0.261		0.46		5.0		0.045
7	38.5	0.302		0.46		5.0		0.045
7.5	44.2	0.347	±4	0.55		6.0	±15	0.045
8	50.3	0.395		0.55		6.0		0.045
8.5	56.7	0.445		0.55		7.0		0.045
9	63.6	0.490		0.75		7.0		0.052
9.5	70.8	0.556		0.75		7.0		0.052
10	78.5	0.617		0.75	±0.10	7.0		0.052
10.5	86.5	0.599		0.75		7.4		0.052
11	95.0	0.745		0.80		7.4		0.056
11.5	103.8	0.615		0.95		8.4		0.056
12	113.1	0.888		0.95		8.4		0.056

注 2：二面肋钢筋允许有高度不大于 $0.5h$ 的纵肋。

5.5 弯曲度

直条钢筋的每米弯曲度不大于 4mm，总弯曲度不大于钢筋全长的 0.4%。

6　技术要求

6.2　交货状态

钢筋按冷加工状态交货。允许冷轧后进行低温回火处理。

6.3　力学性能和工艺性能

6.3.1　钢筋的力学性能和工艺性能应符合表 2 的规定。当进行弯曲试验时，受弯曲部位表面不得产生裂纹。反复弯曲试验的弯曲半径应符合表 3 的规定。

表 2　力学性能和工艺性能

牌号	$R_{p0.2}/$ MPa 不小于	$R_m/$ MPa 不小于	伸长率/% 不小于		弯曲试验 180°	反复弯曲次数	应力松弛 初始应力应相当于公称抗拉强度的 70% 1000h 松弛率/% 不大于
			$A_{11.3}$	A_{100}			
CRB550	500	550	8.0	—	$D=3d$	—	—
CRB650	585	650	—	4.0	—	3	8
CRB800	720	800	—	4.0	—	3	8
CRB970	875	970	—	4.0	—	3	8

注：表中 D 为弯心直径，d 为钢筋公称直径。

表 3　反复弯曲试验的弯曲半径　　　　单位为毫米

钢筋公称直径	4	5	6
弯曲半径	10	15	15

6.3.3　供方在保证 1000h 松弛率合格基础上，允许使用推算法确定 1000h 松弛。

6.4　表面质量

6.4.1　钢筋表面不得有裂纹、折叠、结疤、油污及其他影响使用的缺陷。

6.4.2　钢筋表面可有浮锈，但不得有锈皮及目视可见的麻坑等腐蚀现象。

7　试验方法

7.1　检验项目

　　钢筋出厂检验的试验项目、取样方法、试验方法应符合表4和本标准 7.2～7.5 的规定。

表 4　钢筋的试验项目、取样方法及试验方法

序号	试验项目	试验数量	取样方法	试验方法
1	拉伸试验	每盘 1 个	在每（任）盘中随机切取	GB/T 228
2	弯曲试验	每批 2 个		GB/T 232
3	反复弯曲试验	每批 2 个		GB/T 238
4	应力松弛试验	定期 1 个		GB/T 10120、本标准 7.3
5	尺寸	逐盘	—	本标准 7.4
6	表面	逐盘	—	目视
7	重量偏差	每盘 1 个	—	本标准 7.5

　　注：表中试验数量栏中的"盘"指生产钢筋的"原料盘"。

7.2　力学性能

7.2.1　计算钢筋强度采用表 1 所列公称横截面积。

7.2.2　最大力总伸长率 A_{gt} 的检验，除按表 4 规定采用 GB/T 228 的有关试验方法外，也可采用附录 A 的方法。

7.3　应力松弛试验

7.3.1　试验期间试样的环境温度应保持在 $20 \pm 2℃$。

7.3.2　试样可进行机械矫直，但不得进行任何热处理和其他冷加工。

7.3.3　加在试样上的初始试验力为试样公称抗拉强度的 70% 乘以试样公称横截面积。

7.3.4　加荷速度为 $200 \pm 50MPa/min$，初始负荷应在 $3～5min$ 加荷完毕，持荷 2min 后开始记录松弛值。

7.3.5　试样长度不小于公称直径的 60 倍。

7.3.6　允许用至少 120h 的测试数据推算 1000h 的松弛率值。

7.4　尺寸测量

7.4.1　横肋高度的测量采用测量同一截面每列横肋高度取其平均值，横肋间距采用测量平均间距的方法，即测取同一列横肋第 1 个与第 11 个横肋的中心距离除以 10，即为横肋间距的平均值。

7.4.2　尺寸测量精度精确到 0.02mm。

7.5　重量偏差的测量

测量钢筋重量偏差时，试样长度应不小于 500mm。长度测量精确到 1mm，重量测定应精确到 1g。

钢筋重量偏差按式（3）计算：

$$重量偏差(\%) = \frac{试样实际重量 - (试样长度 \times 理论重量)}{试样长度 \times 理论重量} \times 100$$

（3）

7.6　检验结果的数值修约与判定应符合 YB/T 081 的规定。

8　检验规则

8.1　检查和验收

钢筋的检查和验收由供方质量监督部门进行。需方有权进行检验。钢筋的检查和验收按 GB/T 17505 的规定进行。

8.2　组批规则

钢筋应按批进行检查和验收，每批应由同一牌号、同一外形、同一规格、同一生产工艺和同一交货状态的钢筋组成，每批不大于 60t。

8.3　取样数量

钢筋检验的取样数量应符合表 4 的规定。

8.4　复验与判定规则

钢筋的复验与判定规则应符合 GB/T 17505 的规定。

9　包装、标志和质量证明书

9.1　每盘（捆）钢筋应均匀捆孔不少于 3 道，端头应弯入盘内。

9.2　钢筋应轧上明显的钢筋牌号标志，标志间距为横肋间距的两倍，标志间距内的一条横肋取消，如图 3 所示；钢筋还可轧上厂名或厂标。

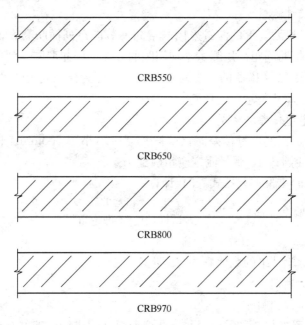

图 3　标志示例

9.3　每盘（捆）钢筋应挂有不少于两个标牌，注明生产厂、生产日期、钢筋牌号和规格。

9.4　钢筋的包装、标志和质量证明书除上述规定外，应符合 GB/T 2101 或 GB/T 2103 中的有关规定。

附　录　A
（规范性附录）
钢筋在最大力总伸长率的测定方法

A.1　试样

A.1.1　长度

试样夹具之间的最小自由长度为 350mm。

A. 1. 2　原始标距的标记和测量

在试样自由长度范围内，均匀划分为 10mm 或 5mm 的等间距标记，标记的划分和测量应符合 GB/T 228 的有关要求。

A. 2　拉伸试验

按 GB/T 228 规定进行拉伸试验，直至试样断裂。

A. 3　断裂后的测量

选择 Y 和 V 两个标记，这两个标记之间的距离在拉伸试验之前至少应为 100mm。两个标记都应当位于夹具离断裂点最远的一侧。两个标记离开夹具的距离都应不小于 20mm；两个标记与断裂点之间的距离应不小于 50mm。见图 A. 1。

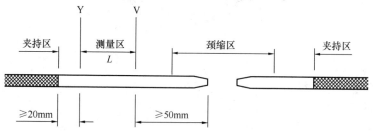

图 A. 1　断裂后的测量

在最大力作用下试样总伸长率 A_{gt}（％）可按公式（A. 1）计算：

$$A_{gt} = \left[\frac{L - L_0}{L_0} + \frac{R_m^\circ}{E}\right] \times 100 \qquad (A. 1)$$

式中：L——图 A. 1 所示断裂后的距离，单位为毫米（mm）；

L_0——试验前同样标记间的距离，单位为毫米（mm）；

R_m°——抗拉强度实测值，单位为兆帕（MPa）；

E——弹性模量，其值可取为 2×10^5，单位为兆帕（MPa）。

六、《镦粗直螺纹钢筋接头》JG 171—2005

5. 1. 2　Ⅰ级和Ⅱ级接头的抗拉强度应符合表 4 的要求。

表 4   接头的抗拉强度

接头等级	Ⅰ级	Ⅱ级
抗拉强度	$f_{mst}^0 \geqslant f_{st}^0$ 或 $\geqslant 1.10 f_{uk}$	$f_{mst}^0 \geqslant f_{uk}$

7.3.5   对接头的每一个验收批，必须在工程结构中随机截取 3 个试件作抗拉强度试验，按设计要求的接头等级进行评定。当 3 个接头试件的抗拉强度均符合本标准表 4 中相应等级的要求时，该验收批评为合格。如有 1 个试件的强度不符合要求，应再取 6 个试件进行复检。复检中如仍有 1 个试件的强度不符合要求，则该验收批评为不合格。

第四篇　混　凝　土

一、《混凝土标准养护箱》JG 238—2008

5 要求

5.1 温度

养护箱工作室内温度应保持在 $20\pm2℃$ 之内，并具备自动控制功能，在养护箱外应有温度记录仪及故障提示装置。温度记录仪应至少每隔 30min 对温度记录一次，其测量误差不应大于 $0.5℃$。

5.2 相对湿度

5.2.1 养护箱工作室内的相对湿度应大于 95%，且应为雾室。应具备自动控制相对湿度的功能。试件表面应呈潮湿状态，不得受水滴或被水冲淋。

5.5 绝热性能

在断电的情况下，环境温度为 35℃ 且箱内温度和相对湿度满足 5.1 和 5.2 时，在 10h 内，满容量温升应小于 2℃。

5.7 电器安全性

养护箱的电器安全性能应符合 GB 4706.67 中相关规定的要求。

二、《混凝土试模》JG 237—2008

5.1 内表面和上口面粗糙度

试模内表面和上口面粗糙度 Ra 不应大于 $3.2\mu m$。

5.2 内部尺寸

试模内部尺寸误差不应大于公称尺寸的 0.2%，且不大于 1mm。

5.3 夹角

立方体和棱柱体试模各相邻侧面之间的夹角应为直角，其误差不应大于 0.2°。圆柱体试模底板与圆柱体轴线之间的夹角应为直角，其误差不应大于 0.2°。

5.4 平面度

立方体和棱柱体试模内表面的平面度、定位面的平面度误差，每 100mm 不应大于 0.04mm。

三、《普通混凝土用砂、石质量及检验方法标准》JGJ 52—2006

1.0.3 对于长期处于潮湿环境的重要混凝土结构所用的砂、石，应进行碱活性检验。

3.1.10 砂中氯离子含量应符合下列规定：

1 对于钢筋混凝土用砂，其氯离子含量不得大于 0.06％（以干砂的质量百分率计）；

2 对于预应力混凝土用砂，其氯离子含量不得大于 0.02％（以干砂的质量百分率计）。

四、《混凝土用水标准》JGJ 63—2006

3.1.7 未经处理的海水严禁用于钢筋混凝土和预应力混凝土。

第五篇　预　应　力

一、《预应力混凝土管》GB 5696—2006

6 要求

6.1 产品设计

6.1.1 一阶段管的管子结构设计应遵循 CECS 16：1990 的规定，三阶段管的管子结构设计应遵循 GB 50332—2002 和 CECS 140：2002 的规定；也可采用经认可的其他设计方法对管子进行结构设计。

6.1.2 在进行管子结构设计时，允许通过提高混凝土强度等级或增加管体壁厚，以获得经济、合理的设计结果。

6.3 混凝土强度

6.3.1 一阶段管管体混凝土的强度等级不得低于 C50；三阶段管管芯混凝土的强度等级不得低于 C40。混凝土配合比设计应遵循 JGJ 55 的规定，混凝土的操作施工应遵循 GB 50204 的规定，混凝土中采用外加剂时应遵循 GB 50119 的规定。

6.3.2 每班或每拌制 100 盘（不大于 100m³）相同配合比的混凝土时，一阶段管应取样制作 2 组立方体试件，分别用于测定脱模强度和 28d 强度；三阶段管应取样制作 3 组立方体试件，分别用于测定脱模强度、缠丝强度和 28d 强度。测定管体混凝土脱模强度和缠丝强度用的立方体试件的养护条件应与管子相同。

6.3.3 脱模强度、缠丝强度及 28d 强度由标准立方体强度乘以强度系数进行确定。强度系数由各厂经试验确定，在没有取得足够试验依据时可分别采用；振动挤压成型工艺的强度系数为 1.5；离心成型工艺的强度系数为 1.25；悬辊成型工艺或立式振动成型工艺的强度系数为 1.0。

6.3.4 制管用混凝土标准立方体试件 28d 抗压强度的检验与评定应符合 GB 50107 的规定。

6.4 成型

6.4.1 一阶段管成型操作时采用的振动挤压制度应保证管体获得设计要求的管子尺寸和足够的密实度，脱模后的混凝土管壁不得出现蜂窝等不密实现象。

6.4.2 一阶段管挤压排水所用的升压、稳压装置应具有压力显示和记录功能，稳压过程中的压力波动不得大于±0.02MPa。

6.4.3 三阶段管成型操作时采用的离心或悬辊成型工艺制度、立式振动成型工艺制度包括所采取的振动频率和振动成型时间应保证其获得设计要求的管芯尺寸和足够的密实度，成型过程中模型不得出现变形、松动和位移，成型后的管芯混凝土不得出现任何塌落。成型结束时应及时对管内壁混凝土进行整平处理。

6.4.4 采用立式振动工艺制作三阶段管时，每根管芯的全部成型时间不得超过水泥的初凝时间。

6.5 养护

6.5.1 新成型的管子或管芯应采用蒸汽养护，所采用的蒸汽养护制度应保证管体混凝土达到本标准规定的脱模强度。

6.5.2 一阶段管蒸汽养护时养护设施内的最高恒温温度不宜超过95℃；三阶段管蒸汽养护时养护设施内最高升温速度不应大于22℃/h，最高恒温温度应根据水泥品种进行确定，采用普通水泥时养护最高恒温温度不宜超过85℃。

6.5.3 不同季节具体的养护制度应根据试验确定。

6.6 脱模

6.6.1 一阶段管的脱模强度不得低于35MPa；三阶段管的脱模强度不得低于28MPa。

6.6.2 脱模操作不应损坏管体混凝土，管体混凝土内外表面不得出现粘模和剥落现象。

6.7 环向预应力施加

6.7.1 一阶段管脱模放张时在管体混凝土中建立的初始环向预压应力不应超过脱模时管壁混凝土抗压强度的55%。

6.7.2 三阶段管缠绕环向预应力钢丝时，管芯混凝土抗压强度不应低于立方体抗压强度标准值的70%，同时缠丝时，在管芯混凝土中建立的初始环向预压应力不应超过缠丝时管壁混凝土抗压强度的55%，缠丝时环境温度不应低于2℃。

6.7.2.1 在缠丝操作之前，管芯混凝土表面如有直径或深度超过 10mm 的孔洞以及高于 3mm 的混凝土棱角必须进行修补和清理。

6.7.2.2 缠丝时预应力钢丝在设计要求的张拉控制应力下，按设计要求的螺距呈螺旋形缠绕在管芯上，钢丝的起始端应牢固固定，管芯两端的锚固装置所能承受的抗拉应力至少应为钢丝极限抗拉强度的 75%，管芯任意 0.6m 管长的环向预应力钢丝圈数不应低于设计要求，所用的预应力钢丝表面不得出现鳞锈和点蚀。

6.7.2.3 缠丝过程中如需进行钢丝搭接，则钢丝接头所能承受的拉应力至少应达到钢丝最小极限强度。

6.7.2.4 缠丝机应配备可以连续记录钢丝张拉应力的应力显示装置或应力记录装置，缠丝过程中张拉应力偏离平均值的波动范围不应超过 ±10%。

6.7.2.5 缠丝时环向钢丝间的最小净距不应小于所用钢丝直径，同层环向钢丝之间的最大中心间距不应大于 38mm。

6.7.2.6 缠丝前或缠丝时宜在管芯表面喷涂一层水泥净浆，净浆用水泥应与管芯混凝土相同。水泥净浆的水灰比宜为 0.625，涂覆量宜为 $0.41L/m^2$。

6.8 管体抗渗性

6.8.1 制造中的每一根管子或缠丝管芯都应进行管体抗渗性检验，抗渗检验压力值应为管道工作压力的 1.5 倍，最低的抗渗检验压力值应为 0.2MPa。

6.8.2 在抗渗检验压力下，合格管体不应出现冒汗、淌水、喷水以及合缝漏水和纵筋串水现象；管体的外表面出现的任何单个潮片面积不应超过 $20cm^2$。

6.8.3 管体如出现超出 6.8.2 规定的管体渗漏时应做好标记，待卸压后对管子或管芯的渗漏部位进行修补或采取附加的养护措施。经修补的管子或缠丝管芯应重新进行管体抗渗检验，只有检验符合要求的管子或管芯才能运出车间或制作水泥砂浆保护层。

6.9 三阶段管保护层

6.9.1 保护层制作

制作水泥砂浆保护层应采用辊射法、喷涂法或其他有效方法，制成的水泥砂浆保护层应密实、坚固。新拌水泥砂浆的含水量不得低于其干料总重的 7%。制作水泥砂浆保护层时，应首先在缠丝管芯表面喷涂一层水泥净浆。

6.9.2 保护层水泥砂浆抗压强度

为了验证水泥砂浆保护层制作机的机械性能和水泥砂浆配合比是否满足制管要求，每隔三个月或当水泥砂浆原材料来源发生改变时至少应进行一次保护层水泥砂浆强度试验。水泥砂浆试样的养护应与管子砂浆保护层相同，保护层水泥砂浆 28d 龄期的立方体（试件尺寸：25mm×25mm×25mm）抗压强度不得低于 45MPa。

6.9.3 保护层水泥砂浆吸水率

每工作班至少应进行一次保护层水泥砂浆吸水率试验，水泥砂浆试样的养护应与管子砂浆保护层相同。水泥砂浆吸水率全部试验数据的平均值不应超过 9%，单个值不应超过 11%。如连续 10 个工作班测得的保护层吸水率数值不超过 9%，则保护层水泥砂浆吸水率试验可调整为每周一次；如再次出现保护层水泥砂浆吸水率超过 9% 时应恢复为日常检验。

6.9.4 保护层养护

制作完成的水泥砂浆保护层应采用适当方法进行养护。采用自然养护时，在保护层水泥砂浆充分凝固后，每天至少应洒水两次，以使保护层水泥砂浆保护湿润。

6.10 成品质量

6.10.1 外观质量

6.10.1.1 管子承口工作面不应有蜂窝、脱皮现象，缺陷凹凸度不大于 2mm，面积不大于 30mm²。

6.10.1.2 管子插口工作面不应有蜂窝、刻痕、脱皮、缺边等。

6.10.1.3 管体内壁应平整，不应露石，不宜有浮渣；局部凹坑深度不应大于壁厚的 1/5 或 10mm。

6.10.1.4 管体外壁保护层不应有脱落和不密实现象。一阶段管保护层空鼓面积累计不得超过 40cm²。

6.10.1.5 管子内外表面不得出现结构性裂缝，插口端安装线内的保护层厚度不得超过止胶台高度。

注：管子插口端安装线的具体位置为：$l_1+l_2+l_3-l_4$ 或 $l_{min}+l_3-l_4$。

6.10.1.6 管子承插口工作面的环向连续碰伤长度不超过 250mm，且不降低接头密封能和结构性能时，应予修补。

6.10.1.7 一阶段管承插口端面外露的纵向钢筋头应清除掉并至少深入 5mm，其残留凹坑应采用砂浆或无毒防腐材料填补。

6.10.1.8 管体所有标准允许修补的缺陷应修补完整、结合牢固，不应漏修。

6.10.2　允许偏差

管体尺寸允许偏差不得超过表 5、表 6 的规定。

表 5　一阶段（YYG、YYGS）成品管子允许偏差

单位为毫米

公称内径	内径 D_0	保护层厚度 h	承　口		插　口	
			工作面直径 D_3	工作面长度 l_2	工作面直径 D_6	止胶台外径 D_3
400～900	+6 −4	−2	±2	−2	±1	
1000～1400	+12 −4		+3 −2	−3	±2	±2
1600～2000	+14 −4	−3		−4		

表 6　三阶段（SYG、SYGL）成品管子允许偏差

单位为毫米

公称内径	内径 D_0	保护层厚度 h	承　口		插　口	
			工作面直径 D_3	工作面长度 l_2	工作面直径 D_6	止胶台外径 D_3
400～1000	+4 −6	−2	+2 −1	−2	±1	±2
1200～3000	±8		±2	−3	±2	

6.10.3　抗渗性

6.10.3.1　成品管子的抗渗检验压力指标同6.8.1。

6.10.3.2　抗渗检验压力下管体不应出现冒汗、淌水、喷水；管体出现的任何单个潮片面积不应超过$20cm^2$，管体任意外表面每m^2面积出现的潮片数量不得超过5处。

6.10.3.3　抗渗检验过程中，管子的接头处不应滴水。

6.10.4　抗裂性能

成品管在控制开裂标准组合条件下的抗裂检验内压应由下式求得。卧式水压试验时，采用公式计算所得的P_t值应扣除管重和水重的影响；立式水压试验时，采用公式计算所得的P_t值（管子顶部的压力值）应扣除管子垂直高度水柱的影响。管子在抗裂检验内压下恒压3min，管体不得出现开裂。

$$P_t = (A_p \sigma_{pe} + f_{tk} A_{cm})/\alpha_{cp} b r_0$$

式中：P_t——管子的抗裂检验内压，单位为兆帕（MPa）；

A_p——每米管子长度环向预应力钢丝面积，单位为平方毫米（mm^2）；

A_{cm}——每米管子长度管壁截面内混凝土、钢丝及混凝土或砂浆保护层折算面积，单位为平方毫米（mm^2）；

σ_{pe}——环向钢丝最终有效预加应力，单位为牛顿每平方毫米（N/mm^2）；

f_{tk}——制管用混凝土抗拉强度标准值，单位为牛顿每平方毫米（N/mm^2）；

α_{cp}——预压效应系数，取1.25；

b——管子轴向计算长度，单位为米（m）；

r_0——管子内半径，单位为毫米（mm）。

注：覆土深度0.8～2.0m、工作压力0.2～1.2MPa的预应力混凝土管抗裂检验内压详见规范性附录B、附录C。

6.10.5　管子接头允许相对转角

管子接头允许相对转角应符合表7的规定。管子接头转角试验在抗渗检验压力下恒压 5min，达到标准规定的允许相对转角时管子接头不应出现渗漏水。

表 7   管子接头允许相对转角

公称内径/mm	管子接头允许相对转角/（°）
400～700	1.5
800～1400	1.0
1600～3000	0.5

注：依管线工程实际情况，在进行管子结构设计时可以适当增加管子接头允许相对转角。

6.10.6   管子的防护

当管子用于输送具有腐蚀性的污水或海水、或用于含有腐蚀性介质的土壤环境中以及架空铺设时，应按 GB 50046—2008 的规定对管体混凝土或水泥砂浆保护层进行防腐处理。涂覆防腐材料时应遵循 GB 50212 的规定，防腐施工的质量应按 GB 50224—2010 的规定进行评定。

6.10.7   管子的修补

6.10.7.1   管壁混凝土或水泥砂浆保护层在制造、搬运过程中造成的瑕疵，经修补合格后方能出厂。实施修补前应清除有缺陷的混凝土或水泥砂浆，修补用的混凝土、水泥砂浆或无毒树脂水泥砂浆所用的水泥应与管壁混凝土或水泥砂浆保护层相同。如果管壁混凝土出现塌落的表面积超过管体内表面积的 10%，则该根管子应予报废；三阶段管水泥砂浆保护层出现损坏的表面面积如超出了管子外保护层表面积的 5%，则应将其全部清除后重新制作保护层。

6.10.7.2   管壁混凝土内外表面出现的凹坑或气泡，当任一方向的长度或深度大于 10mm 时应采用水泥砂浆或环氧水泥砂浆予以填补并用镘刀刮平。

6.10.8   修补部位的养护

所有修补部位应根据修补材料的性质采取相应的保护或养护措施，确保修补质量。

8 检验规则

8.1 检验分类

产品检验分为出厂检验和型式检验。

8.2 出厂检验

8.2.1 检验项目包括外观质量、尺寸偏差、抗渗性、抗裂内压及混凝土强度；三阶段管还应包括水泥砂浆强度及水泥砂浆吸水率。

8.2.3 抽样

出厂检验的抽样数量见表8。

表8 出厂检验的检验项目及抽样数量

序号	质量指标	类别	检验项目	数量/根	备 注
1	外观质量	A	承口工作面	逐根	按批量
2			插口工作面	逐根	
3		B	管体外壁	逐根	
4			管体内壁	逐根	
5			纵筋头处理	逐根	
6	尺寸偏差	A	承口工作面直径（D_3）	10	采用随机方法抽样
7			插口工作面直径（D_6）	10	
8			保护层厚度（h）	1	
9		B	管子内径 D_0	10	
10			止胶台外径（D_5）	10	
11			承口工作面长度 l_2	10	
12	物理力学性能	A	抗渗性	10	采用随机方法抽样
13			抗裂内压	2	
14			混凝土抗压强度		检查生产记录
15			保护层水泥砂浆抗压强度		
16			保护层水泥砂浆吸水率		

8.2.4　判定规则

除 B 类检验项目最多允许两项超差以外，A 类检验项目均符合本标准规定的管子判为合格。

8.2.5　复检规则

出厂检验时，遇有下列情况在采取相应措施后允许复检。

8.2.5.1　对碰伤、有缺陷或外观检验不符合标准要求的管子经修补后允许复验。

8.2.5.2　对抗渗性检验或管子接头密封性检验不符合标准要求的管子经修补或潮湿养护或重新安装后允许复检。

8.2.5.3　抗裂检验时如有 1 根管子不符合标准要求，则应取加倍数量复检。如仍有 1 根不合格时，则该批管子应降级验收使用。

8.2.5.4　使用单位对产品质量有怀疑时有权按照本标准提出的抗渗、抗裂要求，对交付使用的管子与厂方配合进行复检。产品质量复检不合格时，试验发生的费用由厂方承担；产品质量复检合格时，试验发生的费用由业主方承担。

8.3　型式检验

8.3.1　遇有下列情况之一时，应进行型式检验：

　　a. 新产品或老产品转产的试制定型鉴定；

　　b. 正式投产后，如结构、材料、工艺有较大改变可能影响产品性能时；

　　c. 产品停产半年以上恢复生产时；

　　d. 出厂检验结果与最近一次型式检验结果有较大差异时；

　　e. 合同规定时；

　　f. 国家质量监督机构提出进行型式检验的要求时。

8.3.2　检验项目

检验项目包括外观质量、尺寸偏差、抗渗性、抗裂内压、混凝土抗压强度及管子接头允许相对转角；三阶段管还应包括保护层水泥砂浆抗压强度、保护层水泥砂浆吸水率。

表 9 型式检验的检验项目及抽样数量

序号	质量指标	类 别	检验项目	数量/根	备 注
1	外观质量	A	承口工作面	10	在批量中采用随机方法抽取样品
2			插口工作面	10	
3		B	管体外壁	10	
4			管体内壁	10	
5			纵筋头处理	10	
6	尺寸偏差	A	承口工作面直径（D_3）	10	
7			插口工作面直径（D_6）	10	
8			保护层厚度（h）	1	
9		B	管子内径 D_0	10	
10			止胶台外径（D_5）	10	
11			承口工作面长度 l_2	10	
12	物理力学性能	A	抗渗性	6	从样品中随机抽取
13			抗裂内压	2	
14			管子接头允许相对转角	2	
15			混凝土抗压强度	≥3 组	抽查生产记录
16			保护层水泥砂浆抗压强度		
17			保护层水泥砂浆吸水率		

8.3.3 批量

型式检验的管子批量应由同类别、同规格、同工艺生产的成品管子组成。组批的管子数量：管子直径＜2600mm 时至少应为 30 根；管子直径为 2600～3000mm 时至少应为 20 根。

8.3.4 抽样

型式检验的抽样数量详见表 9。

8.3.5　复检规则

在物理力学性能检验项目中，管子接头允许转角试验如不符合本标准要求，允许复检一次。

8.3.6　判定规则

除 B 类检验项目最多允许两项超差以外，A 类检验项目均符合本标准规定的管子判为合格。

二、《预应力混凝土空心方桩》JG 197—2006

5.1.3　放张预应力钢筋时，空心方桩的混凝土立方体抗压强度不应低于 40MPa。空心方桩的混凝土有效预压应力不应低于 $3.0N/mm^2$。

5.5　抗弯性能

5.5.1　空心方桩应按 6.3 进行抗弯试验，当加载至表 4 中的抗裂弯矩时，空心方桩不应出现受力裂缝（不包括收缩裂缝等）。

表 4　空心方桩的抗弯性能

外径/mm	抗裂弯矩/（kN·m）	极限弯矩/（kN·m）
250	19	32
300	31	45
350	48	61
400	72	105
450	102	159
500	140	204
550	187	295
600	244	354
650	311	481
700	389	559

5.5.2 当加载至表4中的极限弯矩时，空心方桩不应出现下列任何一种情况：

　　a）受拉区混凝土受力裂缝宽度达到1.5mm；

　　b）受拉钢筋被拉断；

　　c）受压区混凝土破坏。

5.5.3 空心方桩接头处极限弯矩不应低于空心方桩极限弯矩。

三、《先张法预应力混凝土管桩》GB 13476—2009

5.1.2 预应力混凝土管桩用混凝土强度等级不得低于C60，预应力高强混凝土管桩用混凝土强度等级不得低于C80。

5.1.3 预应力钢筋放张时，管桩的混凝土抗压强度不得低于45MPa。

5.2 混凝土有效预压应力值

　　A型、AB型、B型和C型管桩的混凝土有效预压应力值分别为 $4.0N/mm^2$、$6.0N/mm^2$、$8.0N/mm^2$ 和 $10.0N/mm^2$，其计算值应在各自规定值的±5%范围内。A型、AB型、B型和C型管桩的抗弯性能指标见表4。

　　注：管桩混凝土有效预压应力值的计算方法见附录D。

表4　管桩的抗弯性能

外径 D/min	型号	壁厚 t/mm	抗裂弯矩/ (kN·m)	极限弯矩/ (kN·m)
300	A	70	25	37
	AB		30	50
	B		34	62
	C		39	79
400	A	95	54	81
	AB		64	106
	B		74	132
	C		88	176

续表4

外径 D/min	型号	壁厚 t/mm	抗裂弯矩/ (kN·m)	极限弯矩/ (kN·m)
500	A	100	103	155
	AB		125	210
	B		147	265
	C		167	334
	A	125	111	167
	AB		136	226
	B		160	285
	C		180	360
600	A	110	167	250
	AB		206	346
	B		245	441
	C		285	569
	A	130	180	270
	AB		223	374
	B		265	477
	C		307	615
700	A	110	265	397
	AB		319	534
	B		373	671
	C		441	883
	A	130	275	413
	AB		332	556
	B		388	698
	C		459	918

续表4

外径 D/min	型号	壁厚 t/mm	抗裂弯矩/ （kN·m）	极限弯矩/ （kN·m）
800	A	110	392	589
	AB		471	771
	B		540	971
	C		638	1275
	A	130	408	612
	AB		484	811
	B		560	1010
	C		663	1326
1000	A	130	736	1104
	AB		883	1457
	B		1030	1854
	C		1177	2354
1200	A	150	1177	1766
	AB		1412	2330
	B		1668	3002
	C		1962	3924
1300	A	150	1334	2000
	AB		1670	2760
	B		2060	3710
	C		2190	4380
1400	A	150	1524	2286
	AB		1940	3200
	B		2324	4190
	C		2530	5060

5.3 混凝土保护层

外径300mm管桩预应力钢筋的混凝土保护层厚度不得小于

25mm，其余规格管桩预应力钢筋的混凝土保护层厚度不得小于 40mm。

　　注：用于特殊要求环境下的管桩，保护层厚度应符合相关标准或规程的要求。

5.6　抗弯性能

5.6.1　管桩的抗弯性能指标不得低于表 4 中的规定。

5.6.2　管桩应按 6.4 进行抗弯试验，当加载至表 4 中的抗裂弯矩时，桩身不得出现裂缝。

5.6.3　当加载至表 4 中的极限弯矩时，管桩不得出现下列任何一种情况：

　　a）受拉区混凝土裂缝宽度达到 1.5mm；

　　b）受拉钢筋被拉断；

　　c）受压区混凝土破坏。

5.6.4　管桩接头处极限弯矩不得低于桩身极限弯矩。

四、《无粘结预应力钢绞线》JG 161—2004

5.1.2.2　防腐润滑脂的性能应符合 JG 3007—1993 中表 1 的规定。

表 1　无粘结预应力筋专用防腐润滑指技术要求

项　　目	质量指标		试验方法
	Ⅰ 号	Ⅱ 号	
工作锥入度，1/10mm	296～325	265～295	GB/T 269
滴点，℃　不低于	160	160	GB/T 4929
水分，%　不大于	0.1	0.1	GB/T 512
钢网分油量（100℃，24h），%　不大于	8.0	8.0	SH/T 0324
腐蚀试验（45 号钢片，100℃，24h）	合格	合格	SH/T 0331
蒸发量（99℃，22h），%　不大于	2.0	2.0	GB/T 7325
低温性能（−40℃，30min）	合格	合格	SH 0387 附录二
湿热试验（45 号钢片，30d），级　不大于	2	2	GB/T 2361

续表 1

项 目	质量指标		试验方法
	Ⅰ号	Ⅱ号	
盐雾试验（45 号钢片，30d），级　不大于	2	2	SH/T 0081
氧化安定性（99℃，100h，78.5×10⁴Pa） 　A 氧化后压力降，Pa　不大于 　B 氧化后酸值，mgKOH/g　不大于	14.7×10^4 1.0	14.7×10^4 1.0	SH/T 0325 GB/T 264
对套管的兼容性（05℃，40d） 　A 吸油率，%　不大于 　B 拉伸强度变化率，%　不大于	10 30	10 30	HG 2—146 GB 1040

第六篇　暖通与管道

一、《锅炉、热交换器用不锈钢无缝钢管》GB 13296—2013

5.3 弯曲度

热轧（挤压）钢管的每米弯曲度应不大于 2.0mm/m；冷拔（轧）钢管的每米弯曲度应不大于 1.5mm/m；全长弯曲度应不大于钢管长度的 0.15%。

5.4 不圆度和壁厚不均

钢管的不圆度和壁厚不均应分别不超过外径和壁厚公差的 80%。

5.5 端头外形

钢管两端端面应与钢管轴线垂直，切口毛刺应予清除。

6.1 钢的牌号和化学成分

6.1.1 钢的牌号和化学成分（熔炼分析）应符合表 3 的规定。

6.1.2 成品钢管的化学成分允许偏差应符合 GB/T 222 的规定。

6.2 制造方法

6.2.1 钢的冶炼方法

钢应采用电弧炉加炉外精炼或转炉加炉外精炼，也可采用电渣重熔冶炼。经供需双方协商，并在合同中注明，也可采用其他更高要求的方法冶炼。

6.2.2 钢管的制造方法

钢管应采用热轧（挤压）或冷拔（轧）无缝方法制造。

6.3 交货状态

钢管应经热处理并酸洗交货。钢管的热处理制度应符合表 4 的规定。凡经整体磨、键或经保护气氛热处理的钢管可不经酸洗交货。

6.4 力学性能

6.4.1 热处理状态钢管的室温纵向拉伸性能应符合表 4 的规定。

6.5 液压试验

6.5.1 钢管应逐根进行液压试验。试验压力按式（2）计算，最大试验压力应不超过 20MPa，稳压时间应不少于 10s。在试验压力下，钢管不允许出现渗漏现象。

表 3　钢的牌号和化学成分

组织类型	序号	GB/T 20878—2007 中序号	统一数字代号	牌号	化学成分（质量分数）/%										
---	---	---	---	---	C	Si	Mn	P	S	Ni	Cr	Mo	Cu	N	其他
奥氏体型	1	13	S30210	12Cr18Ni9	0.15	1.00	2.00	0.035	0.030	8.00~10.00	17.00~19.00	—	—	0.10	—
	2	17	S30408	06Cr19Ni10	0.08	1.00	2.00	0.035	0.030	8.00~11.00	18.00~20.00	—	—	—	—
	3	18	S30403	022Cr19Ni10	0.030	1.00	2.00	0.035	0.030	8.00~12.00	18.00~20.00	—	—	—	—
	4	19	S30409	07Cr19Ni10	0.04~0.10	1.00	2.00	0.035	0.030	8.00~11.00	18.00~20.00	—	—	—	—
	5	23	S30458	06Cr19Ni10N	0.08	1.00	2.00	0.035	0.030	8.00~11.00	18.00~20.00	—	—	0.10~0.16	—
	6	25	S30453	022Cr19Ni10N	0.030	1.00	2.00	0.035	0.030	8.00~11.00	18.00~20.00	—	—	0.10~0.16	—
	7	31	S30920	16Cr23Ni13	0.20	1.00	2.00	0.035	0.030	12.00~15.00	22.00~24.00	—	—	—	—

续表3

组织类型	序号	GB/T 20878-2007 中序号	统一数字代号	牌号	化学成分（质量分数）/%										
---	---	---	---	---	C	Si	Mn	P	S	Ni	Cr	Mo	Cu	N	其他
奥氏体型	8	32	S30908	06Cr23Ni13	0.08	1.00	2.00	0.035	0.030	12.00~15.00	22.00~24.00	—	—	—	—
	9	34	S31020	20Cr25Ni20	0.25	1.50	2.00	0.035	0.030	19.00~22.00	24.00~26.00	—	—	—	—
	10	35	S31008	06Cr25Ni20	0.08	1.50	2.00	0.035	0.030	19.00~22.00	24.00~26.00	—	—	—	—
	11	38	S31608	06Cr17Ni12Mo2	0.08	1.00	2.00	0.035	0.030	10.00~14.00	16.00~18.00	2.00~3.00	—	—	—
	12	39	S31603	022Cr17Ni12Mo2	0.030	1.00	2.00	0.035	0.030	10.00~14.00	16.00~18.00	2.00~3.00	—	—	—
	13	40	S31609	07Cr17Ni18Mo2	0.04~0.10	1.00	2.00	0.035	0.030	10.00~14.00	16.00~18.00	2.00~3.00	—	—	—
	14	41	S31668	06Cr17Ni12Mo2Ti	0.08	1.00	2.00	0.035	0.030	10.00~14.00	16.00~18.00	2.00~3.00	—	—	Ti≥5C

续表3

组织类型	序号	GB/T 20878—2007中序号	统一数字代号	牌号	化学成分（质量分数）/%										
					C	Si	Mn	P	S	Ni	Cr	Mo	Cu	N	其他
奥氏体型	15	43	S31658	06Cr17Ni12Mo2N	0.08	1.00	2.00	0.035	0.030	10.00~13.00	16.00~18.00	2.00~3.00	—	0.10~0.16	—
	16	44	S31653	022Cr17Ni12Mo2N	0.030	1.00	2.00	0.035	0.030	10.00~13.00	16.00~18.00	2.00~3.00	—	0.10~0.16	—
	17	45	S31688	06Cr18Ni12Mo2Cu2	0.08	1.00	2.00	0.035	0.030	10.00~14.00	17.00~19.00	1.20~2.75	1.00~2.50	—	—
	18	46	S31683	022Cr18Ni14Mo2Cu2	0.030	1.00	2.00	0.035	0.030	12.00~16.00	17.00~19.00	1.20~2.75	1.00~2.50	—	—
	19	48	S39042	016Cr21Ni25Mo5Cu2	0.020	1.00	2.00	0.030	0.020	24.00~26.00	19.00~21.00	4.00~5.00	1.20~2.00	0.10	—
	20	49	S31708	06Cr19Ni13Mo3	0.08	1.00	2.00	0.035	0.030	11.00~15.00	18.00~20.00	3.00~4.00	—	—	—
	21	50	S31703	022Cr19Ni13Mo3	0.030	1.00	2.00	0.035	0.030	11.0~15.00	18.00~20.00	3.00~4.00	—	—	—

续表 3

组织类型	序号	GB/T 20878—2007 中序号	统一数字代号	牌号	化学成分（质量分数）/%										
					C	Si	Mn	P	S	Ni	Cr	Mo	Cu	N	其他
奥氏体型	22	55	S32168	06Cr18Ni11Ti	0.08	1.00	2.00	0.035	0.30	9.00~12.00	17.00~19.00	—	—	—	Ti:5C~0.70
	23	56	S32169	07Cr19Ni11Ti	0.04~0.10	0.75	2.00	0.030	0.030	9.00~13.00	17.00~20.00	—	—	—	Ti:4C~0.60
	24	62	S34778	06Cr18Ni11Nb	0.08	1.00	2.00	0.035	0.030	9.00~12.00	17.00~19.00	—	—	—	Nb:10C~1.10
	25	63	S34779	07Cr18Ni11Nb	0.04~0.10	1.00	2.00	0.035	0.030	9.00~18.00	17.00~19.00	—	—	—	Nb:8C~1.10
	26	64	S38148	06Cr18Ni13Si4	0.08	3.00~5.00	2.0	0.035	0.030	11.50~15.00	15.00~20.00	—	—	—	—
铁素体型	27	85	S11710	10Cr17	0.12	1.00	1.00	0.030	0.030	0.60	16.00~18.00	—	—	—	—
	28	94	S12791	008Cr27Mo^a	0.010	0.40	0.40	0.030	0.020	—	25.00~27.50	0.75~1.50	—	0.015	—
马氏体型	29	97	S41008	06CrB	0.08	1.00	1.00	0.035	0.030	0.60	11.50~13.50	—	—	—	—

注：表中所列成分标明范围或最小值外，其余均为最大值。有些牌号的化学成分与 GB/T 20878—2007 相比有变化。

a　允许含有不大于 0.50% 的 Ni，不大于 0.20% 的 Cu，但 Ni+Cu 的含量应不大于 0.50%。

表 4　钢管的热处理制度、室温拉伸性能及密度

组织类型	序号	GB/T 20878—2007 中序号	牌号	热处理制度	力学性能			密度 ρ/(kg/dm³)
					抗拉强度 R_m/MPa	规定塑性延伸强度 $R_{p0.2}$/MPa	断后延长率 A/%	
					不小于			
奥氏体型	1	13	S30210	12Cr18Ni9	1010~1150℃，急冷	520	205	35	7.93
	2	17	S30408	06Cr19Ni10	1010~1150℃，急冷	520	205	35	7.93
	3	18	S30403	022Cr19Ni10	1010~1150℃，急冷	480	175	35	7.90
	4	19	S30409	07Cr19Ni10	1010~1150℃，急冷	520	205	35	7.90
	5	23	S30458	06Cr19Ni10N	1010~1150℃，急冷	550	240	35	7.93
	6	25	S30453	022Cr19Ni10N	1010~1150℃，急冷	515	205	35	7.93
	7	31	S30920	16Cr23Ni13	1030~1150℃，急冷	520	205	35	7.98
	8	32	S30908	06Cr23Ni13	1030~1150℃，急冷	520	205	35	7.98
	9	34	S31020	20Cr25Ni20	1030~1180℃，急冷	520	205	35	7.98
	10	35	S31008	06Cr25Ni20	1030~1180℃，急冷	520	205	35	7.98
	11	38	S31608	06Cr17Ni12Mo2	1010~1150℃，急冷	520	205	35	8.00
	12	39	S31603	022Cr17Ni12Mo2	1010~1150℃，急冷	480	175	40	8.00
	13	40	S31609	07Cr17Ni12Mo2	≥1040℃，急冷	520	205	35	8.00
	14	41	S31668	06Cr17Ni12Mo2Ti	1000~1100℃，急冷	530	205	35	7.90
	15	43	S31658	05Cr17Ni12Mo2N	1010~1150℃，急冷	550	240	35	8.00
	16	44	S31653	022Cr17Ni12Mo2N	1010~1150℃，急冷	515	205	35	8.04
	17	45	S31688	06Cr18Ni12Mo2Cu2	1010~1150℃，急冷	520	205	35	7.96

续表 4

组织类型	序号	GB/T 20878—2007 中序号	统一数字代号	牌号	热处理制度	力学性能			密度 ρ/(kg/dm³)
						抗拉强度 Rm/MPa	规定塑性延伸强度 Rp0.2/MPa	断后延长率 A/%	
						不小于			
奥氏体型	18	46	S31683	022Cr18Ni14Mo2Cu2	1010~1150℃，急冷	480	180	35	7.96
	19	48	S19042	015Cr21Ni25Mo5Cu2	1065~1150℃，急冷	490	220	35	8.00
	20	49	S31708	06Cr19Ni13Mo3	1010~1150℃，急冷	520	205	35	8.00
	21	50	S31703	022Cr19Ni13Mo3	1010~1150℃，急冷	480	175	35	7.98
	22	55	S32168	06Cr18Ni11Ti	920~1150℃，急冷	520	205	35	8.03
	23	56	S32169	07Cr19Ni11Ti	热轧（挤压）≥1050℃，急冷；冷拔（轧）≥1100℃，急冷	520	205	35	8.03
	24	62	S34778	06Cr18Ni11Nb	980~1150℃，急冷	520	205	35	8.03
	25	63	S34779	07Cr18Ni11Nb	热轧（挤压）≥1050℃，急冷；冷拔（轧）≥1100℃，急冷	520	205	35	8.03
	26	64	S38148	06Cr18Ni13Si4	1010~1150℃，急冷	520	205	35	7.75
铁素体型	27	85	S11710	10Cr17	780~850℃，空冷或缓冷	410	245	20	7.70
	28	94	S12791	008Cr27Mo	900~1050℃，急冷	410	245	20	7.67
马氏体型	29	97	S4108	06Cr13	750℃空冷或800~900℃缓冷	410	210	20	7.75

注：热挤压钢管的抗拉强度可降低20MPa。

$$p = \frac{2SR}{D} \tag{2}$$

式中：p——试验压力，单位为兆帕（MPa）；

S——钢管的壁厚，单位为毫米（mm）；

D——钢管的公称外径，单位为毫米（mm）；

R——允许应力，单位为兆帕（MPa）。奥氏体型钢管按表4中规定塑性延伸强度最小值的50%，其余钢管按表4中规定塑性延伸强度最小值的60%。

6.5.2 供方可用涡流探伤检验代替液压试验。用涡流探伤时对比样管人工缺陷应符合 GB/T 7735 中验收等级 B 的规定。

6.6 工艺性能

6.6.1 压扁试验

壁厚不大于 10mm 的钢管应做压扁试验。试样压扁后的平板间距离 H 按式（3）计算。压扁后试样不允许出现裂缝或裂口。

$$H = \frac{(1+\alpha)S}{\alpha + S/D} \tag{3}$$

式中：H——压扁后平板间距离，单位为毫米（mm）；

S——钢管的壁厚，单位为毫米（mm）；

D——钢管的公称外径，单位为毫米（mm）；

α——单位长度变形系数，奥氏体型钢管 α 为 0.09，其他钢管 α 为 0.07。

6.6.2 扩口试验

壁厚不大于 10mm 的钢管应做扩口试验。扩口试验的顶芯锥度为 60°，扩口后试样的外径扩口率应分别为奥氏体型钢管为 18%；其他钢管为 15%。扩口后试样不允许出现裂缝或裂口。

6.8 晶粒度

07Cr19Ni10、07Cr17Ni12Mo2、07Cr19Ni11Ti、07Cr18Ni11Nb 钢管的晶粒度级别应为 4～7 级。

6.9　超声波检验

钢管应按 GB/T 5777—2008 中验收等级 L2 的规定逐根进行超声波探伤检验。

根据需方要求，经供需双方协商，并在合同中注明，超声波探伤检验可采用其他验收等级。

6.10　表面质量

钢管的内外表面不允许有裂纹、折叠、轧折、离层和结疤。这些缺陷应完全清除，缺陷清除处钢管表面应圆滑无棱角，且清除处实际壁厚应不小于壁厚所允许的最小值。

钢管内外表面上直道允许深度应符合如下规定：

——冷拔（轧）钢管：不大于壁厚的 4％，且最大深度不大于 0.2mm；

——热轧（挤）钢管：不大于壁厚的 5％，且最大深度不大于 0.4mm。

不超过壁厚负偏差的其他缺陷允许存在。

7　试验方法

7.1　钢管的尺寸和外形应采用符合精度要求的量具逐根测量。

7.2　钢管的内外表面应在充分照明条件下逐根目视检查。

7.3

管其他检验项目的取样方法和试验方法应符合表 6 的规定。

表 6　钢管检验项目的取样数量、取样方法和试验方法

序号	检验项目	取样数量	取样方法	试验方法
1	化学成分	每炉取 1 个试样	GB/T 20066	GB/T 223、GB/T 11170、GB/T 20123、GB/T 20124
2	拉伸试验	每批在两根钢管上各取 1 个试样	GB/T 2975	GB/T 228.1
3	高温拉伸试验	每批在两根钢管上各取 1 个试样	GB/T 2975	GB/T 4338

续表 6

序号	检验项目	取样数量	取样方法	试验方法
4	硬度试验	每批在两根钢管上各取 1 个试样	GB/T 2975	GB/T 230.1、GB/T 231.1、GB/T 4340.1
5	液压试验	逐根	—	GB/T 241
6	涡流探伤	逐根	—	GB/T 7735
7	压扁试验	每批在两根钢管上各取 1 个试样	GB/T 246	GB/T 246 和本标准 6.6.1
8	扩口试验	每批在两根钢管上各取 1 个试样	GB/T 242	GB/T 242
9	晶粒度	每批在两根钢管上各取 1 个试样	GB/T 6394	GB/T 6394
10	腐蚀试验	每批在两根钢管上各取 1 个试样	GB/T 4334—2008 方法 E	GB/T 4334—2008 方法 E
11	超声波检验	逐根	—	GB/T 5777—2008

8　检验规则

8.1　检查和验收

钢管的检查和验收由供方质量技术监督部门进行。

8.2　组批规则

钢管按批进行检查和验收。每批应由同一牌号、同一炉号、同一规格和同一热处理制度（炉次）的钢管组成。每批钢管的数量应不超过如下规定：

a）公称外径 $D \leqslant 76$mm 且壁厚 $S \leqslant 3$mm，400 根；

b）其他规格，200 根。

8.3　取样数量

每批钢管各项检验的取样数量应符合表 6 规定。

8.4　复验与判定规则

钢管的复验与判定规则应符合 GB/T 2102 的规定。

9　包装、标志和质量证明书

钢管的包装、标志和质量证明书应符合 GB/T 2102 的规定。

二、《卫浴型散热器》JG 232—2008

5.1　散热器工作压力不应低于 1.0MPa。

5.2　散热器的最小金属热强度应符合表 2 的规定。

表 2　卫浴型散热器最小金属热强度　　　单位为：W/(kg·℃)

材质	钢质	不锈钢质	铜质
最小金属热强度	0.80	0.75	1.0

三、《钢制采暖散热器》GB 29039—2012

5　要求

5.1　性能要求

5.1.1　工作压力

散热器最小工作压力应大于或等于 0.4MPa，且应满足采暖系统的工作压力要求。

5.1.2　标准散热量

散热器的标准散热量应大于或等于制造厂明示标准散热量的 95%。

5.1.3　最小金属热强度

散热器的最小金属热强度应符合表 1 的要求。

表 1　最小金属热强度　　　单位为 W/(kg·K)

散热器类别	薄壁流道钢制柱型和钢管散热器	厚壁流道钢制柱型和钢管散热器	薄壁流道钢管对流散热器	厚壁流道钢管对流散热器	钢制板型散热器	钢制卫浴型散热器
最小金属热强度	0.75	0.50	0.95	0.70	0.95	0.80

5.2　材质

5.2.1　钢管

材质为钢管时，厚壁流道散热器材质应符合 GB/T 699 或 GB/T 700 的要求，散热器成品流道壁厚不应小于 1.8mm；薄壁流道散热器材质应符合 GB/T 699 中镇静钢的要求，散热器成品流道壁厚不应小于 1.0mm。

5.2.2　钢板

材质为钢板时，材质应符合 GB/T 13237 中镇静钢的要求，散热器流道材料壁厚应大于 1.2mm，散热器成品流道壁厚不应小于 1.0mm。

四、《压铸铝合金散热器》JG 293—2010

5.2　压力

工作压力不应大于 1.0MPa，试验压力应为工作压力的 1.5 倍，且生产厂家应明示散热器的工作压力。

5.6　漆膜

5.6.5　散热器外表面涂层及前处理层严禁含有六价铬。

五、《铸铁采暖散热器》GB 19913—2005

6.2　耐压

柱型、柱翼型散热器的工作压力不应低于 0.8MPa；翼型、板翼型散热器的工作压力不应低于 0.4MPa。

六、《钢制板型散热器》JG 2—2007

5.2　耐压

5.2.1　散热器应逐组进行液压试验或气压试验。

5.2.2　试验压力应为工作压力的 1.5 倍，散热器不应有渗漏。

七、《采暖散热器　灰铸铁柱型散热器》JG 3—2002

3.3　散热器示意见图 1，散热器尺寸按表 1 的规定，散热器的

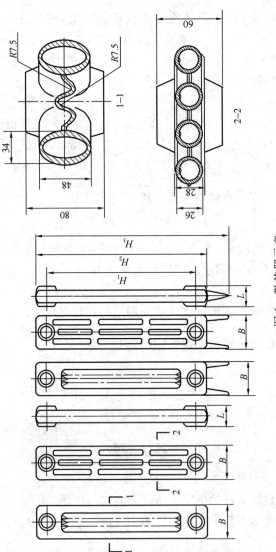

图 1　散热器示意

性能参数按表2的规定。

表1　柱型散热器尺寸　　　　　　　　　　　mm

型　　号	中片高度 H	足片高度 H_2	长度 L	宽度 B	同侧进出口 中心距 H_1
TZ2-5-5(8)	582	660	80	132	500
TZ4-3-5(8)	382	460	60	143	300
TZ4-5-5(8)	582	660	60	143	500
TZ4-6-5(8)	682	760	60	143	600
TZ4-9-5(8)	982	1060	60	164	900

表2　柱型散热器性能参数

型号	散热面积 （m²/片）	工作压力（MPa）				试验压力 （MPa）	
		热水		蒸汽			
		≥HT100	≥HT150	≥HT100	≥HT150	≥HT100	≥HT150
TZ2-5-5(8)	0.24						
TZ4-3-5(8)	0.13						
TZ4-5-5(8)	0.20	0.5	0.8	0.2		0.75	1.2
TZ4-6-5(8)	0.235						
TZ4-9-5(8)	0.44						

4.2　散热器材质应符合《灰铸铁件》GB/T 9439 的规定，牌号
HT 按表2规定。

4.5.3　散热器内腔粘的芯砂必须清除干净。

八、《采暖散热器　灰铸铁翼型散热器》JG 4—2002

3.3　散热器尺寸见表1规定，散热器的性能参数见表2规定，
散热器示意见图1。

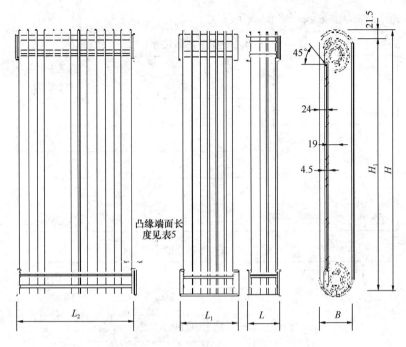

图 1 散热器示意

表 1 翼型散热器尺寸 mm

型 号	高度 H	长 度		宽度 B	同侧进出口中心距 H_1
TY0.8/3-5（7）		L	80		
TY1.4/3-5（7）	388	L_1	140	95	300
TY2.8/3-5（7）		L_2	280		
TY0.8/5-5（7）		L	80		
TY1.4/5-5（7）	588	L_1	140	95	500
TY2.8/5-5（7）		L_2	280		

表 2　翼型散热器性能参数

型　号	散热面积 (m²/片)	工作压力（MPa）			试验压力 (MPa)	
		热水		蒸汽		
		HT150	＞HT150	≥HT150	HT150	＞HT150
TY0.8/3-5（7）	0.2					
TY1.4/3-5（7）	0.34					
TY2.8/3-5（7）	0.73	≤0.5	≤0.7	≤0.2	0.75	1.05
TY0.8/5-5（7）	0.26					
TY1.4/5-5（7）	0.50					
TY2.8/5-5（7）	1.00					

4.2　散热器材质应符合《灰铸铁件》GB/T 9439 的规定，牌号 HT 按表 2 规定。

4.5.3　散热器内腔粘的芯砂、芯铁必须清除干净。

九、《采暖散热器铝　制柱翼型散热器》JG 143—2002

5.4　内腔防蚀要求

　　散热器内腔应严格按涂装工艺要求由机械操作，采用可靠的覆膜、涂层或其他物理保护措施，以保证散热器能长期稳定工作。

5.5　工作压力应不小于 0.8MPa，试验压力为工作压力的 1.5 倍。

5.7　散热器与系统螺纹连接时，须采用配套的专用非金属或双金属复合管件，不得使铝制螺纹直接与钢管连接。

十、《铜铝复合柱翼型散热器》JG 220—2007

5.1.1　散热器工作压力应为 1.0MPa，试验压力应为工作压力的 1.5 倍。在稳压时间内散热器不应有渗漏现象。

十一、《铜管对流散热器》JG 221—2007

5.1　压力

　　对流散热器散热元件应逐一进行压力试验，工作压力应为1.0MPa，试验压力应为工作压力的 1.5 倍。

十二、《卫生洁具及暖气管道直角阀》QB 2759—2006

4.2.1　产品所使用的所有与饮用水直接接触的材料，应符合GB/T 17219 的规定。

4.2.2　产品所使用的与水直接接触的材料，在本标准规定的使用条件下，不应对水质造成污染，不允许使用易腐蚀性材料。

4.7　使用性能

4.7.1　试验压力应符合表 5 的规定。

表 5

产品类型	强度试验		密封试验		上密封试验	
	压力/MPa	技术要求	压力/MPa	技术要求	压力/MPa	技术要求
卫生洁具直角阀	1.5±0.05（静水压）	阀体无变形、无渗漏	1.1±0.05（静水压）	密封面无渗漏	1.1±0.05（静水压）	各连接部位无渗漏
			0.6±0.02（气压）		0.6±0.02（气压）	
暖气管道直角阀	2.4±0.05（静水压）		1.76±0.05（静水压）		1.76±0.05（静水压）	
			0.6±0.02（气压）		0.6±0.02（气压）	

4.7.2　卫生洁具直角阀的流量在(0.3 ± 0.02)MPa 水压下，应不小于 0.38L/s。

4.7.3　暖气直角阀流量在(0.3 ± 0.02)MPa 水压下，应不小于0.38L/s。

十三、《热量表》CJ 128—2007

4.2.2　热量表应具有光电接口，光电接口的物理层应符合附录 B 的规定。

4.2.4　热量表数据通讯协议应符合 CJ/T 188—2004 的规定。

4.2.5　热量表的壳体应防水、防尘侵入。

4.3.2　常用流量与最小流量之比应为 25、50、100、250。常用流量为 $0.3m^3/h$ 的热量表，常用流量与最小流量之比不应小于 25；常用流量为 $0.6\sim10m^3/h$ 的热量表，常用流量与最小流量之比不应小于 50。

5.1　使用条件

5.1.1　热量表所使用的水质应符合 CJJ 34 规定。

5.1.2　热量表的使用分为三个环境类别，其环境条件应符合表 3 的规定。

表 3　环境条件表

环境类别	A	B	C
温度/℃	5~55	−25~55	5~55
湿度 RH/%	<93	<93	<93
安装地点	室内	室外	工业环境
磁场范围	普通磁场	普通磁场	磁场强度较高

5.2　显示

5.2.1　显示内容

5.2.1.1　热量表应显示热量、流量、累积流量、供回水温度和累积工作时间。

5.2.1.2　热量的显示单位应采用 J 或 W·h 及其十进制倍数；温度的显示单位应采用℃；流量的显示单位应采用 m^3。

5.2.1.3　显示数字的可见高度不应小于 4mm。

5.2.1.4　公称直径小于或等于 DN40 的热量表，显示分辨力应符合下列要求：

热量：1kW·h 或 1MJ；

累计流量：0.01m³；

温度：0.1℃；

温差：0.1K。

5.2.1.5 检定时的显示分辨力应符合国家相关检定规程的要求。

5.2.1.6 显示值和显示单位必须标注清晰、明确。

5.2.2 热量显示值

5.2.2.1 热量表在最大计量热功率下持续运行 3000h 不应超过最大显示值。

5.2.2.2 热量表在最大计量热功率下持续运行 1h，最小显示位数的步进应大于一位。

5.3 数据存储

5.3.1 应按月存储热量、累计流量和相对应的时间。

5.3.2 应至少存储最近 18 个月的数据。

5.4 强度和密封性

热量表在介质温度为最高工作温度减 10℃，压力为最大工作压力的 1.6 倍时，不得损坏和渗漏。

5.5 准确度

5.5.1 热量表计量准确度

热量表计量准确度分为三级，采用相对误差限表示，并按下列公式计算：

$$E = \frac{V_d - V_c}{V_c} \times 100\% \qquad (2)$$

式中　E——相对误差限，%；

　　　V_d——显示的测量值；

　　　V_c——常规真实值。

1 级表　　$E = \pm\left(2 + 4\,\frac{\Delta t_{min}}{\Delta t} + 0.01\,\frac{q_p}{q}\right)$ 　　(3)

2 级表　　$E = \pm\left(3 + 4\,\frac{\Delta t_{min}}{\Delta t} + 0.02\,\frac{q_p}{q}\right)$ 　　(4)

3 级表 　　$E = \pm \left(4 + 4 \dfrac{\Delta t_{\min}}{\Delta t} + 0.05 \dfrac{q_{\mathrm{p}}}{q} \right)$ 　　　　(5)

式中　$\Delta t_{\min}$——最小温差，单位为 K；

　　　Δt——使用范围内的温差，单位为 K；

　　　q_{p}——常用流量，单位为 m³/h；

　　　q——使用范围内的流量，单位为 m³/h。

5.5.1.1　整体式热量表的计量准确度应按公式（3）、（4）、（5）执行。

5.5.1.2　组合式热量表的计量准确度应按计算器准确度、配对温度传感器准确度、流量传感器准确度三项误差绝对值的算术和确定。

5.5.2　计算器准确度 E_{c} 按下列公式计算：

$$E_{\mathrm{c}} = \pm \left(0.5 + \dfrac{\Delta t_{\min}}{\Delta t} \right) \qquad (6)$$

5.5.3　配对温度传感器准确度 E_{t} 按下列公式计算：

$$E_{\mathrm{t}} = \pm \left(0.5 + 3 \dfrac{\Delta t_{\min}}{\Delta t} \right) \qquad (7)$$

5.5.4　流量传感器准确度 E_{q} 按下列公式计算：

1 级表 　　$E_{\mathrm{q}} = \pm \left(1 + 0.01 \dfrac{q_{\mathrm{p}}}{q} \right)$ 　　　　(8)

2 级表 　　$E_{\mathrm{q}} = \pm \left(2 + 0.02 \dfrac{q_{\mathrm{p}}}{q} \right)$ 　　　　(9)

3 级表 　　$E_{\mathrm{q}} = \pm \left(3 + 0.05 \dfrac{q_{\mathrm{p}}}{q} \right)$ 　　　　(10)

1 级表的流量传感器误差限最大不应大于 3.50%，2 级和 3 级表的流量传感器误差限最大不应大于 5%。

5.6　允许压力损失

热量表在常用流量下运行时，允许压力损失不应超过 0.025MPa。

5.7　电源

5.7.1　电池使用寿命

公称直径小于或等于 $DN40$ 的热量表，应采用内置电池。内置电池的使用寿命应大于 5+1 年。

5.7.2　电池欠压提示

电池的电压降低到设置的欠压值时，热量表应能显示欠压信息。

5.7.3　外接电网电源电压 $V_n=(220^{+22}_{-33})V$，频率 $f_n=50\pm1Hz$。

5.8　重复性

热量表的重复性误差不得大于最大允许误差限。

5.9　耐久性

热量表的有效使用周期应大于 5 年，有效使用周期应采用耐久性试验考核。

5.10　安全要求

5.10.1　断电保护

当电源停止供电时，热量表必须能保存断电前记录的热量、累计流量和相对应的时间数据及本标准 5.3 中的历史数据，恢复供电后应能自动恢复正常计量功能。

5.10.2　抗磁干扰

当受到强度不大于 100kA/m 的磁场干扰时，不应影响其计量特性。

5.10.3　电器绝缘性

热量表的电器绝缘性能应符合 GB 4706.1 的规定。

5.10.4　外壳防护等级

外壳防护等级的分类按 GB 4208—1993 的规定执行。

热量表环境 A 类的，应符合 IP52 的要求；环境 B 类的，应符合 IP54 的要求；环境 C 类的，应符合 IP65 的要求。冷热量表应符合 IP65 的要求。

5.10.5　封印

热量表应有可靠封印，在不破坏封印的情况下，不能拆卸热量表及相关部件。

5.11　运输

运输的环境条件按 JB/T 9329 的规定执行，温度条件按本标准表 3 的规定执行，热量表准确度应符合本标准 5.5 的规定。

热量表在运输时应按标志放置，不得受雨、霜、雾直接影响，并不应受挤压、撞击等损伤。

5.12　电气环境

5.12.1　整体式热量表或带有电子元器件的流量传感器、温度传感器及计算器均应做电气环境试验。

5.12.2　在干热、冷却、恒定湿热、循环湿热、低温贮存环境条件中，输入模拟参数试验，热量表应能正常工作。

5.12.3　在电源电压变化、电快速瞬变、电磁场、电浪涌、工频磁场、静电放电环境条件中，热量表的功能不应改变，热量表应能正常工作。

第七篇　砌　筑　材　料

一、《混凝土多孔砖》JC 943—2004

6.1.3 尺寸允许偏差应符合表 1 的规定。

表 1　尺寸允许偏差　　　　　　单位为毫米

项目名称	一等品（B）	合格品（C）
长度	±1	±2
宽度	±1	±2
高度	±1.5	±2.5

6.3　孔洞排列

孔洞排列应符合表 3 的规定。

表 3　孔洞排列

孔　型	孔洞率	孔洞排列
矩形孔或矩形条孔	≥30%	多排、有序交错排列
矩形孔或其他孔形		条面方向至少 2 排以上

6.4　强度等级

强度等级应符合表 4 的规定。

表 4　强度等级　　　　　　单位为兆帕

强度等级	抗压强度	
	平均值≥	单块最小值≥
MU10	10.0	8.0
MU15	15.0	12.0
MU20	20.0	16.0
MU25	25.0	20.0
MU30	30.0	24.0

6.5　干燥收缩率

干燥收缩率不应大于 0.045%。

6.6　相对含水率

相对含水率应符合表 5 的规定。

表 5 相对含水率 %

干燥收缩率	相对含水率		
	潮湿	中等	干燥
＜0.03	45	40	35
0.03～0.045	40	35	30

注 1：相对含水率即混凝土多孔砖含水率与吸水率之比：

$$W = \frac{W_1}{W_2} \times 100;$$

式中 W——混凝土多孔砖的相对含水率（%）；

　　 W_1——混凝土多孔砖的含水率（%）；

　　 W_2——混凝土多孔砖的吸水率（%）。

注 2：使用地区的湿度条件：

潮湿——系指年平均相对湿度大于 75% 的地区；

中等——系指年平均相对湿度 50%～75% 的地区；

干燥——系指年平均相对湿度小于 50% 的地区。

6.7 抗冻性

抗冻性应符合表 6 的规定。

表 6 抗冻性

使用环境		抗冻等级	指　标
非采暖地区		F15	强度损失≤25% 质量损失≤5%
采暖地区	一般环境	F15	
	干湿交替环境	F25	

注 1：非采暖地区指最冷月份平均气温高于 −5℃ 的地区；

注 2：采暖地区指最冷月份平均气温低于或等于 −5℃ 的地区。

6.8 抗渗性

用于外墙的混凝土多孔砖，其抗渗性应满足表 7 规定。

表7 抗渗性　　　　　单位为毫米

项目名称	指　标
水面下降高度	3块中任一块不大于10

6.9 放射性

放射性应符合 GB 6566 的规定。

二、《承重混凝土多孔砖》GB 25779—2010

6 技术要求

6.1 外观质量

外观质量应符合表2的规定。

表2 外观质量　　　　　单位为毫米

项目名称		技术指标
弯曲		≤1
缺棱掉角	个数（个）	≤2
	三个方向投影尺寸的最大值	≤15
裂纹延伸的投影尺寸累计		≤20

6.2 尺寸偏差

尺寸偏差应符合表3的规定。

表3 尺寸偏差　　　　　单位为毫米

项目名称	技术指标
长度	+2，−1
宽度	+2，−1
高度	±2

6.3 孔洞率

6.3.1 孔洞率应不小于 25%，不大于 35%。

6.3.2 混凝土多孔砖的开孔方向，应与砖砌筑上墙后承受压力的方向一致。

6.3.3 混凝土多孔砖任何一个孔洞，在砖长度方向的最大值，应不大于砖长度的 1/6；在砖宽度方向的最大值应不大于砖宽度的 4/15。

6.4 最小外壁和最小肋厚

最小外壁厚应不小于 18mm，最小肋厚应不小于 15mm。

6.5 强度等级

抗压强度应符合表 4 的规定。

表4 抗压强度 单位为兆帕

强度等级	抗压强度	
	平均值不小于	单块最小值不小于
MU15	15.0	12.0
MU20	20.0	16.0
MU25	25.0	20.0

6.6 最大吸水率

最大吸水率应不大于 12%。

6.7 线性干燥收缩率和相对含水率

线性干燥收缩率和相对含水率应符合表 5 的规定。

表5 相对含水率 %

线性干燥收缩率	相对含水率		
	潮湿	中等	干燥
≤0.045	≤40	≤35	≤30

注：使用地区的湿度条件：

潮湿——指年平均相对湿度大于 75% 的地区；

中等——指年平均相对湿度 50%～75% 的地区；

干燥——指年平均相对湿度小于 50% 的地区。

6.8 抗冻性

抗冻性应符合表 6 的规定。

表 6　抗冻性　　　　　　　　　　　%

使用条件	抗冻指标	单块质量损失率	单块抗压强度损失率
夏热冬暖地区	F15	≤5	≤25
夏热冬冷地区	F25		
寒冷地区	F35		
严寒地区	F50		

6.9　碳化系数

碳化系数应不小于 0.85。

6.10　软化系数

软化系数应不小于 0.85。

6.11　放射性

放射性应符合 GB 6566 的规定。

三、《烧结普通砖》GB 5101—2003

5　要求

5.1　尺寸偏差

尺寸允许偏差应符合表 1 规定。

表 1　尺寸允许偏差　　　　　　单位为毫米

公称尺寸	优等品		一等品		合格品	
	样本平均偏差	样本极差≤	样本平均偏差	样本极差≤	样本平均偏差	样本极差≤
240	±2.0	6	±2.5	7	±3.0	8
115	±1.5	5	±2.0	6	±2.5	7
53	±1.5	4	±1.6	5	±2.0	6

5.2　外观质量

砖的外观质量应符合表 2 的规定。

表2　外观质量　　　　单位为毫米

项　　目		优等品	一等品	合格
两条面高度差　　　　　　　　　　　≤		2	3	4
弯曲　　　　　　　　　　　　　　　≤		2	3	4
杂质凸出高度　　　　　　　　　　　≤		2	3	4
缺棱掉角的三个破坏尺寸　　不得同时大于		5	20	30
裂纹长度 ≤	a. 大面上宽度方向及其延伸至条面的长度	30	60	80
	b. 大面上长度方向及其延伸至顶面的长度或条顶面上水平裂纹的长度	50	80	100
完整面a　　　　　　　　　　　不得少于		二条面和二顶面	一条面和一顶面	—
颜色		基本一致	—	—
注：为装饰面施加的色差，凹凸纹、拉毛、压花等不算作缺陷				

a　凡有下列缺陷之一者，不得称为完整面。
　　a) 缺损在条面或顶面上造成的破坏面尺寸同时大于10mm×10mm。
　　b) 条面或顶面上裂纹宽度大于1mm，其长度超过30mm。
　　c) 压陷、粘底、焦花在条面或顶面上的凹陷或凸出超过2mm，区域尺寸同时大于10mm×10mm

5.3　强度

强度应符合表3规定。

表3　强　　　度　　　　单位为兆帕

强度等级	抗压强度 平均值 $\bar{f} \geqslant$	变异系数 $\delta \leqslant 0.21$ 强度标准值 $f_k \geqslant$	变异系数 $\delta > 0.21$ 单块最小抗压强度值 $f_{min} \geqslant$
MU30	30.0	22.0	25.0
MU25	25.0	18.0	22.0
MU20	20.0	14.0	16.0
MU15	15.0	10.0	12.0
MU10	10.0	6.5	7.5

5.4　抗风化性能

5.4.1　风化区的划分见附录B。

5.4.2　严重风化区中的1、2、3、4、5地区的砖必须进行冻融试验，其他地区砖的抗风化性能符合表 4 规定时可不做冻融试验，否则，必须进行冻融试验。

表 4　抗风化性能

砖种类	严重风化区				非严重风化区			
	5h 沸煮吸水率/%≤		饱和系数≤		5h 沸煮吸水率/%≤		饱和系数≤	
	平均值	单块最大值	平均值	单块最大值	平均值	单块最大值	平均值	单块最大值
黏土砖	18	20	0.85	0.87	19	20	0.88	0.90
粉煤灰砖[a]	21	23			23	25		
页岩砖	16	18	0.74	0.77	18	20	0.78	0.80
煤矸石砖								

注[a]：粉煤灰掺入量（体积比）小于 30% 时，按黏土砖规定判定。

5.4.3　冻融试验后，每块砖样不允许出现裂纹、分层、掉皮、缺棱、掉角等冻坏现象；质量损失不得大于 2%。

5.5　泛霜

每块砖样应符合下列规定。

优等品：无泛霜；

一等品：不允许出现中等泛霜；

合格品：不允许出现严重泛霜。

5.6　石灰爆裂

优等品：不允许出现最大破坏尺寸大于 2mm 的爆裂区域。

一等品：

a) 最大破坏尺寸大于 2mm 且小于等于 10mm 的爆裂区域，每组砖样不得多于 15 处。

b) 不允许出现最大破坏尺寸大于 10mm 的爆裂区域。

合格品：

a) 最大破坏尺寸大于 2mm 且小于等于 15mm 的爆裂区域，每组砖样不得多于 15 处。其中大于 10mm 的不得多于 7 处。

b) 不允许出现最大破坏尺寸大于 15mm 的爆裂区域。

5.7 欠火砖、酥砖和螺旋纹砖

产品中不允许有欠火砖、酥砖和螺旋纹砖。

5.8 配砖和装饰砖

配砖和装饰砖技术要求应符合附录 A 的规定。

5.9 放射性物质

砖的放射性物质应符合 GB 6566 的规定。

附 录 B

（规范性附录）

风化区的划分

B.1 风化区用风化指数进行划分。

B.2 风化指数是指日气温从正温降至负温或负温升至正温的每年平均天数与每年从霜冻之日起至消失霜冻之日止这一期间降雨总量（以 mm 计）的平均值的乘积。

B.3 风化指数大于等于 12700 为严重风化区，风化指数小于12700 为非严重风化区。全国风化区划分见表 B.1。

B.4 各地如有可靠数据，也可按计算的风化指数划分本地区的风化区。

表 B.1 风化区划分

严重风化区		非严重风化区	
1. 黑龙江省	11. 河北省	1. 山东省	11. 福建省
2. 吉林省	12. 北京市	2. 河南省	12. 台湾省
3. 辽宁省	13. 天津市	3. 安徽省	13. 广东省
4. 内蒙古自治区		4. 江苏省	14. 广西壮族自治区
5. 新疆维吾尔自治区		5. 湖北省	15. 海南省
6. 宁夏回族自治区		6. 江西省	16. 云南省
7. 甘肃省		7. 浙江省	17. 西藏自治区
8. 青海省		8. 四川省	18. 上海市
9. 陕西省		9. 贵州省	19. 重庆市
10. 山西省		10. 湖南省	

四、《蒸压粉煤灰多孔砖》GB 26541—2011

6 技术要求

6.1 外观质量和尺寸偏差

外观质量和尺寸偏差应符合表 2 的规定。

表 2　外观质量和尺寸偏差　　　　　单位为毫米

项 目 名 称			技术指标
外观质量	缺棱掉角	个数应不大于（个）	2
		三个方向投影尺寸的最大值应不大于	15
	裂纹	裂纹延伸的投影尺寸累计应不大于	20
	弯曲应不大于		1
	层裂		不允许
尺寸偏差	长度		+2，−1
	宽度		+2，−1
	高度		±2

6.2 孔洞率

孔洞率应不小于 25％，不大于 35％。

6.3 强度等级

强度等级应符合表 3 的规定。

表 3　强度等级　　　　　单位为兆帕

强度等级	抗压强度		抗折强度	
	五块平均值≥	单块最小值≥	五块平均值≥	单块最小值≥
MU15	15.0	12.0	3.8	3.0
MU20	20.0	16.0	5.0	4.0
MU25	25.0	20.0	6.3	5.0

6.4 抗冻性

抗冻性应符合表 4 的规定。

表4 抗冻性

使用地区	抗冻指标	质量损失率/%	抗压强度损失率/%
夏热冬暖地区	F15		
夏热冬冷地区	F25	≤5	≤25
寒冷地区	F35		
严寒地区	F50		

6.5 线性干燥收缩值

线性干燥收缩值应不大于 0.50mm/m。

6.6 碳化系数

碳化系数应不小于 0.85。

6.7 吸水率

吸水率应不大于 20%。

6.8 放射性核素限量

放射性核素限量应符合 GB 6566 的规定。

五、《蒸压加气混凝土砌块》GB 11968—2006

6 要求

6.1 砌块的尺寸允许偏差和外观质量应符合表2的规定。

表2 尺寸偏差和外观

项　　　目				指　　标	
				优等品（A）	合格品（B）
尺寸允许偏差/mm		长度	L	±3	±4
		宽度	B	±1	±2
		高度	H	±1	±2
缺棱掉角	最小尺寸不得大于/mm			0	30
	最大尺寸不得大于/mm			0	70
	大于以上尺寸的缺棱掉角个数，不多于/个			0	2

续表2

项　目		指　标	
		优等品（A）	合格品（B）
裂纹长度	贯穿一棱二面的裂纹长度不得大于裂纹所在面的裂纹分向尺寸总和的	0	1/3
	任一面上的裂纹长度不得大于裂纹方向尺寸的	0	1/2
	大于以上尺寸的裂纹条数，不多于/条	0	2
爆裂、粘模和损坏深度不得大于/mm		10	30
平面弯曲		不允许	
表面疏松、层裂		不允许	
表面油污		不允许	

6.2 砌块的抗压强度应符合表3的规定。

表3　砌块的立方体抗压强度　　　单位为兆帕

强度级别	立方体抗压强度	
	平均值不小于	单组最小值不小于
A1.0 *	1.0	0.8
A2.0	2.0	1.6
A2.5	2.5	2.0
A3.5	3.5	2.8
A5.0	5.0	4.0
A7.5	7.5	6.0
A10.0	10.0	8.0

6.3 砌块的干密度应符合表4的规定。

表 4 砌块的干密度 单位为千克每立方米

干密度级别		B03	B04	B05	B06	B07	B08
干密度	优等品（A）≤	300	400	500	600	700	800
	合格品（B）≤	325	425	525	625	725	825

6.4 砌块的强度级别应符合表 5 的规定。

表 5 砌块的强度级别

干密度级别		B03	B04	B05	B06	B07	B08
强度级别	优等品（A）	A1.0	A2.0	A3.5	A5.0	A7.5	A10.0
	合格品（B）			A2.5	A3.5	A5.0	A7.5

6.5 砌块的干燥收缩、抗冻性和导热系数（干态）应符合表 6 的规定。

表 6 干燥收缩、抗冻性和导热系数

干密度级别			B03	B04	B05	B06	B07	B08
干燥收缩值[a]	标准法/（mm/m） ≤		0.50					
	快速法/（mm/m） ≤		0.80					
抗冻性	质量损失/% ≤		5.0					
	冻后强度/MPa ≥	优等品（A）	0.8	1.6	2.8	4.0	6.0	8.0
		合格品（B）			2.0	2.8	4.0	6.0
导热系数(干态)/[W/(m·K)] ≤			0.10	0.12	0.14	0.16	0.18	0.20

> [a] 规定采用标准法、快速法测定砌块干燥收缩值，若测定结果发生矛盾不能判定时，则以标准法测定的结果为准。

六、《烧结多孔砖和多孔砌块》GB 13544—2011

5 技术要求

5.1 尺寸允许偏差

尺寸允许偏差应符合表 1 的规定。

表 1 尺寸允许偏差 单位为毫米

尺 寸	样本平均偏差	样本极差 ≤
>400	±3.0	10.0
300～400	±2.5	9.0
200～300	±2.5	8.0
100～200	±2.0	7.0
<100	±1.5	6.0

5.2 外观质量

砖和砌块的外观质量应符合表 2 的规定。

表 2 外观质量 单位为毫米

项 目		指 标
1. 完整面	不得少于	一条面和一顶面
2. 缺棱掉角的三个破坏尺寸	不得同时大于	30
3. 裂纹长度		
a) 大面（有孔面）上深入孔壁 15mm 以上宽度方向及其延伸到条面的长度	不大于	80
b) 大面（有孔面）上深入孔壁 15mm 以上长度方向及其延伸到顶面的长度	不大于	100
c) 条顶面上的水平裂纹	不大于	100
4. 杂质在砖或砌块面上造成的凸出高度	不大于	5
注：凡有下列缺陷之一者，不能称为完整面： 　　a）缺损在条面或顶面上造成的破坏面尺寸同时大于 20mm×30mm； 　　b）条面或顶面上裂纹宽度大于 1mm，其长度超过 70mm； 　　c）压陷、焦花、粘底在条面或顶面上的凹陷或凸出超过 2mm，区域最大投影尺寸同时大于 20mm×30mm		

5.3 密度等级

密度等级应符合表 3 的规定。

表 3　密度等级　　　单位为千克每立方米

密度等级		3块砖或砌块干燥表观密度平均值
砖	砌块	
—	900	≤900
1000	1000	900～1000
1100	1100	1000～1100
1200	1200	1100～1200
1300	—	1200～1300

5.4　强度等级

强度应符合表 4 的规定。

表 4　强度等级　　　单位为兆帕

强度等级	抗压强度平均值 f ≥	强度标准值 f_k ≥
MU30	30.0	22.0
MU25	25.0	18.0
MU20	20.0	14.0
MU15	15.0	10.0
MU10	10.0	6.5

5.5　孔型孔结构及孔洞率

孔型孔结构及孔洞率应符合表 5 的规定。

表 5　孔型孔结构及孔洞率

孔型	孔洞尺寸/mm		最小外壁厚/mm	最小肋厚/mm	孔洞率/%		孔洞排列
	孔宽度尺寸 b	孔长度尺寸 L			砖	砌块	
矩形条孔或矩形孔	≤13	≤40	≥12	≥5	≥28	≥33	1. 所有孔宽应相等。孔采用单向或双向交错排列； 2. 孔洞排列上下、左右应对称，分布均匀，手抓孔的长度方向尺寸必须平行于砖的条面

注 1：矩形孔的孔长 L、孔宽 b 满足式 $L \geqslant 3b$ 时，为矩形条孔。
注 2：孔四个角应做成过渡圆角，不得做成直尖角。
注 3：如设有砌筑砂浆槽，则砌筑砂浆槽不计算在孔洞率内。
注 4：规格大的砖和砌块应设置手抓孔，手抓孔尺寸为 $(30 \sim 40)mm \times (75 \sim 85)mm$

5.6 泛霜

每块砖或砌块不允许出现严重泛霜。

5.7 石灰爆裂

a）破坏尺寸大于 2mm 且小于或等于 15mm 的爆裂区域，每组砖和砌块不得多于 15 处。其中大于 10mm 的不得多于 7 处。

b）不允许出现破坏尺寸大于 15mm 的爆裂区域。

5.8 抗风化性能

5.8.1 风化区的划分见附录 A。

5.8.2 严重风化区中的 1、2、3、4、5 地区的砖、砌块和其他地区以淤泥、固体废弃物为主要原料生产的砖和砌块必须进行冻融试验；其他地区以黏土、粉煤灰、页岩、煤矸石为主要原料生产的砖和砌块的抗风化性能符合表 6 规定时可不做冻融试验，否则必须进行冻融试验。

表 6　抗风化性能

种　类	项　　目							
	严重风化区				非严重风化区			
	5h 沸煮吸水率/%≤		饱和系数≤		5h 沸煮吸水率/%≤		饱和系数≤	
	平均值	单块最大值	平均值	单块最大值	平均值	单块最大值	平均值	单块最大值
黏土砖和砌块	21	23	0.85	0.87	23	25	0.88	0.90
粉煤灰砖和砌块	23	25			30	32		
页岩砖和砌块	16	18	0.74	0.77	18	20	0.78	0.80
煤矸石砖和砌块	19	21			21	23		
注：粉煤灰掺入量（质量比）小于30%时按黏土砖和砌块规定判定								

5.8.3 15 次冻融循环试验后，每块砖和砌块不允许出现裂纹、分层、掉皮、缺棱掉角等冻坏现象。

5.9 产品中不允许有欠火砖（砌块）、酥砖（砌块）。

5.10 放射性核素限量

砖和砌块的放射性核素限量应符合 GB 6566 的规定。

附　录　A

（资料性附录）

风化区的划分

A.1　风化区用风化指数进行划分。

A.2　风化指数是指日气温从正温降至负温或负温升至正温的每年平均天数与每年从霜冻之日起至消失霜冻之日止这一期间降雨总量（以 mm 计）的平均值的乘积。

A.3　风化指数大于或等于 12700 为严重风化区，风化指数小于12700 为非严重风化区。全国风化区划分见表 A.1。

A.4　各地如有可靠数据，也可按计算的风化指数划分本地区的风化区。

表 A.1　风化区划分

严重风化区		非严重风化区	
1. 黑龙江省	11. 河北省	1. 山东省	11. 福建省
2. 吉林省	12. 北京市	2. 河南省	12. 台湾省
3. 辽宁省	13. 天津市	3. 安徽省	13. 广东省
4. 内蒙古自治区		4. 江苏省	14. 广西壮族自治区
5. 新疆维吾尔自治区		5. 湖北省	15. 海南省
6. 宁夏回族自治区		6. 江西省	16. 云南省
7. 甘肃省		7. 浙江省	17. 西藏自治区
8. 青海省		8. 四川省	18. 上海市
9. 陕西省		9. 贵州省	19. 重庆市
10. 山西省		10. 湖南省	

七、《烧结保温砖和保温砌块》GB 26538—2011

5　技术要求

5.1　尺寸偏差

尺寸偏差应符合表 1 的规定。

表 1 尺寸偏差   单位为毫米

尺 寸	A 类		B 类	
	样本平均偏差	样本极差≤	样本平均偏差	样本极差≤
>300	±2.5	5.0	±3.0	7.0
>200~300	±2.0	4.0	±2.5	6.0
100~200	±1.5	3.0	±2.0	5.0
<100	±1.5	2.0	±1.7	4.0

5.2 外观质量

外观质量应符合表 2 的规定。

表 2 外观质量   单位为毫米

序号	项 目	技术指标
1	弯曲	≤4
2	缺棱掉角的三个破坏尺寸不得	同时>30
3	垂直度差	≤4
4	未贯穿裂纹长度 ①大面上宽度方向及其延伸到条面的长度 ②大面上长度方向或条面上水平面方向的长度	≤100 ≤120
5	贯穿裂纹长度 ①大面上宽度方向及其延伸到条面的长度 ②壁、肋沿长度方向、宽度方向及其水平方向的长度	≤40 ≤40
6	肋、壁内残缺长度	≤40

5.3 强度等级

强度应符合表 3 的规定。

表3 强度等级 单位为兆帕

强度等级	抗 压 强 度			密度等级范围/ (kg/m³)
	抗压强度平均值 $\bar{f} \geqslant$	变异系数 $\delta \leqslant 0.21$ 强度标准值 $f_k \geqslant$	变异系数 $\delta > 0.21$ 单块最小抗压 强度值 $f_{min} \geqslant$	
MU15.0	15.0	10.0	12.0	$\leqslant 1000$
MU10.0	19.0	7.0	8.0	
MU7.5	7.5	5.0	5.8	
MU5.0	5.0	3.5	4.0	
MU3.5	3.5	2.5	2.8	$\leqslant 800$

5.4 密度等级

密度等级应符合表4的规定。

表4 密度等级 单位为千克每立方米

密度等级	5块密度平均值
700	$\leqslant 700$
800	$701 \sim 800$
900	$801 \sim 900$
1000	$901 \sim 1000$

5.6 石灰爆裂

每组砖和砌块应符合下列规定

a）最大破坏尺寸大于2mm且小于或等于10mm的爆裂区域，每组砖和砌块不得多于15处；

b）不允许出现最大破坏尺寸大于10mm的爆裂区域。

5.7 吸水率

每组砖和砌块的吸水率平均值应符合表5的规定。

表5 吸水率   %

分　类	吸水率
NB、YB、MB	≤20.0
FB、YNB、QGB	≤24.0

注1：粉煤灰掺入量（体积比）小于30%时，不得按FB规定判定。
注2：加入成孔材料形成微孔的砖和砌块，吸水率不受限制

5.8 抗风化性能

5.8.1 风化区的划分见附录A。

5.8.2 严重风化区中的1、2、3、4、5地区及淤泥、其他固体废弃物为主要原料或加入成孔材料形成微孔的砖和砌块应进行冻融试验，其他地区砖和砌块的抗风化性能符合表6规定时可不做冻融试验，否则应进行冻融试验。

表6 抗风化性能

分　类	饱和系数≤			
	严重风化区		非严重风化区	
	平均值	单块最大值	平均值	单块最大值
NB	0.85	0.87	0.88	0.90
FB				
YB	0.74	0.77	0.78	0.80
MB				

5.8.3 抗冻性应符合表7的规定。

表7 抗冻性   %

使用条件	抗冻指标	质量损失率	冻融试验后每块砖或砌块
夏热冬暖地区	F15	≤5	①不允许出现分层、掉皮、缺棱掉角等冻坏现象。②冻后裂纹长度不大于表2中4、5项的规定
夏热冬冷地区	F25		
寒冷地区	F35		
严寒地区	F50		

5.9 传热系数

传热系数应符合表8的规定。

表8 传热系数等级 单位为瓦每平方米·开尔文

传热系数等级	单层试样传热系数 K 值的实测值范围
2.00	1.51~2.00
1.50	1.36~1.50
1.35	1.01~1.35
1.00	0.91~1.00
0.90	0.81~0.90
0.80	0.71~0.80
0.70	0.61~0.70
0.60	0.51~0.60
0.50	0.41~0.50
0.40	0.31~0.40

5.10 放射性核素限量

放射性核素限量应符合 GB 6566 的规定。

5.11 欠火砖、酥砖

产品中不允许有欠火砖、酥砖。

附 录 A
（资料性附录）
风化区的划分

A.1 风化区用风化指数进行划分。

A.2 风化指数是指日气温从正温降至负温或负温升至正温的每年平均天数与每年从霜冻之日起至消失霜冻之日止这一期间降雨

总量（以 mm 计）的平均值的乘积。

A.3 风化指数大于或等于 700 为严重风化区，风化指数小于700 为非严重风化区。全国风化区划分见表 8。

A.4 各地如有可靠数据，也可按计算的风化指数划分本地区的风化区。

表 A.1 风化区划分

严重风化区		非严重风化区	
1. 黑龙江省	11. 河北省	1. 山东省	11. 福建省
2. 吉林省	12. 北京市	2. 河南省	12. 台湾省
3. 辽宁省	13. 天津市	3. 安徽省	13. 广东省
4. 内蒙古自治区		4. 江苏省	14. 广西壮族自治区
5. 新疆维吾尔自治区		5. 湖北省	15. 海南省
6. 宁夏回族自治区		6. 江西省	16. 云南省
7. 甘肃省		7. 浙江省	17. 西藏自治区
8. 青海省		8. 四川省	18. 上海市
9. 陕西省		9. 贵州省	19. 重庆市
10. 山西省		10. 湖南省	

八、《外墙外保温系统用钢丝网架模塑聚苯乙烯板》GB 26540—2011

6.3.8 钢丝直径

6.3.8.1 网片钢丝直径

网片钢丝直径应为 2.0mm，偏差不得大于±0.05mm。

6.3.8.2 腹丝钢丝直径

腹丝钢丝直径应为 2.0mm，偏差不得大于±0.05mm。

6.4 性能

6.4.1 热阻

热阻应符合表 3 规定。

表 3 热 阻

分 类	网架板厚度/mm	热阻/〔(m²·K)/W〕不小于
FCT	50	0.90
	60	1.00
	90	1.60
	110	2.00
CT	50	0.60
	60	0.75
	90	1.20
	110	1.50
Z	60	0.55
	70	0.75
	100	1.20
	120	1.50

6.4.2 焊点抗拉力

应大于等于 330N。

6.4.3 网片焊点漏焊率

应不大于 0.8%。

6.4.4 腹丝与网片漏焊率

应不大于 3%，且板周边 200mm 内应无漏焊、脱焊。

6.4.5 EPS 板密度

应大于等于 18kg/m³。

九、《玻镁平板》JC 688—2006

5.2 化学物理力学性能

5.2.1 玻镁平板抗折、抗冲击性能应符合表 4 的规定。

表 4　抗折、抗冲击强度

类别	抗折强度/MPa			抗冲击强度/(kJ/m²)		
	$e<6$	$6{\leqslant}e{\leqslant}10$	$e>10$	$e<6$	$6{\leqslant}e{\leqslant}10$	$e>10$
A	$\geqslant50$	$\geqslant45$	$\geqslant35$	$\geqslant14$	$\geqslant12$	$\geqslant10$
B	$\geqslant30$	$\geqslant25$	$\geqslant20$	$\geqslant8.0$	$\geqslant6.0$	$\geqslant4.0$
C	$\geqslant20$	$\geqslant15$	$\geqslant10$	$\geqslant3.5$	$\geqslant2.5$	$\geqslant2.0$
D	$\geqslant12$	$\geqslant10$	$\geqslant8.0$	$\geqslant2.5$	$\geqslant2.0$	$\geqslant2.0$
E	$\geqslant10$	$\geqslant8.0$	$\geqslant6.0$			
F	$\geqslant8.0$	$\geqslant6.0$	$\geqslant5.0$	$\geqslant1.5$		
G	—	$\geqslant4.0$	$\geqslant2.0$			

注：表中 e 为厚度，单位为毫米(mm)

5.2.2　表观密度：偏差应不超过±10%。

5.2.3　抗返卤性：应无水珠、无返潮。

5.2.4　出厂含水率：应不大于8%。

5.2.5　干缩率：应不大于0.3%。

5.2.6　湿胀率：应不大于0.6%。

5.2.7　握螺钉力应符合表5的规定。

表 5　握螺钉力指标

厚度 e/mm	$e<6$	$6{\leqslant}e{\leqslant}10$	$e>10$
握钉力/(N/m)	$\geqslant25$	$\geqslant20$	$\geqslant15$

5.2.8　氯离子含量：应不大于10%。

十、　《混凝土小型空心砌块和混凝土砖砌筑砂浆》JC 860—2008

6　要求

6.1　颜色

彩色砂浆的颜色应与样品一致。

6.2　物理力学性能

物理力学性能应符合表 1 的规定。

表 1　物理力学性能

项　　目	指　　标					
强度等级	Mb5	Mb7.5	Mb10	Mb15	Mb20	Mb25
抗压强度/MPa	≥5.0	≥7.5	≥10.0	≥15.0	≥20.0	≥25.0
稠度/mm	50～80					
保水性/%	≥88					
密度/(kg/m³)	≥1800					
凝结时间/h	4～8					
砌块砌体抗剪强度/MPa	≥0.16	≥0.19	≥0.22	≥0.22	≥0.22	≥0.22

6.3　抗冻性

抗冻性应符合表 2 的规定。

表 2　抗冻性　　　　　　　单位为百分比

使用条件	抗冻指标	质量损失率	强度损失率
夏热冬暖地区	F15		
夏热冬冷地区	F25	≤5	≤25
寒冷地区	F35		
严寒地区	F50		

6.4　抗渗压力

防水型砌筑砂浆的抗渗压力应不小于 0.60MPa。

6.5　放射性

应符合 GB 6566 的规定。

十一、　《混凝土砌块（砖）砌体用灌孔混凝土》JC 861—2008

6.3　抗压强度

强度等级划分为 Cb20、Cb25、Cb30、Cb35、Cb40，相应于 C20、C25、C30、C35、C40 混凝土的抗压强度指标。

6.4　膨胀率

3d 龄期的混凝土膨胀率不应小于 0.025%，且不应大于 0.500%。

十二、《混凝土路面砖》GB 28635—2012

6.3　强度等级

根据混凝土路面砖公称长度与公称厚度的比值确定进行抗压强度或抗折强度试验。公称长度与公称厚度的比值小于或等于 4 的，应进行抗压强度试验；公称长度与公称厚度的比值大于 4 的，应进行抗折强度试验。

混凝土路面砖的抗压/抗折强度等级应符合表 3 的规定。

表 3　强度等级　　　　　单位为兆帕

抗压强度			抗折强度		
抗压强度等级	平均值	单块最小值	抗折强度等级	平均值	单块最小值
C_c40	≥40.0	≥35.0	$C_f4.0$	≥4.00	≥3.20
C_c50	≥50.0	≥42.0	$C_f5.0$	≥5.00	≥4.20
C_c60	≥60.0	≥50.0	$C_f6.0$	≥6.00	≥5.00

6.4　物理性能

混凝土路面砖的物理性能应符合表 4 的规定。

表 4　物理性能

序号	项　目		指　标
1	耐磨性[a]	磨坑长度/mm　≤	32.0
		耐磨度　≥	1.9
2	抗冻性 严寒地区 D50； 寒冷地区 D35； 其他地区 D25	外观质量	冻后外观无明显变化，且符合表 1 的规定
		强度损失率/%　≤	20.0
4	防滑性/BPN　≥		60
[a] 磨坑长度与耐磨度任选一项做耐磨性试验			

第八篇　外　加　剂

一、《混凝土外加剂》GB 8076—2008

表1　受检混凝土性能指标

项目		高性能减水剂 HPWR			高效减水剂 HWR		普通减水剂 WR			引气减水剂 AEWR	泵送剂 PA	早强剂 Ac	缓凝剂 Re	引气剂 AE
		早强型 HPWR-A	标准型 HPWR-S	缓凝型 HPWR-R	标准型 HWR-S	缓凝型 HWR-R	早强型 WR-A	标准型 WR-S	缓凝型 WR-R					
抗压强度比/%，不小于	1d	180	170	—	140	—	135	—	—	—	—	135	—	—
	3d	170	160	—	130	—	130	115	—	115	—	130	—	95
	7d	145	150	140	125	125	110	115	110	110	115	110	100	95
	28d	130	140	130	120	120	100	110	110	100	110	100	100	90
收缩率比/%，不大于	28d	110	110	110	135	135	135	135	135	135	135	135	135	135
相对耐久性（200次）/%，不大于		—	—	—	—	—	—	—	—	80	—	—	—	80

注1：表1中抗压强度比、收缩率比、相对耐久性为强制性指标，其余为推荐性指标。

注2：除含气量和相对耐久性外，表中所列数据为掺外剂混凝土与基准混凝土的差值或比值。

注3：相对耐久性（200次）性能指标中的"≥80"表示为28d龄期的受检混凝土试件快速冻融循环200次后，动弹性模量保留值≥80%。

注4：其他品种的外加剂是否需要测定相对耐久性指标，由供、需双方协调确定。

注5：当用户对泵送剂等产品有特殊要求时，需要进行的补充试验项目、试验方法及指标，由供需双方协调决定

二、《混凝土防冻剂》JC 475—2004

表 2　掺防冻剂混凝土性能

序号	试验项目		性能指标						
			一等品			合格品			
3	含气量,%	≥	2.5			2.0			
5	抗压强度比,%	≥	规定温度(℃)	−5	−10	−15	−5	−10	−15
			R_{-7}	20	12	10	20	10	8
			R_{20}	100		95	95		90
			R_{-7+28}	95	90	85	90	85	80
			R_{-7+56}	100			100		
6	28 天收缩率比,%	≤	135						
7	渗透高度比,%	≤	100						
8	50 次冻融强度损失率比,%	≤	100						
9	对钢筋锈蚀作用		应说明对钢筋有无锈蚀作用						

三、《砂浆、混凝土防水剂》JC 474—2008

4.2　受检砂浆的性能指标

受检砂浆的性能应符合表 2 的要求。

表 2　受检砂浆的性能

试验项目		性能指标	
		一等品	合格品
安定性		合格	合格
抗压强度比/% ≥	7d	100	85
	28d	90	80
透水压力比/% ≥		300	200
吸水量比(48h)/% ≤		65	75
收缩率比(28d)/% ≤		125	135
注：安定性和凝结时间为受检净浆的试验结果，其他项目数据均为受检砂浆与基准砂浆的比值			

4.3　受检混凝土的性能指标

受检混凝土的性能应符合表 3 的规定。

表 3　受检混凝土的性能

试验项目		性能指标	
		一等品	合格品
安定性		合格	合格
抗压强度比/% ≥	3d	100	90
	7d	110	100
	28d	100	90
渗透高度比/% ≤		30	40
吸水量比(48h)/% ≤		65	75
收缩率比(28d)/% ≤		125	135
注：安定性为受检净浆的试验结果，凝结时间差为受检混凝土与基准混凝土的差值，表中其他数据为受检混凝土与基准混凝土的比值			

四、《混凝土膨胀剂》GB 23439—2009

表 1　混凝土膨胀剂性能指标

项　目		指标值	
		Ⅰ型	Ⅱ型
限制膨胀率（%）	水中 7d ≥	0.025	0.050
	空气中 21d ≥	−0.020	−0.010

五、《混凝土外加剂应用技术规范》GB 50119—2013

3.1.3　含有六价铬盐、亚硝酸盐和硫氰酸盐成分的混凝土外加剂，严禁用于饮水工程中建成后与饮用水直接接触的混凝土。

3.1.4　含有强电解质无机盐的早强型普通减水剂、早强剂、防冻剂和防水剂，严禁用于下列混凝土结构：

1　与镀锌钢材或铝铁相接触部位的混凝土结构；

2 有外露钢筋预埋铁件而无防护措施的混凝土结构；

3 使用直流电源的混凝土结构；

4 距高压直流电源 100m 以内的混凝土结构。

3.1.5 含有氯盐的早强型普通减水剂、早强剂、防水剂和氯盐类防冻剂，严禁用于预应力混凝土、钢筋混凝土和钢纤维混凝土结构。

3.1.6 含有硝酸铵、碳酸铵的早强型普通减水剂、早强剂和含有硝酸铵、碳酸铵、尿素的防冻剂，严禁用于办公、居住等有人员活动的建筑工程。

3.1.7 含有亚硝酸盐、碳酸盐的早强型普通减水剂、早强剂、防冻剂和含亚硝酸盐的阻锈剂，严禁用于预应力混凝土结构。

第九篇　门　　窗

一、《人行自动门安全要求》JG 305—2011

4 要求

4.1 通用要求

4.1.1 人行自动门应采用安全玻璃。安全玻璃的选用应符合 GB 15763 和 JGJ 113 的规定。

4.1.2 用于建筑物外门的人行自动门，其风荷载计算应符合 GB 50009 的规定。

4.1.3 平开自动门活动扇应单向开启。

4.1.4 在旋转自动门内、外出入口外侧方便操作的位置，应分别安装手动(复位)无障碍低位按钮，安装高度距地面 1000~1300mm。

4.1.5 在人行自动门明显位置应张贴下列安全标识，安全标识的图样规格见附录 A。

4.2 安全间隙

活动扇在启闭过程中对所要求保护的部位应留有安全间隙。安全间隙应小于 8mm 或大于 25mm（图 1）。

4.3 安全间距

4.3.1 推拉自动门活动扇面与相邻框（墙、柱）面平行距离小于 250mm 时，活动扇侧梃安全间距不应小于 200mm，见图 2 (a)；当平行距离大于或等于 250mm 时，则安全间距不应小于 500mm，见图 2（b）。

4.3.2 平开自动门、折叠自动门活动扇面的安全间距不应小于 500mm（图 3）。

4.4 运行速度

人行自动门运行速度应符合表 1 的规定。

表 1   人行自动门运行速度   单位为毫米每秒

启闭扇数	推拉自动门		折叠自动门		平行自动门		旋转自动门	
	开启速度	关闭速度	开启速度	关闭速度	开启速度	关闭速度	开常速度	残障慢行速度
单扇	≤500	≤350	≤350	≤350	≤300	≤300	≤750	≤350
双扇	≤400	≤300	≤300	≤300	≤300	≤300		

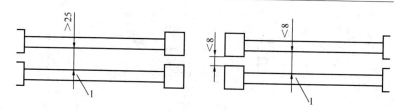

(a) 推拉自动门活动扇安全间隙示意

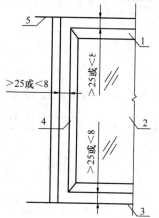

(b) 旋转自动门活动扇与固定扇、
地面及天花板安全间隙示意

说明：

1——活动扇；

2——玻璃或门芯板；

3——地面；

4——扇梃；

5——天花板

图 1 安全间隙示意图

4.5 冲击力

4.5.1 当主危险区域存在传感器被屏蔽时，活动扇前竖梃与门右框（或运行前方的梃、框）对人或物体发生撞击夹持时的检测距离、冲击力与主危险区域存在传感器设置应符合表 2 的要求。

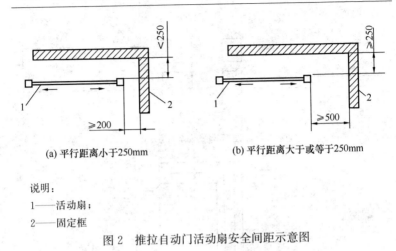

(a) 平行距离小于250mm　　　　　　(b) 平行距离大于或等于250mm

说明:

1——活动扇;

2——固定框

图 2　推拉自动门活动扇安全间距示意图

(a) 平开自动门　　　　　　　　　　　(b) 折叠自动门

图 3　平开自动门、折叠自动门活动扇安全间距示意图

主危险区域按附录 B 的规定,活动扇前竖梃与门右框按附录 C 的规定。

表 2　检测距离、冲击力与主危险区域存在传感器设置要求

活动扇前竖梃与门右框或运行前方的梃、框之间的距离	存在传感器被屏蔽时的最大动态冲击力、静态冲击力、剩余冲击力界限			主危险区域存在传感器设置要求
	最大动态冲击力 F_d	静态冲击力 F_s	剩余冲击力 F_r	
≤200mm	150N< F_d ≤400N	≤150N	≤80N	应符合 4.6.1.1 要求
	F_d >400N	≤150N	≤80N	应符合 4.6.1.2 要求

续表2

活动扇前竖梃与门右框或运行前方的梃、框之间的距离	存在传感器被屏蔽时的最大动态冲击力、静态冲击力、剩余冲击力界限			主危险区域存在传感器设置要求
	最大动态冲击力 F_d	静态冲击力 F_s	剩余冲击力 F_r	
=300mm	$150N{\leqslant}F_d$ $\leqslant700N$	$\leqslant150N$	$\leqslant80N$	应符合 4.6.1.1 要求
	$F_d>700N$	$\leqslant150N$	$\leqslant80N$	应符合 4.6.1.2 要求
$\geqslant500mm$	$150N{\leqslant}F_d$ $\leqslant1400N$	$\leqslant150N$	$\leqslant80N$	应符合 4.6.1.1 要求
	$F_d>1400N$	$\leqslant150N$	$\leqslant80N$	应符合 4.6.1.2 要求

注1：当活动扇前竖梃和运行前方框、梃敷设保护外套（或吸震材料）时，表中所示的距离应为保护外套（或吸震材料）前端之间的距离。

注2：推拉自动门、折叠自动门主危险区域存在传感器可为对射传感器。

4.5.2 当发生夹持撞击时，活动扇冲击力—时间变化曲线示意见图4。

4.6 传感器功能及设置

4.6.1 存在传感器

4.6.1.1 主危险区域中一般存在传感器

当人或物体进入主危险区域时，该区域安装的存在传感器应被触发，活动扇应停止运行。

4.6.1.2 主危险区域中具备故障输出功能的存在传感器

当人或物体进入主危险区域时，主危险区域安装的存在传感器应被触发，活动扇应停止运行；同时，此传感器应具备故障输出功能，当活动扇从开启后至主危险区域前，门的控制装置应对此传感器进行至少一次故障信号检测，当检测出此传感器有故障

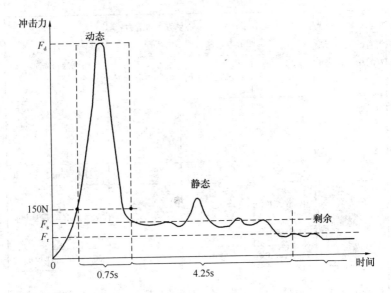

说明：

F_d——最大动态冲击力；

F_s——静态冲击力；

F_r——剩余冲击力

图 4   冲击力-时间变化曲线示意图

时，活动扇应停止运行。

4.6.1.3 盲区高度

主危险区域的存在传感器盲区高度距地面应小于 250mm。

4.6.1.4 次危险区域传感器

当旋转自动门最大动态冲击力大于 1400N 时，次危险区域应安装存在传感器。当人或物体进入次危险区域时，此传感器应被触发，活动扇应减速或停止运行。

4.6.1.5 对射传感器

存在传感器为对射传感器时，人和物体遮挡对射光线，活动扇应减速或停止。

4.6.2 压敏传感器

4.6.2.1 触发压力

在 40mm×40mm 接触面上，压敏传感器触发压力不应大于 45N。

4.6.2.2 门右框和活动扇前竖梃压敏传感器

旋转自动门的门右框和活动扇前竖梃安装的压敏传感器防护高度不应小于 2000mm，压敏传感器被触发时，活动扇应停止运行。

4.6.2.3 次危险区域压敏传感器

旋转自动门活动扇下梃前方安装的压敏传感器应覆盖自旋转中心 300mm 至活动扇边缘全长，人或物体与压敏传感器发生撞击时，活动扇应停止运行。

4.7 制动距离

两翼旋转自动门的制动距离不应大于活动扇前竖梃和门右框安装的压敏传感器防护外套（或吸震材料）的压缩之和。

4.8 安全检查和维护

4.8.1 安全检查和维护应符合产品说明书的规定，定期安全检查时间间隔不应超过 12 个月，定期维护时间间隔不应超过 6 个月。

4.8.2 安全检查和维护应由自动门生产商或其授权的公司的人员经培训合格后方可进行作业。

4.8.3 安全检查和维护内容应包括：确认门体及紧固件是否有松动或位移，全部传感器是否灵敏可靠，驱动、制动、控制系统功能是否正常，安全标识是否齐全。

附 录 A
（规范性附录）
安全标识

A.1 标识尺寸和颜色

a）外框白地，尺寸：100mm×100mm；

b）图案色彩比例同图示，外圆直径：90mm；

c）示意图见图 A. 1。

(a) 儿童、老人、智障者监护标识

(b) 禁止闯入标识

(c) 禁止玩耍标识

图 A. 1 安全标识

附 录 B

（规范性附录）

主危险区域、次危险区域范围示意

单位为毫米

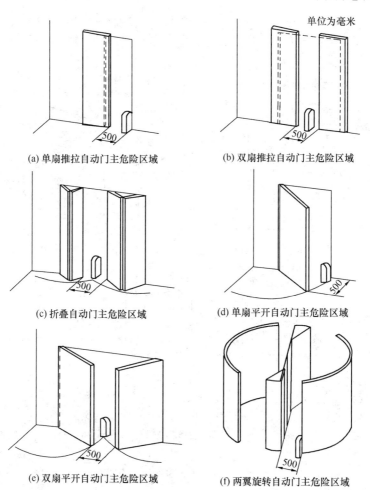

(a) 单扇推拉自动门主危险区域　　　(b) 双扇推拉自动门主危险区域

(c) 折叠自动门主危险区域　　　(d) 单扇平开自动门主危险区域

(e) 双扇平开自动门主危险区域　　　(f) 两翼旋转自动门主危险区域

图 B.1　主危险区域、次危险区域范围示意图

单位毫米

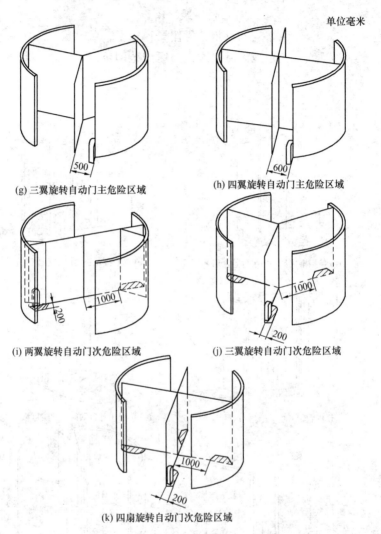

(g) 三翼旋转自动门主危险区域　　　　(h) 四翼旋转自动门主危险区域

(i) 两翼旋转自动门次危险区域　　　　(j) 三翼旋转自动门次危险区域

(k) 四扇旋转自动门次危险区域

注1：图（i）、图（j）、图（k）旋转自动门直径小于 3000mm 时，不设次危险
　　区域；

注2：图中阴影区域为主危险区域、次危险区表示的空间范围

图 B.1（续）

附 录 C

(规范性附录)

不同类型自动门示意

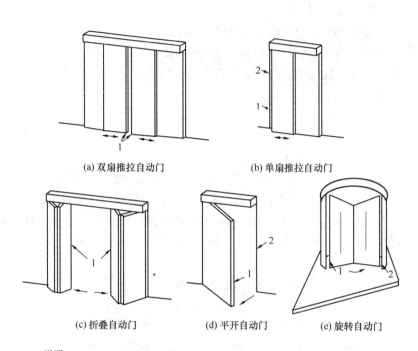

(a) 双扇推拉自动门   (b) 单扇推拉自动门

(c) 折叠自动门   (d) 平开自动门   (e) 旋转自动门

说明:

1——活动扇;

2——门右框、运行前竖梃

图 C.1 不同类型自动门示意图

二、《防火门》GB 12955—2008

5 要求

5.1 一般要求

防火门应符合本标准要求,并按规定程序批准的图样及技术文件制造。

5.2　材料

5.2.1　填充材料

5.2.1.1　防火门的门扇内若填充材料，则应填充对人体无毒无害的防火隔热材料。

5.2.1.2　防火门门扇填充的对人体无毒无害的防火隔热材料，应经国家认可授权检测机构检验达到 GB 8624 规定燃烧性能 A_1 级要求和 GB/T 20285 规定产烟毒性危险分级 ZA_2 级要求的合格产品。

5.2.2　木材

5.2.2.1　防火门所用木材应符合 JG/T 122—2000 第 5.1.1.1 条中对 II（中）级木材的有关材质要求。

5.2.2.2　防火门所用木材应经国家认可授权检测机构按照 GB/T 8625—2005 检验达到该标准第 7 章难燃性要求的合格产品。

5.2.2.3　防火门所用难燃木材的含水率不应大于 12%；木材在制作防火门时的含水率不应大于当地的平衡含水率。

5.2.3　人造板

5.2.3.1　防火门所用人造板应符合 JG/T 1220—2000 第 5.1.2.2 条中对 II（中）级人造板的有关材质要求。

5.2.3.2　防火门所用人造板应经国家认可授权检测机构按照 GB/T 8625—2005 检验达到该标准第 7 章难燃性要求的合格产品。

5.2.3.3　防火门所用难燃人造板的含水率不应大于 12%；人造板在制作防火门时的含水率不应大于当地的平衡含水率。

5.2.4　钢材

5.2.4.1　材质

　　a) 防火门框、门扇面板应采用性能不低于冷轧薄钢板的钢质材料，冷轧薄钢板应符合 GB/T 708 的规定。

　　b) 防火门所用加固件可采用性能不低于热轧钢材的钢质材料，热轧钢材应符合 GB/T 709 的规定。

5.2.4.2 材料厚度

防火门所用钢质材料厚度应符合表3的规定。

表3 钢质材料厚度 单位为毫米

部件名称	材料厚度
门扇面板	≥0.8
门框板	≥1.2
铰链板	≥3.0
不带螺孔的加固件	≥1.2
带螺孔的加固件	≥3.0

5.2.5 其他材质材料

5.2.5.1 防火门所用其他材质材料应对人体无毒无害，应经国家认可授权检测机构检验达到 GB/T 20285 规定产烟毒性危险分级 ZA_2 级要求的合格产品。

5.2.5.2 防火门所用其他材质材料应经国家认可授权检测机构检验达到 GB/T 8625—2005 第7章规定难燃性要求或 GB 8624 规定燃烧性能 A_1 级要求的合格产品，其力学性能应达到有关标准的相关规定并满足制作防火门的有关要求。

5.2.6 胶粘剂

5.2.6.1 防火门所用胶粘剂应是对人体无毒无害的产品。

5.2.6.2 防火门所用胶粘剂应经国家认可授权检测机构检验达到 GB/T 20285 规定产烟毒性危险分级 ZA_2 级要求的合格产品。

5.3 配件

5.3.1 防火锁

5.3.1.1 防火门安装的门锁应是防火锁。

5.3.1.2 在门扇的有锁芯机构处，防火锁均应有执手或推杠机构，不允许以圆形或球形旋钮代替执手（特殊部位使用除外，如管道井门等）。

5.3.1.3 防火锁应经国家认可授权检测机构检验合格的产品，其耐火性能应符合附录A的规定。

5.3.2   防火合页（铰链）

防火门用合页（铰链）板厚应不少于 3mm，其耐火性能应符合附录 B 的规定。

5.3.3   防火闭门装置

5.3.3.1   防火门应安装防火门闭门器，或设置让常开防火门在火灾发生时能自动关闭门扇的闭门装置（特殊部位使用除外，如管道井门等）。

5.3.3.2   防火门闭门器应经国家认可授权检测机构检验合格的产品，其性能应符合 GA 93 的规定。

5.3.3.3   自动关闭门扇的闭门装置，应经国家认可授权检测机构检验合格的产品。

5.3.4   防火顺序器

双扇、多扇防火门设置盖缝板或止口的应安装顺序器（特殊部位使用除外），其耐火性能应符合附录 C 的规定。

5.3.5   防火插销

采用钢质防火插销，应安装在双扇和多扇相对固定一侧的门扇上（若有要求时），其耐火性能应符合附录 D 的规定。

5.3.6   盖缝板

5.3.6.1   平口或止口结构的双扇防火门宜设盖缝板。

5.3.6.2   盖缝板与门扇连接应牢固。

5.3.6.3   盖缝板不应妨碍门扇的正常启闭。

5.3.7   防火密封件

5.3.7.1   防火门门框与门扇、门扇与门扇的缝隙处应嵌装防火密封件。

5.3.7.2   防火密封件应经国家认可授权检测机构检验合格的产品，其性能应符合 GB 16807 的规定。

5.3.8   防火玻璃

5.3.8.1   防火门上镶嵌防火玻璃的类型

5.3.8.1.1   A 类防火门若镶嵌防火玻璃，则应镶嵌 A 类防火玻璃。

5.3.8.1.2 B类防火门若镶嵌防火玻璃，则应镶嵌 A 类防火玻璃。

5.3.8.1.3 C类防火门若则应镶嵌防火玻璃，则应镶嵌 A 类或 B 类或 C 类防火玻璃。

5.3.8.2 A 类、B类或 C 类防火玻璃应经国家认可授权检测机构检验合格的产品，其性能应符合 GB 15763.1 的规定。

5.4 加工工艺和外观质量

5.4.1 加工工艺质量

使用钢质材料或难燃木材，或难燃人造板材料，或其他材质材料制作防火门的门框、门扇骨架和门扇面板，门扇内若填充材料，则应填充对人体无毒无害的防火隔热材料并经机械成型，与防火五金配件等共同装配成防火门，其加工工艺质量应符合 5.5 条、5.6 条、5.7 条的要求。

5.4.2 外观质量

采用不同材质材料制造的防火门，其外观质量应分别符合以下相应规定：

a) 木质防火门：割角、拼缝应严实平整；胶合板不允许刨透表层单板和戗槎；表面应净光或砂磨，并不得有刨痕、毛刺和锤印；涂层应均匀、平整、光滑，不应有堆漆、气泡、漏涂以及流淌等现象；

b) 钢质防火门：外观应平整、光洁、无明显凹痕或机械损伤；涂层、镀层应均匀、平整、光滑，不应有堆漆、麻点、气泡、漏涂以及流淌等现象；焊接应牢固、焊点分布均匀，不允许有假焊、烧穿、漏焊、夹渣或疏松等现象，外表面焊接应打磨平整；

c) 钢木质防火门：外观质量应满足 a)、b) 项的相关要求。

d) 其他材质防火门：外观应平整、光洁，无明显凹痕、裂痕等现象，带有木质或钢质部件的部分应分别满足 a)、b) 项的相关要求。

5.5 尺寸极限偏差

防火门门扇、门框的尺寸极限偏差应符合表 4 的规定。

表 4　尺寸极限偏差　　　　　　　单位为毫米

名称	项　目	极限偏差
门扇	高度 H	±2
	宽度 W	±2
	厚度 T	$+2$ -1
门框	内裁口高度 H'	±3
	内裁口宽度 W'	±2
	侧壁宽度 T'	±2

5.6　形位公差

门扇、门框形位公差应符合表 5 的规定。

表 5　形位公差

名称	项　目	公　差
门扇	两对角线长度差 $|L_1-L_2|$	$\leqslant3mm$
	扭曲度 D	$\leqslant5mm$
	宽度方向弯曲度 B_1	$<2‰$
	高度方向弯曲度 B_2	$<2‰$
门框	内裁口两对角线长度差 $|L_1'-L_2'|$	$\leqslant3mm$

5.7　配合公差

5.7.1　门扇与门框的搭接尺寸（见图 14）

门扇与门框的搭接尺寸不应小于 12mm。

5.7.2 门　扇与门框的配合活动间隙

5.7.2.1　门扇与门框有合页一侧的配合活动间隙不应大于设计图纸规定的尺寸公差。

5.7.2.2　门扇与门框有锁一侧的配合活动间隙不应大于设计图纸规定的尺寸公差。

5.7.2.3　门扇与上框的配合活动间隙不应大于 3mm。

5.7.2.4　双扇、多扇门的门扇之间缝隙不应大于 3mm。

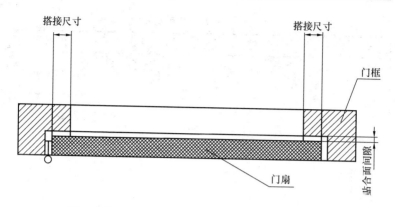

图 14 门扇与门框的搭接尺寸和贴合面间隙示意图

5.7.2.5 门扇与下框或地面的活动间隙不应大于 9mm。

5.7.2.6 门扇与门框贴合面间隙（见图 14），门扇与门框有合页一侧、有锁一侧及上框的贴合任均不应大于 3mm。

5.7.3 门扇与门框的平面高低差 R

防火门开面上门框与门扇的平面高低差不应大于 1mm。

5.8 灵活性

5.8.1 启闭灵活性

防火门应启闭灵活、无卡阻现象。

5.8.2 门扇开启力

防火门门扇开启力不应大于 80N。

注：在特殊场合使用的防火门除外。

5.9 可靠性

在进行 500 次启闭试验后，防火门不应有松动、脱落、严重变形和启闭卡阻现象。

5.10 门扇质量

门扇质量不应小于设计门扇的质量。

注：指门扇的重量。

5.11 耐火性能

防火门的耐火性能应符合表 1 的规定。

表1 按耐火性能分类

名 称	耐 火 性 能		代 号
A类（隔热）防火门	耐火隔热性≥0.60h 耐火完整性≥0.60h		A0.60（丙级）
	耐火隔热性≥0.90h 耐火完整性≥0.90h		A0.90（乙级）
	耐火隔热性≥1.20h 耐火完整性≥1.20h		A1.20（甲级）
	耐火隔热性≥2.00h 耐火完整性≥2.00h		A2.00
	耐火隔热性≥3.00h 耐火完整性≥3.00h		A3.00
B类（部分隔热）防火门	耐火隔热性≥0.50h	耐火完整性≥1.00h	B1.00
		耐火完整性≥1.50h	B1.50
		耐火完整性≥2.00h	B2.00
		耐火完整性≥3.00h	B3.00
C类（非隔热）防火门	耐火完整性≥1.00h		C1.00
	耐火完整性≥1.50h		C1.50
	耐火完整性≥2.00h		C2.00
	耐火完整性≥3.00h		C3.00

7.2 型式检验

7.2.1 检验项目为本标准要求的全部内容（见表6），并按标准要求的顺序逐项进行检验。

7.2.2 防火门的最小检验批量为9樘，在生产单位成品库中抽取。

7.2.3 有下列情况之一时应进行型式检验。

a）新产品或老产品转厂生产时的试制定型鉴定；

b）结构、材料、生产工艺、关键工序和加工方法等有影响其性能时；

c）正常生产，每三年不少于一次；

d）停产一年以上恢复生产时；

e）出厂检验结果与上次型式检验有较大差异时；

f）发生重大质量事故时；

g）质量监督机构提出要求时。

7.2.4　判定准则

表6所列检验项目的检验结果不含 A 类不合格项，B 类与 C 类不合格项之和不大于四项，且 B 类不合格项不大于一项，判该产品为合格。否则判该产品不合格。

表6　检验项目

序号	检验项目	要求条款	试验方法条款	不合格分类
1	填充材料	5.2.1	6.3.1	A
2	木材	5.2.2	6.3.2	A
3	人造板	5.2.3	6.3.3	A
4	钢材	5.2.4	6.3.4	A
5	其他材质材料	5.2.5	6.3.5	A
6	胶粘剂	5.2.6	6.3.6	A
7	防火锁	5.3.1	6.4.1	B
8	防火合页（铰链）	5.3.2	6.4.2	B
9	防火闭门装置	5.3.3	6.4.3	B
10	防火顺序器	5.3.4	6.4.4	A
11	防火插销	5.3.5	6.4.5	C
12	盖缝板	5.3.6	6.4.6	B
13	防火密封件	5.3.7	6.4.7	A
14	防火玻璃	5.3.8	6.4.8	A
15	加工工艺和外观质量	5.4	6.5	C
16	门扇高度偏差	5.5	6.6.1	C
17	门扇宽度偏差	5.5	6.6.2	C
18	门扇厚度偏差	5.5	6.6.3	B

续表6

序号	检验项目	要求条款	试验方法条款	不合格分类
19	门框内裁口高度偏差	5.5	6.6.4	C
20	门框内裁口宽度偏差	5.5	6.6.5	C
21	门框侧壁宽度偏差	5.5	6.6.6	C
22	门扇两对角线长度差	5.6	6.7.1	C
23	门扇扭曲度	5.6	6.7.2	B
24	门扇宽度方向弯曲度	5.6	6.7.3	B
25	门扇高度方向弯曲度	5.6	6.7.3	B
26	门框内裁口两对角线长度差	5.6	6.7.4	C
27	门扇与门框的搭接尺寸	5.7.1	6.8.1	B
28	门扇与门框的有合页一侧的配合活动间隙	5.7.2.1	6.8.2	C
29	门扇与门框的有锁一侧的配合活动间隙	5.7.2.2	6.8.2	C
30	门扇与上框的配合活动间隙	5.7.2.3	6.8.2	C
31	双扇门中间缝隙	5.7.2.4	6.8.2	C
32	门框与下框或地面间隙	5.7.2.5	6.8.2	C
33	门扇与门框贴合面间隙	5.7.2.6	6.8.3	C
34	门框与门扇的平面高低差	5.7.3	6.8.4	C
35	启闭灵活性	5.8.1	6.9.1	A
36	开启力	5.8.2	6.9.2	B
37	可靠性	5.9	6.10	A
38	门扇质量	5.10	6.11	A
39	耐火性能	5.11	6.12	A

三、《防火门闭门器》GA 93—2004

6　要求

6.1　防火门闭门器的常规性能

6.1.1　外观

外观应符合 QB/T 3893—1999 中 4.1 的规定。

6.1.2　常温下的运转性能

防火门闭门器使用时应运转平稳、灵活，其贮油部件不应有渗漏油现象。

6.1.3　常温下的开启力矩

常温下的开启力矩应符合表 3 的规定。

表3　防火门闭门器规格

规格代号	开启力矩/（N·m）	关闭门力矩/（N·m）	适用门扇质量/kg	适用门扇最大宽度/mm
2	≤25	≥10	25～45	830
3	≤45	≥15	40～65	930
4	≤80	≥25	60～85	1030
5	≤100	≥35	80～120	1130
6	≤120	≥45	110～150	1330

6.1.4　常温下的最大关闭时间

常温下的最大关闭时间不应小于 20s。

6.1.5　常温下的最小关闭时间

常温下的最小关闭时间不应大于 3s。

6.1.6　常温下的关闭力矩

常温下的关闭力矩应符合表 3 的规定。

6.1.7　常温下的闭门复位偏差

常温下的闭门复位偏差不应大于 0.15°。

6.2　防火门闭门器使用寿命及使用寿命试验后的性能

6.2.1　使用寿命

使用寿命应符合表 2 的规定。寿命试验过程中，防火门闭门器应尤破损和漏油现象。

表2　使用寿命　　　　　单位为万次

等级	代号	使用寿命
一级品	I	≥30
二级品	II	≥20
三级品	III	≥10

6.2.2　使用寿命试验后的性能

6.2.2.1　使用寿命试验后的运转性能

使用寿命试验后的运转性能应符合 6.1.2 的规定。

6.2.2.2　使用寿命试验后的开启力矩

使用寿命试验后的开启力矩不应大于表 3 开启力矩值的 80%。

6.2.2.3　使用寿命试验后的最大关闭时间

使用寿命试验后的最大关闭时间应符合表 4 的规定。

表4　使用寿命试验后的最大关闭时间　　　单位为秒

项　　目	等级		
	一级品	二级品	三级品
最大关闭时间	≥8	≥9	≥10

6.2.2.4　使用寿命试验后的最小关闭时间

使用寿命试验后的最小关闭时间不应大于 3s。

6.2.2.5　使用寿命试验后的关闭力矩

使用寿命试验后的关闭力矩不应小于表 3 关闭力矩值的 80%。

6.2.2.6　使用寿命试验后的闭门复位偏差

使用寿命试验后的闭门复位偏差不应大于 $0.15°$。

6.3　防火门闭门器在高温下的性能

6.3.1　高温下的开启力矩

高温下的开启力矩应符合表 5 的规定。

表 5　高温下的开启力矩　　单位为牛顿·米

规格代号	开启力矩
2	≤20
3	≤36
4	≤64
5	≤80
6	≤96

6.3.2　高温下的最大关闭时间

　　高温下的最大关闭时间应符合表 6 的规定。

表 6　高温下的最大关闭时间　　单位为秒

项　目	等　级		
	一级品	二级品	三级品
最大关闭时间	≥6	≥7	≥8

6.3.3　高温下的最小关闭时间

　　高温下的最小关闭时间不应大于 3s。

6.3.4　高温下的关闭力矩

　　高温下的关闭力矩应符合表 7 的规定。

表 7　高温下的关闭力矩　　单位为牛顿·米

规格代号	关闭力矩
2	≥7
3	≥10
4	≥18
5	≥24
6	≥32

6.3.5　高温下的闭门复位偏差

　　高温下的闭门复位偏差不应大于 0.15°。

6.3.6　高温下的完好性

在高温试验过程中，防火门闭门器应无破损和漏油。

四、《防火窗》GB 16809—2008

7.1.6 耐火性能

防火窗的耐火性能应符合表 3 的规定。

表 3 防火窗的耐火性能分类与耐火等级代号

耐火性能分类	耐火等级代号	耐 火 性 能
隔热防火窗 （A 类）	A0.50（丙级）	耐火隔热性≥0.50h，且耐火完整性≥0.50h
	A1.00（乙级）	耐火隔热性≥1.00h，且耐火完整性≥1.00h
	A1.50（甲级）	耐火隔热性≥1.50h，且耐火完整性≥1.50h
	A2.00	耐火隔热性≥2.00h，且耐火完整性≥2.00h
	A3.00	耐火隔热性≥3.00h，且耐火完整性≥3.00h
非隔热防火窗 （C 类）	C0.50	耐火完整性≥0.50h
	C1.00	耐火完整性≥1.00h
	C1.50	耐火完整性≥1.50h
	C2.00	耐火完整性≥2.00h
	C3.00	耐火完整性≥3.00h

7.2.1 热敏感元件的静态动作温度

活动式防火窗中窗扇启闭控制装置采用的热敏感元件，在 64 ± 0.5℃的温度下 5.0min 内不应动作，在 74 ± 0.5℃的温度下 1.0min 内应能动作。

7.2.3 窗扇关闭可靠性

手动控制窗扇启闭控制装置，在进行 100 次的开启/关闭运行试验中，活动窗扇应能灵活开启，并完全关闭，无启闭卡阻现象，各零部件无脱落和损坏现象。

7.2.4 窗扇自动关闭时间

活动式防火窗的窗扇自动关闭时间不应大于 60s。

9.2 型式检验

9.2.1 防火窗的型式检验项目为本标准第 7 章规定的全部要求

内容，防火窗的通用检验项目见表 6，活动式防火窗的附加检验项目见表 7。

9.2.2 一种型号防火窗进行型式检验时，其抽样基数不应小于 6 樘，且应是出厂检验合格的产品，抽取样品的数量和检验程序见图 5。

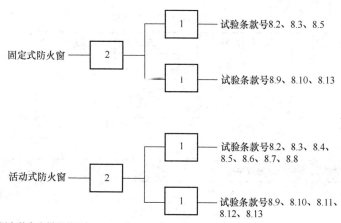

注：方框中数字为样品数量

图 5 防火窗试验程序和样品数量

9.2.3 有下列情况之一时应进行型式检验：

a）新产品投产或老产品转厂生产时；

b）正式生产后，产品的结构、材料、生产工艺、关键工序的加工方法等有较大改变，可能影响产品的性能时；

c）正常生产，每三年不少于一次；

d）产品停产一年以上，恢复生产时；

e）出厂检验结果与上次型式检验结果有较大差异时；

f）发生重大质量事故时；

g）质量监督机构依法提出型式检验要求时。

9.2.4 防火窗型式检验的判定准则为：

a）固定式防火窗按表 6 所列项目的型式检验结果，不含 A 类不合格项，B 类和 C 类不合格项之和不大于二项，且 B 类不合格项不大于一项，判型式检验合格；否则判型式检验不合格。

b）活动式防火窗按表 6 和表 7 所列项目的检验结果，不含 A 类不合格项，B 类和 C 类不合格项之和不大于四项，且 B 类不合格项不大于一项，判型式检验合格；否则判型式检验不合格。

表 6　防火窗通用检验项目

序号	检验项目	要求条款	试验方法条款	不合格分类
1	外观质量	7.1.1	8.2	C
2	防火玻璃外观质量	7.1.2.1	8.3	C
3	防火玻璃厚度公差	7.1.2.2	8.3	B
4	窗框高度公差	7.1.3	8.5	C
5	窗框宽度公差	7.1.3	8.5	C
6	窗框厚度公差	7.1.3	8.5	C
7	窗框对角线长度差	7.1.3	8.5	C
8	抗风压性能	7.1.4	8.9	B
9	气密性能	7.1.5	8.10	B
10	耐火性能	7.1.6	8.13	A

表 7　活动式防火窗附加检验项目

序号	检验项目	要求条款	试验方法条款	不合格分类
1	热敏感元件的静态动作温度	7.2.1	8.4	A
2	活动窗扇高度公差	7.2.2	8.6	C
3	活动窗扇宽度公差	7.2.2	8.6	C
4	活动窗扇框架厚度公差	7.2.2	8.6	C
5	活动窗扇对角线长度差	7.2.2	8.6	C
6	活动窗扇与窗框的搭接宽度偏差	7.2.2	8.7	C
7	活动窗扇扭曲度	7.2.2	8.8	C
8	窗扇关闭可靠性	7.2.3	8.11	A
9	窗扇自动关闭时间	7.2.4	8.12	A

五、《擦窗机》GB 19154—2003

5.6.7 台车抗倾覆系数不应小于 2，其值按公式（2）计算：

$$S = M_1/M_2 \geqslant 2 \tag{2}$$

式中：S——抗倾覆系数；

M_1——抗倾覆力矩，N·m；

M_2——最大倾覆力矩，N·m。

5.8 卷扬式起升机构

5.8.1 禁止使用摩擦传动、带传动和离合器。

5.8.2 每个吊点必须设置二根独立的钢丝绳。当其中一根失效时，保证吊船不发生倾斜和坠落。

5.8.3 必须设置手动升降机构。当停电或电源故障时，作业人员能安全撤离。

5.8.4 必须设置限位保护装置，当吊船到达上下极限位置时应能立即停止。

5.8.6 制动器的要求如下：

a）卷扬式起升机构必须配备两套制动器，主制动器和后备制动器。每套制动器均能使 125％额定载重量及钢丝绳工作长度全部放出的重量的吊船停住。

b）主制动器应为常闭式，在停电和紧急状态下，应能手动打开制动器。后备制动器（或超速保护装置）必须独立于主制动器，在主制动器失效时能使吊船在 1m 的距离内可靠停住。

5.8.7 卷筒的要求如下：

d）必须设置钢丝绳的防松装置，当钢丝绳发生松弛、乱绳、断绳时，卷筒应立即停止转动；

5.11.9 吊船底部必须设置防撞杆。

5.11.10 吊船上必须设有超载保护装置，当工作载重量超过额定载重量 25％时，能制止吊船运动。

5.12.2 钢丝绳安全系数不应小于 9，其值按公式（3）计算：

$$n = S_1 a/w \tag{3}$$

式中：n——安全系数；

　　　S_1——单根钢丝绳最小破断拉力，kN；

　　　a——工作钢丝绳根数；

　　　w——总载重量（额定载重量、钢丝绳和吊船自重所产生的重力之和），kN。

5.12.4　钢丝绳绳端固定必须符合 GB 5144—1994 中 5.2.4 的规定。

5.13.2　主电路相间绝缘电阻不小于 0.5MΩ，电气线路绝缘电阻不小于 2MΩ。

5.13.3　擦窗机的主体结构、电机外壳及所有电气设备的金属外壳及金属护套必须可靠接地，接地电阻不大于 4Ω。在接地处必须有接地标志。

5.13.6　必须保证擦窗机轨道与建筑避雷系统间的有效连接。

5.13.7　电气系统必须设置过载、短路、漏电等保护装置。

5.13.9　必须设置在紧急状态下能切断主电源控制回路的急停按钮，该电路独立于各控制电路。急停按钮为红色并有明显的"急停"标记，不能自动复位。

5.15.5　为防止液压缸因管路破裂、泄漏而导致超速下降或坠毁，在液压系统中必须设平衡阀和液压锁。平衡阀、液压锁必须直接装在液压缸上。

5.16.3　插杆装置的预埋件及连接件的强度必须按抗倾覆系数不小于 3 设计。

5.17.2　安全锁必须符合 GB 19155—2003 中 5.4.5 的规定。

5.17.3　爬升式起升机构必须设置独立的工作钢丝绳和安全钢丝绳，在工作钢丝绳失效时，保证吊船不坠落。

第十篇　玻璃与幕墙

一、《平板玻璃》GB 11614—2009

5.2 尺寸偏差

平板玻璃应切裁成矩形，其长度和宽度的尺寸偏差应不超过表2规定。

表2 尺寸偏差 单位为毫米

公称厚度	尺寸偏差	
	尺寸≤3000	尺寸＞3000
2～6	±2	±3
8～10	+2，−3	+3，−4
12～15	±3	±4
19～25	±5	±5

5.3 对角线差

平板玻璃对角线差应不大于其平均长度的0.2%。

5.4 厚度偏差和厚薄差

平板玻璃的厚度偏差和厚薄差应不超过表3规定。

表3 厚度偏差和厚薄差 单位为毫米

公称厚度	厚度偏差	厚 薄 差
2～6	±0.2	0.2
8～12	±0.3	0.3
15	±0.5	0.5
19	±0.7	0.7
22～25	±1.0	1.0

5.5 外观质量

5.5.1 平板玻璃合格品外观质量应符合表4的规定。

表 4　平板玻璃合格品外观质量

缺陷种类	质 量 要 求		
点状缺陷[a]	尺寸(L)/mm	允许个数限度	
	0.5≤L≤1.0	2×S	
	1.0<L≤2.0	1×S	
	2.0<L≤3.0	0.5×S	
	L≤3.0	0	
点状缺陷密集度	尺寸≥0.5mm 的点状缺陷最小间距不小于 300mm；直径 100mm 圆内尺寸≥0.3mm 的点状缺陷不超过 3 个		
线道	不允许		
裂纹	不允许		
划伤	允许范围	允许条数限度	
	宽≤0.5mm，长≤60mm	3×S	
光学变形	公称厚度	无色透明平板玻璃	本体着色平板玻璃
	2mm	≥40°	≥40°
	3mm	≥45°	≥40°
	≥4mm	≥50°	≥45°
断面缺陷	公称厚度不超过 8mm 时，不超过玻璃板的厚度；8mm 以上时，不超过 8mm		

注：S 是以平方米为单位的玻璃板面积数值，按 GB/T 8170 修约，保留小数点
　　后两位。点状缺陷的允许个数限度及划伤的允许条数限度为各系数与 S 相
　　乘所得的数值，按 GB/T 8170 修约至整数。

a　光畸变点视为 0.5～1.0mm 的点状缺陷

5.5.2　平板玻璃一等品外观质量应符合表 5 的规定。

表 5　平板玻璃一等品外观质量

缺陷种类	质 量 要 求	
点状缺陷[a]	尺寸(L)/mm	允许个数限度
	0.3≤L≤0.5	2×S
	0.5<L≤1.0	0.5×S
	1.0<L≤1.5	0.2×S
	L>1.5	0

续表5

缺陷种类	质 量 要 求		
点状缺陷 密集度	尺寸≥0.3mm 的点状缺陷最小间距不小于 300mm；直径 100mm 圆内尺寸≥0.2mm 的点状缺陷不超过 3 个		
线道	不允许		
裂纹	不允许		
划伤	允许范围		允许条数限度
	宽≤0.2mm，长≤40mm		2×S
光学变形	公称厚度	无色透明平板玻璃	本体着色平板玻璃
	2mm	≥50°	≥45°
	3mm	≥55°	≥50°
	4~12mm	≥60°	≥55°
	≥15mm	≥55°	≥50°
断面缺陷	公称厚度不超过 8mm 时，不超过玻璃板的厚度；8mm 以上时， 不超过 8mm		
注：S 是以平方米为单位的玻璃板面积数值，按 GB/T 8170 修约，保留小数点 　　后两位。点状缺陷的允许个数限度及划伤的允许条数限度为各系数与 S 相 　　乘所得的数值，按 GB/T 8170 修约至整数。			
a　点状缺陷中不允许有光畸变点			

5.5.3 平板玻璃优等品外观质量应符合表 6 的规定。

表6 平板玻璃优等品外观质量

缺陷种类	质 量 要 求	
点状缺陷[a]	尺寸（L）/mm	允许个数限度
	0.3≤L≤0.5	1×S
	0.5<L≤1.0	0.2×S
	L>1.0	0
点状缺陷 密集度	尺寸≥0.3mm 的点状缺陷最小间距不小于 300mm；直径 100mm 圆内尺寸≥0.1mm 的点状缺陷不超过 3 个	
线道	不允许	

续表6

缺陷种类	质 量 要 求		
裂纹	不允许		
划伤	允许范围		允许条数限度
	宽≤0.1mm，长≤30mm		2×S
光学变形	公称厚度	无色透明平板玻璃	本体着色平板玻璃
	2mm	≥50°	≥50°
	3mm	≥55°	≥50°
	4~12mm	＞60°	≥55°
	≥15mm	≥55°	≥50°
断面缺陷	公称厚度不超过8mm时，不超过玻璃板的厚度；8mm以上时，不超过8mm		
注：S是以平方米为单位的玻璃板面积数值，按GB/T 8170修约，保留小数点后两位。点状缺陷的允许个数限度及划伤的允许条数限度为各系数与S相乘所得的数值，按GB/T 8170修约至整数。			
a　点状缺陷中不允许有光畸变点。			

5.6　弯曲度

平板玻璃弯曲度应不超过0.2%。

二、《贴膜玻璃》JC 846—2007

5.2.5　双轮胎冲击性能

试验后试样应满足下列a）或b）的要求：

a）试样不破坏；

b）若试样破坏，产生的裂口不可使直径76mm的球在25N的最大排力下通过。冲击后3min内剥落的碎片的总质量不得大于相当于试样100cm² 面积的质量，最大剥落碎片的质量不得大于相当于试样44cm² 面积的质量。

5.2.6　抗冲击性

试验后试样应满足下列a）或b）的要求：

a）试样不破坏；

b）若试样破坏，钢球不得穿透试样。

5块或5块以上试样符合时为合格；3块或3块以下试样符合时为不合格。当4块试样符合时，应再追加6块新试样6块全部符合要求时合格。

5.2.7　耐辐照性

试验后试样应同时满足下列要求：

a）试样不可产生气泡，不可产生显著变色；膜层经擦拭不可脱色；

b）贴膜层不得产生显著尺寸变化；

c）试样的可见光透射比相对变化率不应大于3%。

3块试样全部符合时为合格；1块符合时为不合格，当2块试样符合时，应再追加3块新试样，3块全部符合要求时合格。

5.2.9　耐酸性

试验后试样应同时满足下列要求：

a）试样不可产生显著变色，膜层经擦拭不可脱色；

b）不得出现脱膜现象；

c）试验前后的可见光透射比差值应不大于4%。

3块试样全部符合时为合格；1块符合时为不合格。当2块试样符合时，应再追加3块新试样，3块全部符合要求时合格。

5.2.10　耐碱性

试验后试样应同时满足下列要求：

a）试样不可产生显著变色，膜层经擦拭不可脱色；

b）不得出现脱膜现象；

c）试验前后的可见光透射比差值应不大于4%。

3块试样全部符合时为合格；1块符合时为不合格。当2块试样符合时，应再追加3块新试样，3块全部符合要求时合格。

5.2.13　耐燃烧性

试验后试样应符合下列a）、b）或c）中任意一条的规定：

a）不燃烧；

b）燃烧，但燃烧速率不大于100mm/min；

c) 如果从试验计时开始，火焰在 60s 内自行熄灭，且燃烧距离不大于 50mm，也被认为满足 b) 条的燃烧速率要求。

5.2.14 粘接强度耐久性

试验后试样的粘接强度应不低于试验前的 90%。

三、《建筑用太阳能光伏夹层玻璃》GB 29551—2013

6.10.2 以试验片为试样

按 7.14.2 进行检验，对于不透光的太阳能光伏夹层玻璃，试验后试样不可产生显著变色、气泡及浑浊现象，对于透光的太阳能光伏夹层玻璃，试验后试样不应产生显著变色、气泡及浑浊现象，且试验前后试样的可见光透射比相对变化率 ΔT 应不大于 3%。

6.19 耐热性

建筑用太阳能光伏夹层玻璃的耐热性采用符合 7.23.1 要求的试验片作为试样，按 7.23 进行检验，试验后允许试样存在裂口，超出边部或裂口 13mm 部分不能产生气泡或其他缺陷。

6.20.2 以试验片为试样

按 7.24.2 进行检验，试验后试样超出原始边 15mm、切割边 25mm、裂口 10mm 部分不能产生气泡或其他外观缺陷。

6.22 耐落球冲击剥离性能

试验后中间层不得断裂、不得因碎片剥离而暴露。

6.23 霰弹袋冲击性能

在每一冲击高度试验后试样均应未破坏和/或安全破坏。

破坏时试样同时符合下列要求为安全破坏：

a) 破坏时允许出现裂缝或开口，但是不允许出现使直径为 76mm 的球在 25N 力作用下通过的裂缝或开口；

b) 冲击后试样出现碎片剥离时，称量冲击后 3min 内从试样上剥离下的碎片。碎片总质量不得超过相当于 100cm² 试样的质量，最大剥离碎片质量应小于 44cm² 面积试样的质量。

II-1 类太阳能光伏夹层玻璃：3 组试样在冲击高度分别为 300mm、750mm 和 1200mm 时冲击后，全部试样未破坏和/或安全破坏。

Ⅱ-2类太阳能光伏夹层玻璃：2组试样在冲击高度分别为300mm和750mm时冲击后，试样未破坏和/或安全破坏。

Ⅲ-类太阳能光伏夹层玻璃，1组试样在冲击高度为300mm时冲击后，试样未破坏和/或安全破坏，但另一组试样在冲击高度为750mm时，任何试样非安全破坏。

四、《建筑用安全玻璃 第1部分：防火玻璃》GB 15763.1—2009

6.3 耐火性能

隔热型防火玻璃（A类）和非隔热型防火玻璃（C类）的耐火性能应满足表6的要求。

表6 防火玻璃的耐火性能

分类名称	耐火极限等级	耐火性能要求
隔热型防火玻璃（A类）	3.00h	耐火隔热性时间≥3.00h，且耐火完整性时间≥3.00h
	2.00h	耐火隔热性时间≥2.00h，且耐火完整性时间≥2.00h
	1.50h	耐火隔热性时间≥1.50h，且耐火完整性时间≥1.50h
	1.00h	耐火隔热性时间≥1.00h，且耐火完整性时间≥1.00h
	0.50h	耐火隔热性时间≥0.50h，且耐火完整性时间≥0.50h
非隔热型防火玻璃（C类）	3.00h	耐火完整性时间≥3.00h，耐火完整性无要求
	2.00h	耐火完整性时间≥2.00h，耐火隔热性无要求
	1.50h	耐火完整性时间≥1.50h，耐火隔热性无要求
	1.00h	耐火完整性时间≥1.00h，耐火隔热性无要求
	0.50h	耐火完整性时间≥0.50h，耐火隔热性无要求

6.6 耐热性能

试验后复合防火玻璃试样的外观质量应符合 6.2 的规定。

6.7 耐寒性能

试验后复合防火玻璃试样的外观质量应符合 6.2 的规定。

6.8 耐紫外线辐照性

当复合防火玻璃使用在有建筑采光要求的场合时，应进行耐紫外线辐照性能测试。

复合防火玻璃试样试验后试样不应产生显著变色、气泡及浑浊现象，且试验前后可见光透射比相对变化率 ΔT 应不大于 10%。

6.9 抗冲击性能

试样试验破坏数应符合 8.3.4 的规定。

单片防火玻璃不破坏是指试验后不破碎；复合防火玻璃不破坏是指试验后玻璃满足下述条件之一：

a）玻璃不破碎；

b）玻璃破碎但钢球未穿透试样。

6.10 碎片状态

每块试验样品在 50mm×50mm 区域内的碎片数应不低于 40 块。允许有少量长条碎片存在，但其长度不得超过 75mm，且端部不是刀刃状；延伸至玻璃边缘的长条形碎片与玻璃边缘形成的夹角不得大于 45°。

9.1 标志

9.1.1 产品标志

每块产品的右下角应有不易擦掉的产品标记、企业名称或商标。

9.1.2 包装标志

每个包装箱上应标明箱内包装产品的种类、规格、耐火极限、数量、收货单位、生产企业名称及地址、出厂日期。并标注"小心轻放、防潮、向上"。

附：

6.2 外观质量

防火玻璃的外观质量应符合表 4 的规定。

表 4 复合防火玻璃的外观质量

缺陷名称	要 求
气泡	直径 300mm 圆内允许长 0.5～1.0mm 的气泡 1 个
胶合层杂质	直径 500mm 圆内允许长 2.0mm 以下的杂质 2 个
划伤	宽度≤0.1mm，长度≤50mm 的轻微划伤，每平方米面积内不超过 4 条
	0.1mm<宽度<0.5mm，长度≤50mm 的轻微划伤，每平方米面积内不超过 1 条
爆边	每米边长允许有长度不超过 20mm、自边部向玻璃表面延伸深度不超过厚度一半的爆边 4 个
叠差、裂纹、脱胶	脱胶、裂纹不允许存在；总叠差不应大于 3mm
注：复合防火玻璃周边 15mm 范围内的气泡、胶合层杂质不作要求	

8.3.4 进行抗冲击性能检验时，如样品破坏不超过一块，则该项目合格；如三块或三块以上样品破坏，则该项目不合格；如果有二块样品破坏，可另取六块备用样品重新试验，如仍出现样品破坏，则该项目不合格。

五、《建筑用安全玻璃 第 2 部分：钢化玻璃》GB 15763.2—2005

5.5 抗冲击性

取 6 块钢化玻璃进行试验，试样破坏数不超过 1 块为合格，多于或等于 3 块为不合格。

破坏数为 2 块时，再另取 6 块进行试验，试样必须全部不被破坏为合格。

表6 钢化玻璃的外观质量

缺陷名称	说　明	允许缺陷数
爆边	每片玻璃每米边长上允许有长度不超过10mm，自玻璃边部向玻璃板表面延伸深度不超过2mm，自板面向玻璃厚度延伸深度不超过厚度1/3的爆边个数	1处
划伤	宽度在0.1mm以下的轻微划伤，每平方米面积内允许存在条数	长度≤100mm时4条
	宽度大于0.1mm的划伤，每平方米面积内允许存在条数	宽度0.1~1mm，长度≤100mm时4条
夹钳印	夹钳印与玻璃边缘的距离≤20mm，边部变形量≤2mm（见图5）	
裂纹、缺角	不允许存在	

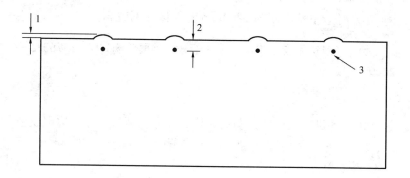

1—边部变形；

2—夹钳印与玻璃边缘的距离；

3—夹钳印

图5　夹钳印示意图

5.6　碎片状态

取4块玻璃试样进行试验，每块试样在任何 50mm×50mm 区域内的最少碎片数必须满足表7的要求。且允许有少量长条形碎片，其长度不超过75mm。

表7　最少允许碎片数

玻璃品种	公称厚度/mm	最少碎片数/片
平面钢化玻璃	3	30
	4～12	40
	≥15	30
曲面钢化玻璃	≥4	30

5.7　霰弹袋冲击性能

取4块平型玻璃试样进行试验,应符合下列1)或2)中任意一条的规定。

1)玻璃破碎时,每块试样的最大10块碎片质量的总和不得超过相当于试样65cm^{2}面积的质量,保留在框内的任何无贯穿裂纹的玻璃碎片的长度不能超过120mm。

2)弹袋下落高度为1200mm时,试样不破坏。

六、《建筑用安全玻璃　第3部分:夹层玻璃》GB 15763.3—2009

6.7　耐热性

按7.8进行检验,试验后允许试样存在裂口,超出边部或裂口13mm部分不能产生气泡或其他缺陷。

6.8　耐湿性

按7.9进行检验,试验后试样超出原始边15mm、切割边25mm、裂口10mm部分不能产生气泡或其他缺陷。

6.9　耐辐照性

按7.10进行检验,试验后试样不可产生显著变色、气泡及浑浊现象,且试验前后试样的可见光透射比相对变化率 ΔT 应不大于3%。

6.10　落球冲击剥离性能

按7.11进行检验,试验后中间层不得断裂、不得因碎片剥离而暴露。

6.11　霰弹袋冲击性能

按 7.12 进行检验，在每一冲击高度试验后试样均应未破坏和/或安全破坏。

破坏时试样同时符合下列要求为安全破坏：

a）破坏时允许出现裂缝或开口，但是不允许出现使直径为 76mm 的球在 25N 力作用下通过的裂缝或开口；

b）冲击后试样出现碎片剥离时，称量冲击后 3min 内从试样上剥离下的碎片。碎片总质量不得超过相当于 $100cm^2$ 试样的质量，最大剥离碎片质量应小于 $44cm^2$ 面积试样的质量。

Ⅱ-1 类夹层玻璃：3 组试样在冲击高度分别为 300mm、750mm 和 1200mm 时冲击后，全部试样未破坏和/或安全破坏。

Ⅱ-2 类夹层玻璃：2 组试样在冲击高度分别为 300mm 和 750mm 时冲击后，试样未破坏和/或安全破坏；但另 1 组试样在冲击高度为 1200mm 时，任何试样非安全破坏。

Ⅲ类夹层玻璃：1 组试样在冲击高度为 300mm 时冲击后，试样未破坏和/或安全破坏，但另 1 组试样在冲击高度为 750mm 时，任何试样非安全破坏。

Ⅰ类夹层玻璃：对霰弹袋冲击性能不做要求。

分级后的夹层玻璃适用场所建议参见附录 A。

附　录　A
（资料性附录）
建筑用安全玻璃使用建议

A.1　范围

本使用建议的目的在于降低建筑用玻璃制品受到冲击时对人体的划伤、扎伤及飞溅等造成的伤害。建筑用安全玻璃在使用时均应满足相关的设计要求和工程技术规范。本建议不适用于特殊专利玻璃制品和温室用玻璃制品。

A. 2　使用场所

A. 2. 1　关键场所

建筑中人体容易撞击且受到伤害的关键场所包括：

a）门及门周围的区域，尤其是易被误认为是门的一些玻璃墙和玻璃隔断；

b）距地面较近的玻璃区（如落地窗等）；

c）浴室、人行通道及建筑中人体容易撞击的其他场所；

d）设计要求和工程技术规范中对人体安全级别有要求的任何场所。

A. 2. 2　关键场所的安全建议

人体撞击建筑中的玻璃制品并受到伤害主要是由于没有足够的安全防护造成。为了尽量减少建筑用玻璃制品在冲击时对人体造成的划伤、割伤等，在建筑中使用玻璃制品时应尽可能的采取下列措施：

a）选择安全玻璃制品时，应充分考虑玻璃的种类、结构、厚度、尺寸，尤其是合理选择安全玻璃制品霰弹袋冲击试验的冲击历程和冲击高度级别等；

b）对关键场所的安全玻璃制品采取必要的其他防护；

c）关键场所的安全玻璃制品应有容易识别的标识。

A. 2. 3　关键场所使用安全玻璃制品的建议（如图 A. 1 所示）

A. 2. 3. 1　门

门中的玻璃制品部分或全部距离地面不超过 1500mm 时：

a）当玻璃制品短边大于 900mm 时，所使用的玻璃制品至少为Ⅱ-2 类；

b）当玻璃制品的短边不大于 900mm 时，所使用的玻璃制品至少为Ⅲ类；

c）当玻璃制品的短边小于或等于 250mm、最大面积不超过 0.5m^2 且公称厚度不小于 6mm 时，可以使用其他玻璃制品。

A. 2. 3. 2　门侧边区域

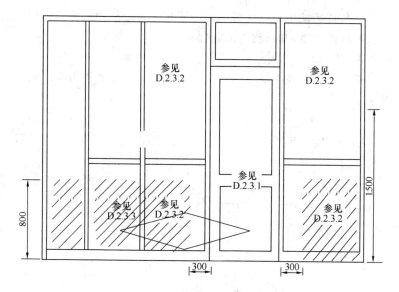

图 A.1 关键场所及安全建议

门侧边区域的部分或全部玻璃制品距离地面不超过 1500mm 且距离门边不超过 300mm 时：

a）当玻璃制品短边大于 900mm 时，所使用的玻璃制品至少为Ⅱ-2 类；

b）当玻璃制品的短边小于或等于 900mm 时，所使用的玻璃制品至少为Ⅲ类；

c）当玻璃制品的短边小于或等于 250mm、最大面积不超过 0.5m² 且公称厚度不小于 6mm 时，可以使用其他玻璃制品。

A.2.3.3 距地面较近的玻璃区

玻璃制品部分或全部距离地面不超过 800mm（非上述 A.2.3.1、A.2.3.2 情况）时，所使用的玻璃制品至少为Ⅲ类。

A.2.3.4 其他场所

在浴室、游泳池等人体容易滑倒的场所及场所周围使用的玻璃制品至少为Ⅲ类；在体育馆等运动场所使用的玻璃制品至少为

Ⅲ类。有特殊使用和设计要求时，应充分考虑霰弹袋冲击历程并采取更高冲击级别的安全玻璃制品。

A. 2. 4　关键场所安全玻璃制品的防护

必要时，建筑中使用的安全玻璃制品应采取防护措施。防护措施应：

a）独立于玻璃制品；

b）能防止直径为 76±1mm 的球冲击玻璃（如图 A. 2 所示）；

c）长度大于 900mm 时能够承受 1350N 的压力、长度小于900mm 时至少能够承受 1100N 的压力，且不断裂、不产生永久性扭曲和不移动。

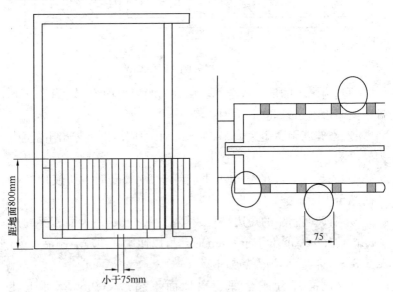

图 A. 2　关键场所安全玻璃制品的防护

A. 2. 5　关键场所的安全玻璃制品的标识

在特定的条件下（如灯光等），在建筑中使用的不易识别的玻璃制品应具有可快速识别且不易擦去的标识。标识位于距离地面 600～900mm 处。

七、 《建筑用安全玻璃　第 4 部分：均质钢化玻璃》GB 15763. 4—2009

5. 5　抗冲击性
应符合 GB 15763. 2 相应条款的规定。

5. 6　碎片状态
应符合 GB 15763. 2 相应条款的规定。

5. 7　霰弹袋冲击性能
应符合 GB 15763. 2 相应条款的规定。

八、《中空玻璃用硅酮结构密封胶》GB 24266—2009

4. 2. 2　密封胶物理力学性能应符合表 1 的规定。

表 1　物理力学性能

序号	项目			技术指标
1	下垂度/mm	垂直	≤	3
		水平		无变形
2	表干时间/h		≤	3
3	挤出性/s		≤	10
4	硬度，邵 A		≤	30～60
5	拉伸粘结性	拉伸粘结强度/MPa	23℃　≥	0.60
			90℃　≥	0.45
			−30℃　≥	0.45
			浸水后　≥	0.45
			水-紫外线光照后　≥	0.45
		粘结破坏面积/%　≤		5
6	伸长率10%时的拉伸模量/MPa		≥	0.15
7	定伸粘结性			定伸25%，无破坏
8	热老化	热失量/%　≤		6.0
		龟裂		无
		粉化		无

九、《建筑用硅酮结构密封胶》GB 16776—2005

5.1 外观

5.1.1 产品应为细腻、均匀膏状物，无气泡、结块、凝胶、结皮，无不易分散的析出物。

5.1.2 双组分产品两组分的颜色应有明显区别。

5.2 物理力学性能

产品物理力学性能应符合表1要求。

表1 产品物理力学性能

序号	项 目			技术指标
1	下垂度	垂直放置/mm		≤3
		水平放置		不变形
2	挤出性ᵃ/s			≤10
3	适用期ᵇ/min			≥20
4	表干时间/h			≤3
5	硬度/Shore A			20~60
6	拉伸粘结性	拉伸粘结强度/MPa	23℃	≥0.60
			90℃	≥0.45
			−30℃	≥0.45
			浸水后	≥0.45
			水-紫外线光照后	≥0.45
		粘结破坏面积/%		≤5
		23℃时最大拉伸强度时伸长率/%		≥100
7	热老化	热失量/%		≤10
		龟裂		无
		粉化		无

a 仅适用于单组分产品。

b 仅适用于双组分产品

5.3 硅酮结构胶与结构装配系统用附件的相容性应符合附录A

规定，硅酮结构胶与实际工程用基材的粘结性应符合附录 B 规定。

十、《干挂石材幕墙用环氧胶粘剂》JC 887—2001

表1　物理力学性能

序号	项 目			技 术 指 标	
				快 固	普 通
4	拉剪强度/MPa 不锈钢—不锈钢　　　　　　　　　≥			8.0	
5	压剪强度/ MPa ≥	石材—石材	标准条件　48h	10.0	
			浸水　168h	7.0	
			热处理80℃,168h	7.0	
			冻融循环　50次	7.0	
		石材—不锈钢	标准条件　48h	10.0	
注：适用期指标也可由供需双方商定。					

十一、《吊挂式玻璃幕墙支承装置》JG 139—2001

5.2.1　吊夹承载力

5.2.1.1　单吊夹的承载力应不小于 2kN。

5.2.1.2　一对双吊夹的承载力应不小于 4kN。

5.2.2　单个吊夹每侧夹板与玻璃间的接触面积不得小于 $20 \times 100mm^2$。

十二、《建筑玻璃应用技术规程》JGJ 113—2009

8.2.2　屋面玻璃必须使用安全玻璃。当屋面玻璃最高点离地面的高度大于 3m 时，必须使用夹层玻璃。用于屋面的夹层玻璃，其胶片厚度不应小于 0.76mm。

9.1.2　地板玻璃必须采用夹层玻璃，点支承地板玻璃必须采用钢化夹层玻璃。钢化玻璃应进行均质处理。

第十一篇　装　　饰

一、《室内装饰装修材料 胶粘剂中有害物质限量》GB 18583—2008

3 要求

3.1 室内建筑装饰装修用胶粘剂分类

室内建筑装饰装修用胶粘剂分为溶剂型、水基型、本体型三大类。

3.2 溶剂型胶粘剂中有害物质限量

溶剂型胶粘剂中有害物质限量值应符合表1的规定。

表1 溶剂型胶粘剂中有害物质限量值

项 目	指 标			
	氯丁橡胶胶粘剂	SBS胶粘剂	聚氨酯类胶粘剂	其他胶粘剂
游离甲醛/(g/kg)	≤0.50		—	—
苯/(g/kg)	≤5.0			
甲苯＋二甲苯/(g/kg)	≤200	≤150	≤150	≤150
甲苯二异氰酸酯/(g/kg)	—		≤10	
二氯甲烷/(g/kg)	总量≤5.0	≤5.0	—	≤50
1,2-二氯乙烷/(g/kg)		总量≤5.0		
1,1,2-三氯乙烷/(g/kg)				
三氯乙烯/(g/kg)				
总挥发性有机物/(g/L)	≤700	≤650	≤700	≤700

注：如产品规定了稀释比例或产品有双组分或多组分组成时，应分别测定稀释剂和各组分中的含量，再按产品规定的配比计算混合后的总量。如稀释剂的使用量为某一范围时，应按照推荐的最大稀释量进行计算

3.3 水基型胶粘剂中有害物质限量值

水基型胶粘剂中有害物质限量值应符合表2的规定。

表2 水基型胶粘剂中有害物质限量值

项 目	指 标				
	缩甲醛类胶粘剂	聚乙酸乙烯酯胶粘剂	橡胶类胶粘剂	聚氨酯类胶粘剂	其他胶粘剂
游离甲醛/(g/kg)	≤1.0	≤1.0	≤1.0	—	≤1.0
苯/(g/kg)	≤0.20				
甲苯＋二甲苯/(g/kg)	≤10				
总挥发性有机物/(g/L)	≤350	≤110	≤250	≤100	≤350

3.4 本体型胶粘剂中有害物质限量值

本体型胶粘剂中有害物质限量值应符合表3的规定。

表3 本体型胶粘剂中有害物质限量值

项 目	指 标
总挥发性有机物/（g/L）	≤100

二、《无声破碎剂》JC 506—2008

5 技术要求

5.1 凝结时间

初凝不得早于10min，终凝不得迟于150min。

5.2 膨胀压

各龄期膨胀压应符合表2数值。

表2 各龄期的膨胀压 单位为兆帕

型号	试验温度（℃）	等级	膨胀压		
			8h	24h	48h
SCA-Ⅰ	35±1	优等品	≥30.0	≥55.0	—
		合格品	≥23.0	≥48.0	
SCA-Ⅱ	25±1	优等品	≥20.0	≥45.0	—
		合格品	≥16.0	≥38.0	

续表2

型号	试验温度（℃）	等级	膨胀压		
			8h	24h	48h
SCA-Ⅲ	10±1	优等品	—	≥25.0	≥35.0
		合格品	—	≥15.0	≥25.0

三、《饰面石材用胶粘剂》GB 24264—2009

表1　水泥基胶粘剂的技术指标　　　单位为兆帕

项　目			普通地面	重负荷地面及墙面
普通型	拉伸粘结强度	≥	0.5	1.0
	浸水后拉伸粘结强度	≥		
	热老化后拉伸粘结强度	≥		
	冻融循环后拉伸粘结强度	≥		
	晾置20min后拉伸粘结强度	≥		
快速硬化型	拉伸粘结强度	≥	0.5	1.0
	早期拉伸粘结强度（24h）	≥		0.5
	浸水后拉伸粘结强度	≥		1.0
	热老化后拉伸粘结强度	≥		
	冻融循环后拉伸粘结强度	≥		
	晾置10min后拉伸粘结强度	≥		0.5

表2　反应型树脂胶粘剂的技术要求

项　目		生　产			安　装	
		复合	增强	组合连接	地面	墙面
压剪粘结强度/MPa	≥	5.0	5.0	10.0	2.0	10.0
浸水后压剪粘结强度/MPa	≥			8.0		8.0
热老化后压剪粘结强度/MPa	≥			8.0		8.0
高低温交变循环后压剪粘结强度/MPa	≥	—	—	—		

续表2

项　目		生　　产			安　装	
		复合	增强	组合连接	地面	墙面
冻融循环后压剪粘结强度/MPa ≥		4.0	4.0	8.0	—	8.0
拉剪粘结强度（石材-金属）/MPa ≥		—	—	8.0	—	8.0
冲击强度/（kJ/m²) ≥		—	—	3.0	—	3.0
弯曲弹性模量/MPa ≥		—	—	2000	—	2000

四、《实体面材》JC 908—2002

6.7　耐燃烧性能

6.7.1　香烟燃烧

样品在与香烟接触过程中，或在此之后，不得有明火燃烧或阴燃。任何形式的损坏不得影响产品的使用性，并可通过研磨剂和抛光剂大致恢复至原状。

6.7.2　阻燃性能

板材的阻燃性能以氧指数评定，即板材的氧指数不小于35。

五、《油漆及清洗用溶剂油》GB 1922—2006

表1　油漆及清洗用溶剂油技术要求

序号	项　目	1号		2号			3号			4号			5号		试验方法
		中芳型	低芳型	普通型	中芳型	低芳型	普通型	中芳型	低芳型	普通型	中芳型	低芳型	中芳型	低芳型	
1	芳烃含量[a]（体积分数）/%	2~8	0~<2	8~22	2~<8	0~<2	8~22	2~<8	0~<2	8~22	2~<8	0~<2	2~8	0~<2	GB/T 1132 SH/T 0166 SH/T 0245 SH/T 0411 SH/T 0693
3	闪点（闭口）/℃不低于	4		38			38			60			65		SH/T 0733[c] GB/T 261

[a]　芳烃的测定可根据馏程选择适当的方法。采用 SH/T 0166、SH/T 0245 和 SH/T 0411 测定时，标准样品按体积百分数配制。有争议时，当芳烃含量（体积分数）大于5%时，采用 GB/T 11132 方法仲裁；当芳烃含量（体积分数）小于5%时，1号采用 SH/T 0166 方法，2号、3号、4号采用 SH/T 0245 方法，5号采用 SH/T 0411 方法仲裁。

[c]　对于预估闪点高于室温10℃以上的样品允许采用 GB/T 261，有争议时采用 SH/T 0733 方法。

六、《普通磨具　安全规则》GB 2494—2003

1　范围

　　本标准规定了磨具的最高工作速度，验收、贮存、安装、使用及对使用设备的安全要求。

　　本标准适用于普通磨具。

2　规范性引用文件

　　下列文件中的条款通过本标准的引用而成为本标准的条款。凡是注日期的引用文件，其随后所有的修改单（不包括勘误的内容）或修订版均不适用于本标准，然而，鼓励根据本标准达成协议的各方研究是否可使用这些文件的最新版本。凡是不注日期的引用文件，其最新版本适用于本标准。

　　GB/T 2493 砂轮的回转试验方法

　　GB 4674 磨削机械安全规程

3　磨具的最高工作速度

　　磨具的最高工作速度按表 1 规定。

表 1

序号	磨具类别	形状代号	最高工作速度/(m/s)				
			陶瓷结合剂	树脂结合剂	橡胶结合剂	菱苦土结合剂	增强树脂结合剂
1	平形砂轮	1	35	40	35	—	—
2	丝锥板牙抛光砂轮	1	—	—	20		
3	石墨抛光砂轮	1		30			
4	镜面磨砂轮	1		25			
5	柔性抛光砂轮	1			23		
6	磨螺纹砂轮	1	50	50			
7	重负荷修磨砂轮		—	50~80			
8	筒形砂轮	2	25	30			

续表1

序号	磨 具 类 别	形状代号	最高工作速度/(m/s)				
			陶瓷结合剂	树脂结合剂	橡胶结合剂	菱苦土结合剂	增强树脂结合剂
9	单斜边砂轮	3	35	40	—	—	—
10	双斜边砂轮	4	35	40	—	—	—
11	单面凹砂轮	5	35	40	35	—	—
12	杯形砂轮	6	30	35	—	—	—
13	双面凹一号砂轮	7	35	40	35	—	—
14	双面凹二号砂轮	8	30	30	—	—	—
15	碗形砂轮	11	30	35	—	—	—
16	碟形砂轮	12a 12b	30	35	—	—	—
17	单面凹带锥砂轮	23	35	40	—	—	—
18	双面凹带锥砂轮	26	35	40	—	—	—
19	钹形砂轮	27	—	—	—	—	60～80
20	砂瓦	31	30	30	—	—	—
21	螺栓紧固平形砂轮	36		35	—	—	—
22	单面凸砂轮	38	35		—	—	—
23	薄片砂轮	41	35	50	50	—	60～80
24	磨转子槽砂轮	41	35	35	—	—	—
25	碾米砂轮	JM1-7	20	20	—	—	—
26	菱苦土砂轮	1、2、2a、2b、2c、2d、6、6a	—	—	—	20～30	—
27	蜗杆砂轮	PMC	35～40	—	—	—	—
28	高速砂轮	—	50～60	50～60	—	—	—
29	磨头	52 53	25	25	—	—	—

续表1

序号	磨 具 类 别	形状代号	最高工作速度/(m/s)				
			陶瓷结合剂	树脂结合剂	橡胶结合剂	菱苦土结合剂	增强树脂结合剂
30	棕刚玉粒度为 F30 及更粗，且硬度等级为 M 及更硬的砂轮	—	35、40、50	35、40、50	—	—	—
31	深切缓进给磨砂轮	1、5、11、12b	35	—	—	—	—

注：特殊最高工作速度的磨具，应按用户要求制造，但必须有醒目标志。

4 磨具的验收和贮存

4.1 磨具出厂前必须经过制造厂的质量检查，合格后方能出厂。

4.2 磨具搬运时防止振动与碰撞。

4.5 磨具存放应防潮、防冻。

4.6 树脂、橡胶和菱苦土结合剂磨具应标明生产日期，存放时间超过一年的，应重新进行回转检验，确认合格后使用。

4.7 凡有工作速度要求的磨具，必须标明最高工作速度。

5 磨具的安装和使用

5.1 使用单位收到磨具后必须仔细检验，察看其是否有裂纹和损伤，用木锤敲击砂轮应发出清脆的声音，在使用前应按 GB/T 2493 规定进行回转检验，未经回转检验的砂轮严禁安装使用。

5.2 磨具的安装、使用及对使用设备的要求按 GB 4674 规定执行。

七、《防静电陶瓷砖》GB 26539—2011

4.2 防静电性能

4.2.1 点对点电阻：$5 \times 10^4 \Omega \sim 1 \times 10^9 \Omega$。

4.2.2 表面电阻：$5 \times 10^4 \Omega \sim 1 \times 10^9 \Omega$。

4.2.3 体积电阻：$5 \times 10^4 \Omega \sim 1 \times 10^9 \Omega$。

4.3 耐用性

按 5.3 规定进行试验，试验后防静电性能应满足 4.2.2 和 4.2.3 中的要求。

附：5.3 耐用性

5.3.1 试样

至少取 2 块整砖进行制样，制取边长为 100mm×100mm 的 8 块试样，按 5.2.3.3.1 规定的进行处理后。再按照 GB/T 3810.7 中有釉砖耐磨性测试方法使试样经受 1500 转数的耐磨试验。

5.3.2 试验步骤

将经过 150° 转数耐磨试验的试样用体积分数为 10% 的盐酸擦清理试验表面，然后立即用流动水冲洗试样，将试样放入烘箱中，在 110±5℃ 下烘 8h 后取出。置于 5.2.1.2 的测试环境条件下保持至少 48h 后，按 5.2.3.4 规定测试表面电阻和体积电阻。

以 8 块试样所测的表面电阻和体积电阻的测量值作为测定结果。

第十二篇　防　　水

一、《高分子防水材料　第 1 部分：片材》GB 18173.1—2012

5　要求

5.1　规格尺寸

片材的规格尺寸及允许偏差如表 2、表 3 所示，特殊规格由供需双方商定。

表 2　片材的规格尺寸

项 目	厚度/mm	宽度/m	长度/m
橡胶类	1.0, 1.2, 1.5, 1.8, 2.0	1.0, 1.1, 1.2	≥20ᵃ
树脂类	＞0.5	1.0, 1.2, 1.5, 3.0, 2.5, 3.0, 4.0, 6.0	

ᵃ　橡胶类片材在每卷 20m 长度中允许有一处接头，且最小块长度应≥3m，并应加长 15cm 备作搭接；树脂类片材在每卷至少 20m 长度内不允许有接头；自粘片材及异型片材每卷 10m 长度内不允许有接头

表 3　允　许　偏　差

项 目	厚　度		宽　度	长　度
允许偏差	＜1.0mm	≥1.0mm	±1%	不允许出现负值
	±10%	±5%		

5.2　外观质量

5.2.1　片材表面应平整，不能有影响使用性能的杂质、机械损伤、折痕及异常粘着等缺陷。

5.2.2　在不影响使用的条件下，片材表面缺陷应符合下列规定：

a) 凹痕深度，橡胶类片材不得超过片材厚度的 20%；树脂类片材不得超过 5%；

b) 气泡深度，橡胶类不得超过片材厚度的 20%，每 $1m^2$ 内气泡面积不得超过 $7mm^2$；树脂类片材不允许有。

5.2.3　异型片表面应边缘整齐、无裂纹、孔洞、粘连、气泡、疤痕及其他机械损伤缺陷。

5.3　物理性能

5.3.1　均质片

均质片的物理性能应符合表 4 的规定。

表 4　均质片的物理性能

项　目		指　　　标									适用试验条目
		硫化橡胶类			非硫化橡胶类			树脂类			
		JL1	JL2	JL3	JF1	JF2	JF3	JS1	JS2	JS3	
拉伸强度/MPa	常温(23℃)≥	7.5	6.0	6.0	4.0	3.0	5.0	10	16	14	6.3.2
	高温(60℃)≥	2.3	2.1	1.8	0.8	0.4	1.0	4	6	5	
拉断伸长率/%	常温(23℃)≥	450	400	300	400	200	200	200	550	500	
	低温(−20℃)≥	200	200	170	200	100	100	—	350	300	
撕裂强度/(kN/m)　≥		25	24	23	18	10	10	40	60	60	6.3.3
不透水性(30min)		0.3 MPa 无渗漏	0.3 MPa 无渗漏	0.2 MPa 无渗漏	0.3 MPa 无渗漏	0.2 MPa 无渗漏	0.2 MPa 无渗漏	0.3 MPa 无渗漏	0.3 MPa 无渗漏	0.3 MPa 无渗漏	6.3.4
低温弯折		−40℃ 无裂纹	−30℃ 无裂纹	−30℃ 无裂纹	−30℃ 无裂纹	−20℃ 无裂纹	−20℃ 无裂纹	−20℃ 无裂纹	−35℃ 无裂纹	−35℃ 无裂纹	6.3.5
加热伸缩量/mm	延伸　≤	2	2	2	2	4	4	2	2	2	6.3.6
	收缩　≤	4	4	4	4	6	10	6	6	6	
热空气老化(80℃×168h)	拉伸强度保持率/%　≥	80	80	80	90	60	80	80	80	80	6.3.7
	拉断伸长率保持率/%　≥	70	70	70	70	70	70	70	70	70	
耐碱性[饱和Ca(OH)₂溶液23℃×168h]	拉伸强度保持率/%　≥	80	80	80	80	70	70	80	80	80	6.3.8
	拉断伸长率保持率/%　≥	80	80	80	90	80	70	80	90	90	

续表4

项目		硫化橡胶类			非硫化橡胶类			树脂类			适用试验条目
		JL1	JL2	JL3	JF1	JF2	JF3	JS1	JS2	JS3	
臭氧老化（40℃×168h）	伸长率40%，500×10^{-8}	无裂纹	—	—	无裂纹	—	—	—	—	—	6.39
	伸长率20%，200×10^{-8}	—	无裂纹	—	—	—	—	—	—	—	
	伸长率20%，200×10^{-8}	—	—	无裂纹	—	无裂纹	无裂纹	—	—	—	
人工气候老化	拉伸强度保持率/%　≥	80	80	80	80	70	80	80	80	80	6.3.10
	拉断伸长率保持率/%　≥	70	70	70	70	70	70	70	70	70	
粘结剥离强度（片材与片材）	标准试验条件/（N/mm）　≥	1.5									6.3.11
	浸水保持率（23℃×168h）/%　≥	70									

注1：人工气候老化和粘结剥离强度为推荐项目。

注2：非外露使用可以不考核臭氧老化、人工气候老化、加热伸缩量、60℃拉伸强度性能

5.3.2　复合片

5.3.2.1　复合片的物理性能应符合表5的规定。

表5　复合片的物理性能

项目		硫化橡胶类 FL	非硫化橡胶类 FF	树脂类		适用试验条目
				FS1	FS2	
拉伸强度/（N/cm）	常温（23℃）　≥	80	60	100	60	6.3.2
	高温（60℃）　≥	30	20	40	30	
拉断伸长率/%	常温（23℃）　≥	300	250	150	400	
	低温（−20℃）　≥	150	50	—	300	

续表5

项 目		指 标				适用试验条目
		硫化橡胶类 FL	非硫化橡胶类 FF	树脂类		
				FS1	FS2	
撕裂强度/N ≥		40	20	20	50	6.3.3
不透水性(0.3MPa，30min)		无渗漏	无渗漏	无渗漏	无渗漏	6.3.4
低温弯折		−35℃ 无裂纹	−20℃ 无裂纹	−30℃ 无裂纹	−20℃ 无裂纹	6.3.5
加热伸缩量/mm	延伸 ≤	2	2	2	2	6.3.6
	收缩 ≤	4	4	2	4	
热空气老化 (80℃×168h)	拉伸强度保持率/% ≥	80	80	80	80	6.3.7
	拉断伸长率保持率/% ≥	70	70	70	70	
耐碱性[饱和Ca(OH)₂溶液 23℃×168h]	拉伸强度保持率/% ≥	80	80	80	80	6.3.8
	拉断伸长率保持率/% ≥	80	60	80	80	
臭氧老化(40℃×168h)，$200×10^{-8}$，伸长率20%		无裂纹	无裂纹	—	—	6.3.9
人工气候老化	拉伸强度保持率/% ≥	80	70	80	80	6.3.10
	拉断伸长率保持率/% ≥	70	70	70	70	
粘结剥离强度(片材与片材)	标准试验条件/(N/mm) ≥	1.5	1.5	1.5	1.5	6.3.11
	浸水保持率(23℃×168h)/% ≥		70		70	
复合强度(FS2型表层与芯层)/MPa ≥		—			0.8	6.3.12

注1：人工气候老化和粘合性能项目为推荐项目。
注2：非外露使用可以不考核臭氧老化、人工气候老化、加热伸缩量、高温(60℃)拉伸强度性能

5.3.2.2 对于聚酯胎上涂覆三元乙丙橡胶的 FF 类片材，拉断伸长率（纵/横）指标不得小于100%，其他性能指标应符合表5的规定。

5.3.2.3 对于总厚度小于 1.0mm 的 FS2 类复合片材，拉伸强度（纵/横）指标常温（23℃）时不得小于 50N/cm，高温（60℃）时不得小于 30N/cm；拉断伸长率（纵/横）指标常温（23℃）时不得小于 100％，低温（－20℃）时不得小于 80％；其他性能应符合表 5 规定值要求。

5.3.3 自粘片

自粘片的主体材料应符合表 4、表 5 中相关类别的要求，自粘层性能应符合表 6 规定。

表 6　自粘层性能

项　　目				指　标	适用试验条目
低温弯折				－25℃无裂纹	6.3.5
持粘性/min			≥	20	6.3.13.1
剥离强度/(N/min)	标准试验条件	片材与片材	≥	0.8	6.3.13.2
		片材与铝板	≥	1.0	
		片材与水泥砂浆板	≥	1.0	
	热空气老化后（80℃×168h）	片材与片材	≥	1.0	
		片材与铝材	≥	1.2	
		片材与水泥砂浆板	≥	1.2	

5.3.4 异型片

异型片的物理性能应符合表 7 规定。

表 7　异型片的物理性能

项　　目		指　标			适用试验条目
		膜片厚度<0.8mm	膜片厚度0.8～1.0mm	膜片厚度≥1.0mm	
拉伸强度/(N/cm)	≥	40	56	72	6.3.2.2
拉断伸长率/％	≥	25	35	50	

续表7

项　　　目		指　　　标			适用试验条目
		膜片厚度<0.8mm	膜片厚度0.8~1.0mm	膜片厚度≥1.0mm	
抗压性能	抗压强度/MPa　≥	100	150	300	6.3.14
	壳体高度压缩50%后外观	无破损			
排水截面积/cm²　　　≥		30			6.3.15
热空气老化(80℃×168h)	抗压强度保持率/%　≥	80			6.3.7
	拉断伸长率保持率/%　　　　　≥	70			
耐碱性[饱和 Ca(OH)₂溶液 23℃×168h]	拉伸强度保持率/%　≥	80			6.3.8
	拉断伸长率保持率/%　　　　　≥	80			
注：壳体形状和高度无具体要求，但性能指标须满足本表规定					

5.3.5　点（条）粘片

点（条）粘片主体材料应符合表4中相关类别的要求，粘接部位的性能应符合表8的规定。

表8　点（条）粘片粘接部位的物理性能

项　　　目	指　　　标			适用试验条目
	DS1/TS1	DS2/TS2	DS3/TS3	
常温(23℃)拉伸强度/(N/cm)　≥	100	60		6.3.2.1.3
常温(23℃)拉断伸长率/%　≥	150	400		
剥离强度/(N/mm)　　　　≥	1			6.3.11

8　标志、包装、运输和贮存

8.1　每一独立包装应有合格证，并注明产品名称、产品标记、商标、生产许可证编号、制造厂名厂址、生产日期、产品标准编号。

8.2　片材卷曲为圆柱形，外用适宜材料包装。

8.3　片材在运输与贮存时，应注意勿使包装损坏，放置于通风、干燥处，贮存垛高不应超过平放五个片材卷高度。堆放时，应放置于干燥的水平地面上，避免阳光直射，禁止与酸、碱、油类及有机溶剂等接触，且隔离热源。

8.4　在遵守8.3规定的条件下，自生产日期起在不超过一年的保存期内产品性能应符合本部分的规定。

二、《高分子防水材料　第4部分：盾构法隧道管片用橡胶密封垫》GB 18173.4—2010

4.1　橡胶密封垫的结构形式、规格尺寸及公差应符合经规定程序批准的图样及技术文件要求。无公差要求时，其允许偏差应符合 GB/T 3672.1—2002 中 E2 级的要求。

4.2　外观质量

橡胶密封垫的外观质量应符合表1的规定。

表1　外　观　质　量

缺陷名称	质　量　要　求	
	工作面a部分	非工作面部分
气泡	直径在 0.50～1.00mm 的气泡，每米不允许超过3处	直径在 1.00～2.00mm 的气泡，每米不允许超过4处
杂质	面积为 2～4mm² 的杂质，每米不允许超过3处	面积为 4～8mm² 的杂质，每米不允许超过3处
接头缺陷	不允许有裂口及"海绵"现象。高度在 1.00～1.50mm 的凸起每米不超过2处	不允许有裂口及"海绵"现象。高度在 1.00～1.50mm 的凸起每米不超过4处

续表1

缺陷名称	质 量 要 求	
	工作面[a]部分	非工作面部分
凹痕	深度不超过 0.50mm、面积 3~8mm² 的凹痕，每米不超过 2 处	深度不超过 1.00mm、面积 5~10mm² 的凹痕，每米不超过 4 处
中孔偏心	中心孔周边对称部位厚度差不应超过 1mm	

    [a]　工作面指管片拼装后密封垫与密封垫之间的接触面及密封垫上与密封垫沟槽的接触面

4.3 物理性能

4.3.1 弹性橡胶密封垫成品的物理性能应符合表2规定。若成品截面构造不具备切片制样的条件，用硫化胶料标准试样测试。

表2　弹性橡胶密封垫成品物理性能

项　　目		指　　标		
		氯丁橡胶	三元乙丙橡胶	
			I 型[a]	II 型[b]
硬度（邵尔 A）/度		50~60	50~60	60~70
硬度偏差/度		±5	±5	±5
拉伸强度/MPa　　　　　≥		10.5	9.5	10
拉断伸长率/%　　　　　≥		350	350	330
压缩永久变形/%	70℃×24$_{-2}^{0}$h，25%　≤	30	25	25
	23℃×72$_{-0}^{0}$h，25%　≤	20	20	15
热空气老化 70℃×96h	硬度变化/度　　　　≤	8	6	6
	拉伸强度降低率/%　≤	20	15	15
	拉断伸长率降低率/%≤	30	30	30
防霉等级		不低于二级	不低于二级	不低于二级

    [a]　I 型为无孔密封垫。

    [b]　II 型为有孔密封垫

4.3.2 遇水膨胀橡胶密封垫胶料的物理性能应符合表3的规定。

成品切片测试时，拉伸强度、拉断伸长率、反复浸水试验中的拉伸强度、拉断伸长率性能指标应达到表 3 规定指标的 80％。

表 3　遇水膨胀橡胶密封垫胶料物理性能

项　　目			技术指标	
拉伸强度/MPa		≥	3.5	3
拉断伸长率/％		≥	450	350
体积膨胀倍率/％		≥	250	400
反复浸水试验	拉伸强度/MPa	≥	3	2
	拉断伸长率/％	≥	350	250
	体积膨胀倍率/％	≥	250	300
低温弯折（−20℃×2h）			无裂纹	无裂纹

4.3.3　复合密封垫弹性橡胶物理性能指标应符合表 2 的规定，遇水膨胀橡胶物理性能指标应符合表 3 的规定。

7.3　产品在运输过程中，应避免重物挤压和过高堆叠；避免阳光直射、雨雪浸淋；不应与有可能对产品造成腐蚀的酸、碱、油及有机溶剂以及尖利物器接触。

7.4　产品应贮存在无阳光直射，温度−15～+35℃，相对湿度不大于 95％的通风良好的仓库内。不允许堆叠过高或重压。

三、《聚氯乙烯（PVC）防水卷材》GB 12952—2011

5.3　材料性能指标

材料性能指标应符合表 2 的规定。

表 2　材料性能指标

序号	项　　目			指　　标				
				H	L	P	G	GL
1	中间胎基上面树脂层厚度/mm		≥	—		0.40		
2	拉伸性能	最大拉力/(N/cm)	≥	—	120	250	—	120
		拉伸强度/MPa	≥	10.0	—	—	10.0	—
		最大拉力时伸长率/％	≥	—	—	15	—	—
		断裂伸长率/％	≥	200	150	—	200	100

续表2

序号	项 目		指 标				
			H	L	P	G	GL
3	热处理尺寸变化率/%	≤	2.0	1.0	0.5	0.1	0.1
4	低温弯折性		—25℃无裂纹				
5	不透水性		0.3MPa，2h不透水				
6	抗冲击性能		0.5kg·m，不透水				
7	抗静态荷载[a]		—	—	20kg不渗水		
8	接缝剥离强度/(N/mm)	≥	4.0 或卷材破坏		3.0		
9	直角撕裂强度/(N/mm)	≥	50	—		50	—
10	梯形撕裂强度/N	≥	—	150	150	—	220
11	吸水率(70℃，168h)/%	浸水后 ≤	4.0				
		晾置后 ≥	—0.40				
12	热老化(80℃)	时间/h	672				
		外观	无起泡、裂纹、分层、粘结和孔洞				
		最大拉力保持率/% ≥	—	85	85	—	85
		拉伸强度保持率/% ≥	85	—	—	85	—
		最大拉力时伸长率保持率/% ≥	—	—	80	—	—
		断裂伸长率保持率/% ≥	80	80	—	80	80
		低温弯折性	—20℃无裂纹				
13	耐化学性	外观	无起泡、裂纹、分层、粘结和孔洞				
		最大拉力保持率/% ≥	—	85	85	—	85
		拉伸强度保持率/% ≥	85	—	—	85	—
		最大拉力时伸长率保持率/% ≥	—	—	80	—	—
		断裂伸长率保持率/% ≥	50	80	—	80	80
		低温弯折性	—20℃无裂纹				

续表2

序号	项　　目		指　　标				
			H	L	P	G	GL
14	人工气候加速老化	时间/h			1500[b]		
		外观		无起泡、裂纹、分层、粘结和孔洞			
		最大拉力保持率/% ≥	—	85	85	—	85
		拉伸强度保持率/% ≥	85	—	—	85	—
		最大拉力时伸长率保持率/% ≥	—	—	80	—	—
		断裂伸长率保持率/% ≥	80	80	—	80	80
		低温弯折性			—20℃无裂纹		

a　抗静态荷载仅对用于压铺屋面的卷材要求。

b　单层卷材屋面使用产品的人工气候加速老化时间为2500h。

c　非外露使用的卷材不要求测定人工气候加速老化

四、《水泥基渗透结晶型防水材料》GB 18445—2012

表1　水泥基渗透结晶型防水涂料

序号	试　验　项　目		性能指标
4	氯离子含量/%	≤	0.10
8	湿基面粘结强度/MPa，28d	≥	1.0
9	砂浆抗渗性能	抗渗压力比（带涂层）/%，28d　　≥	250
		抗渗压力比（去除涂层）/%，28d　　≥	175
10	混凝土抗渗性能	抗渗压力比（带涂层）/%，28d　　≥	250
		抗渗压力比（去除涂层）/%，28d　　≥	175
		带涂层混凝土的第二次抗渗压力/MPa，56d　　≥	0.8

表 2 水泥基渗透结晶型防水剂

序号	试 验 项 目		性能指标
4	氯离子含量/%	≤	0.10
9	抗压强度比/%	7d ≥	100
		28d ≥	100
10	收缩率比/%，28d	≤	125
11	混凝土抗渗性能	抗渗压力比/%，28d ≥	200
		第二次抗渗压力/%，56d ≥	150

五、《热塑性聚烯烃（TPO）防水卷材》GB 27789—2011

5.3 材料性能

材料性能指标应符合表 2 的规定。

表 2 材料性能指标

序号	项 目		指 标		
			H	L	P
1	中间胎基上面树脂层厚度/mm	≥	—	0.40	
2	拉伸性能	最大拉力/(N/cm) ≥	—	200	250
		拉伸强度/MPa ≥	12.0	—	—
		最大拉力时伸长率/% ≥	—	—	15
		断裂伸长率/% ≥	500	250	—
3	热处理尺寸变化率/%	≤	2.0	1.0	0.5
4	低温弯折性		—40℃无裂纹		
5	不透水性		0.3MPa，2h 不透水		
6	抗冲击性能		0.5kg·m，不透水		
7	抗静态荷载[a]		—	—	20kg 不透水
8	接缝剥离强度/(N/mm) ≥		4.0 或卷材破坏	3.0	

续表 2

序号	项目		指标		
			H	L	P
9	直角撕裂强度/(N/mm)	≥	60	—	—
10	梯形撕裂强度/N	≥	—	250	450
11	吸水率(70℃，168h)/%	≤	4.0		
12	热老化（115℃）	时间/h	672		
		外观	无起泡、裂纹、分层、粘结和孔洞		
		最大拉力保持率/% ≥	—	90	90
		拉伸强度保持率/% ≥	90	—	—
		最大拉力时伸长率保持率/% ≥	—	—	90
		断裂伸长率保持率/% ≥	90	90	—
		低温弯折性	−40℃无裂纹		
13	耐化学性	外观	无起泡、裂纹、分层、粘结和孔洞		
		最大拉力保持率/% ≥	—	90	90
		拉伸强度保持率/% ≥	90	—	—
		最大拉力时伸长率保持率/% ≥	—	—	90
		断裂伸长率保持率/% ≥	90	90	—
		低温弯折性	−40℃无裂纹		
14	人工气候加速老化	时间/h	1500[b]		
		外观	无起泡、裂纹、分层、粘结和孔洞		
		最大拉力保持率/% ≥	—	90	90
		拉伸强度保持率/% ≥	90	—	—
		最大拉力时伸长率保持率/% ≥	—	—	90
		断裂伸长率保持率/% ≥	90	90	—
		低温弯折性	−40℃无裂纹		

[a]　抗静态荷载仅对用于压铺屋面的卷材要求。

[b]　单层卷材屋面使用产品的人工气候加速老化时间为2500h

六、《氯化聚乙烯防水卷材》GB 12953—2003

4.3　理化性能

N 类无复合层的卷材理化性能应符合表 2 规定。

L 类纤维单面复合及 W 类织物内增强的卷材应符合表 3 的规定。

表 2　N 类卷材理化性能

序号	项目			Ⅰ型	Ⅱ型
1	拉伸强度/MPa		≥	5.0	8.0
2	断裂伸长率/%		≥	200	300
3	热处理尺寸变化率/%		≤	3.0	纵向 2.5 横向 1.5
4	低温弯折性			−20℃无裂纹	−25℃无裂纹
5	抗穿孔性			不渗水	
6	不透水性			不透水	
7	剪切状态下的粘合性/(N/mm)		≥	3.0 或卷材破坏	
8	热老化处理	外观		无起泡、裂纹、粘结与孔洞	
		拉伸强度变化率/%		+50 −20	±20
		断裂伸长率变化率/%		+50 −30	±20
		低温弯折性		−15℃无裂纹	−20℃无裂纹
9	耐化学侵蚀	拉伸强度变化率/%		±30	±20
		断裂伸长率变化率/%		±30	±20
		低温弯折性		−15℃无裂纹	−20℃无裂纹
10	人工气候加速老化	拉伸强度变化率/%		+50 −20	±20
		断裂伸长率变化率/%		+50 −30	±20
		低温弯折性		−15℃无裂纹	−20℃无裂纹
注：非外露使用可以不考核人工气候加速老化性能					

表3　L类及W类理化性能

序号	项　　目		Ⅰ型	Ⅱ型
1	拉力/(N/cm)	≥	70	120
2	断裂伸长率/%	≥	125	250
3	热处理尺寸变化率/%	≤	1.0	
4	低温弯折性		−20℃无裂纹	−25℃无裂纹
5	抗穿孔性		不渗水	
6	不透水性		不透水	
7	剪切状态下的粘合性/(N/mm) ≥	L类	3.0 或卷材破坏	
		W类	6.0 或卷材破坏	
8	热老化处理	外观	无起泡、裂纹、粘结与孔洞	
		拉力/(N/cm) ≥	55	100
		断裂伸长率/% ≥	100	200
		低温弯折性	−15℃无裂纹	−20℃无裂纹
9	耐化学侵蚀	拉力/(N/cm) ≥	55	100
		断裂伸长率/% ≥	100	200
		低温弯折性	−15℃无裂纹	−20℃无裂纹
10	人工气候加速老化	拉力/(N/cm) ≥	55	100
		断裂伸长率/% ≥	100	200
		低温弯折性	−15℃无裂纹	−20℃无裂纹

注：非外露使用可以不考核人工气候加速老化性能

七、《弹性体改性沥青防水卷材》GB 18242—2008

5.3　材料性能

材料性能应符合表 2 要求。

表 2　材　料　性　能

序号	项目		指标				
			I		II		
			PY	G	PY	G	PYG
1	可溶物含量/(g/m²) ≥	3mm	2100				—
		4mm	2900				—
		5mm	3500				
		试验现象	—	胎基不燃	—	胎基不燃	—
2	耐热性	℃	90		105		
		mm	≤2				
		试验现象	无流淌、滴落				
3	低温柔性/℃		—20		—25		
			无裂缝				
4	不透水性 30min		0.3MPa	0.2MPa	0.3MPa		
5	拉力	最大峰拉力/(N/50mm) ≥	500	350	800	500	900
		次高峰拉力/(N/50mm) ≥	—	—	—	—	800
		试验现象	拉伸过程中，试件中部无沥青涂盖层开裂或与胎基分离现象				
6	延伸率	最大峰时延伸率/% ≥	30		40		
		第二峰时延伸率/% ≥	—		—		15
7	浸水后质量增加/% ≤	PE、S	1.0				
		M	2.0				

续表 2

序号	项 目			指 标				
				I		Ⅱ		
				PY	G	PY	G	PYG
8	热老化	拉力保持率/% ≥		90				
		延伸率保持率/% ≥		80				
		低温柔性/℃		−15		−20		
				无裂缝				
		尺寸变化率/% ≤		0.7	—	0.7	—	0.3
		质量损失/% ≤		1.0				
9	渗油性	张数 ≤		2				
10	接缝剥离强度/(N/mm) ≥			1.5				
11	钉杆撕裂强度[a]/N ≥							300
12	矿物粒料粘附性[b]/g ≤			2.0				
13	卷材下表面沥青涂盖层厚度[c]/mm ≥			1.0				
14	人工气候加速老化	外观		无滑动、流淌、滴落				
		拉力保持率/% ≥		80				
		低温柔性/℃		−15		−20		
				无裂缝				

a 仅适用于单层机械固定施工方式卷材。
b 仅适用于矿物粒料表面的卷材。
c 仅适用于热熔施工的卷材

8.1 标志

卷材外包装上应包括:

——生产厂名、地址；

——商标；

——产品标记；

——能否热熔施工；

——生产日期或批号；

——检验合格标识；

——生产许可证号及其标志。

八、《自粘聚合物改性沥青防水卷材》GB 23441—2009

4.3 物理力学性能

4.3.1 N类卷材物理力学性能应符合表3规定。

表3 N类卷材物理力学性能

序号	项 目			指 标				
				PE		PET		D
				I	II	I	II	
1	拉伸性能	拉力/(N/50mm)	≥	150	200	150	200	—
		最大拉力时延伸率/%	≥	200		30		—
		沥青断裂延伸率/%	≥	250		150		450
		拉伸时现象		拉伸过程中，在膜断裂前无沥青涂盖层与膜分离现象				—
2	钉杆撕裂强度/N		≥	60	110	30	40	—
3	耐热性			70℃滑动不超过2mm				
4	低温柔性/℃			−20	−30	−20	−30	−20
				无裂纹				
5	不透水性			0.2MPa，120min不透水				—
6	剥离强度/(N/mm) ≥	卷材与卷材		1.0				
		卷材与铝板		1.5				
7	钉杆水密性			通过				
8	渗油性/张数		≤	2				

续表 3

序号	项 目		指 标				
			PE		PET		D
			I	II	I	II	
9	持粘性/min ≥		20				
10	热老化	拉力保持率/% ≥	80				
		最大拉力时延伸率/% ≥	200		30		400（沥青层断裂延伸率）
		低温柔性/℃	−18	−28	−18	−28	−18
			无裂纹				
		剥离强度卷材与铝板/(N/mm) ≥	1.5				
11	热稳定性	外观	无起鼓、皱褶、滑动、流淌				
		尺寸变化/% ≤	2				

4.3.2 PY 类卷材物理力学性能应符合表 4 规定。

表 4　PY 类卷材物理力学性能

序号	项 目			指 标	
				I	II
1	可溶物含量/(g/m²) ≥		2.0mm	1300	—
			3.0mm	2100	
			4.0mm	2900	
2	拉伸性能	拉力/(N/50mm) ≥	2.0mm	350	—
			3.0mm	450	600
			4.0mm	450	800
		最大拉力时延伸率(%) ≥		30	40
3	耐热性			70℃无滑动、流淌、滴落	

续表4

序号	项 目		指 标	
			I	II
4	低温柔性/℃		−20	−30
			无裂纹	
5	不透水性		0.3MPa，120min	
			不透水	
6	剥离强度/ (N/mm)≥	卷材与卷材	1.0	
		卷材与铝板	1.5	
7	钉杆水密性		通过	
8	渗油性/张数 ≤		2	
9	持粘性/min ≥		15	
10	热老化	最大拉力时延伸率/% ≥	30	40
		低温柔性/℃	−18	−28
			无裂纹	
		剥离强度 卷材与铝板/(N/mm) ≥	1.5	
		尺寸稳定性/% ≤	1.5	1.0
11	自粘沥青再剥离强度/(N/mm) ≥		1.5	

九、《改性沥青聚乙烯胎防水卷材》GB 18967—2009

5.3 物理力学性能

物理力学性能应符合表2的规定。

表2 物理力学性能

序号	项 目	技术指标				
		T				S
		O	M	P	R	M
1	不透水性	0.4MPa，30min 不透水				

续表 2

序号	项　　目			技术指标				
				T				S
				O	M	P	R	M
2	耐热性/℃			90				70
				无流淌，无起泡				无流淌，无起泡
3	低温柔性/℃			−5	−10	−20	−20	−20
				无裂纹				
4	拉伸性能	拉力/(N/50mm) ≥	纵向	200			400	200
			横向					
		断裂延伸率/% ≥	纵向	120				
			横向					
5	尺寸稳定性	℃		90				70
		% ≤		2.5				
6	卷材下表面沥青涂盖层厚度/mm ≥			1.0				—
7	剥离强度/(N/mm) ≥	卷材与卷材		—				1.0
		卷材与铝板						1.5
8	钉杆水密性			—				通过
9	持粘性/min ≥							15
10	自粘沥青再剥离强度(与铝板)/(N/mm) ≥			—				1.5
11	热空气老化	纵向拉力/(N/50mm) ≥		200			400	200
		纵向断裂延伸率/% ≥		120				
		低温柔性/℃		5	0	−10	−10	−10
				无裂纹				

十、《无机防水堵漏材料》GB 23440—2009

5.2　物理力学性能

产品物理力学性能应符合表 1 的要求。

表 1　物理力学性能

序号	项	目	缓凝型（Ⅰ型）	速凝型（Ⅱ型）
1	凝结时间	初凝/min	≥10	≤5
		终凝/min	≤360	≤10
2	抗压强度/MPa	1h	—	≥4.5
		3d	≥13.0	≥15.0
3	抗折强度/MPa	1h	—	≥1.5
		3d	≥3.0	≥4.0
4	涂层抗渗压力/MPa（7d）		≥0.4	—
	试件抗渗压力/MPa（7d）		≥1.5	
5	粘结强度/MPa（7d）		≥0.6	
6	耐热性（100℃，5h）		无开裂、起皮、脱落	
7	冻融循环（20 次）		无开裂、起皮、脱落	

十一、《建筑防水涂料中有害物质限量》JC 1066—2008

4　要求

4.1　水性建筑防水涂料

水性建筑防水涂料中有害物质含量应符合表2的要求。

表 2　水性建筑防水涂料中有害物质含量

序号	项　　目		含　量	
			A	B
1	挥发性有机化合物(VOC)/(g/L)	≤	80	120
2	游离甲醛/(mg/kg)	≤	100	200
3	苯、甲苯、乙苯和二甲苯总和/(mg/kg)　≤		300	
4	氨/(mg/kg)	≤	500	1000

续表2

序号	项 目		含 量	
			A	B
5	可溶性重金属ª/(mg/kg) ≤	铅 Pb	90	
		镉 Cd	75	
		铬 Cr	60	
		汞 Hg	60	
ª 无色、白色、黑色防水涂料不需测定可溶性重金属				

4.2 反应型建筑防水涂料

反应型建筑防水涂料中有害物质含量应符合表3的要求。

表3   反应型建筑防水涂料中有害物质含量

序号	项 目		含 量	
			A	B
1	挥发性有机化合物(VOC)/(g/L) ≤		50	200
2	苯/(mg/kg) ≤		200	
3	甲苯+乙苯+二甲苯/(g/kg) ≤		1.0	5.0
4	苯酚/(mg/kg) ≤		200	500
5	蒽/(mg/kg) ≤		10	100
6	萘/(mg/kg) ≤		200	500
7	游离 TDIª/(g/kg) ≤		3	7
8	可溶性重金属ᵇ/(mg/kg) ≤	铅 Pb	90	
		镉 Cd	75	
		铬 Cr	60	
		汞 Hg	60	
ª 仅适用于聚氨酯类防水涂料。				
ᵇ 无色、白色、黑色防水涂料不需测定可溶性重金属				

4.3 溶剂型建筑防水涂料

溶剂型建筑防水涂料中有害物质含量应符合表4的要求。

表4 溶剂型建筑防水涂料有害物质含量

序号	项 目		含 量
			B
1	挥发性有机化合物(VOC)/(g/L)	≤	750
2	苯/(g/kg)	≤	2.0
3	甲苯+乙苯+二甲苯/(g/kg)	≤	400
4	苯酚/(mg/kg)	≤	500
5	蒽/(mg/kg)	≤	100
6	萘/(mg/kg)	≤	500
7	可溶性重金属[a]/(mg/kg) ≤	铅 Pb	90
		镉 Cd	75
		铬 Cr	60
		汞 Hg	60
[a] 无色、白色、黑色防水涂料不需测定可溶性重金属			

十二、《软式透水管》JC 937—2004

6 技术要求

6.1 外观

外观应无撕裂、无孔洞、无明显脱纱,钢丝保护材料无脱落,钢丝骨架与管壁联结为一体。

6.2 尺寸偏差

外径尺寸允许偏差应符合表1规定。

表1 外径尺寸允许偏差 单位为毫米

规 格	FH50	FH80	FH100	FH150	FH200	FH250	FH300
外径尺寸允许偏差	±2.0	±2.5	±3.0	±3.5	±4.0	±6.0	±8.0

6.3 构造要求

包括钢丝的直径、间距和保护层厚度应符合表 2 规定。

表 2　构 造 要 求

项　目		规　格						
		FH50	FH80	FH100	FH150	FH200	FH250	FH300
钢丝	直径/mm　≥	1.6	2.0	2.6	3.5	4.5	5.0	5.5
	间距/(圈/m)　≥	55	40	34	25	19	19	17
	保护层厚度/mm　≥	0.30	0.34	0.36	0.38	0.42	0.60	0.60

注：钢丝直径可加大并减少每米的圈数，但应保证能满足表 4 所列耐压扁平率
　　的要求

6.4　滤布性能

滤布性能应符合表 3 规定。

表 3　滤 布 性 能

项　目		性 能 指 标						
		FH50	FH80	FH100	FH150	FH200	FH250	FH300
纵向抗拉强度/(kN/5cm)　≥		1.0						
纵向伸长率/%　≥		12						
横向抗拉强度/(kN/5cm)　≥		0.8						
横向伸长率/%　≥		12						
圆球顶破强度/kN　≥		1.1						
CBR 顶破强力/kN　≥		2.8						
渗透系数 K_{20}/(cm/s)　≥		0.1						
等效孔径 O_{95}/mm		0.06～0.25						

注：圆球顶破强度试验及 CBR 顶破强力试验只需进行其中的一项，FH50 由于
　　滤布面积较小，应采用圆球顶破强度试验；FH80 及以上的建议采用 CBR
　　顶破强力试验

6.5　耐压扁平率

耐压扁平率应符合表 4 规定。

表 4 耐压扁平率 单位为牛顿每米

规 格		FH50	FH80	FH100	FH150	FH200	FH250	FH300
耐压扁平率	1%，≥	400	720	1600	3120	4000	4800	5600
	2%，≥	720	1600	3120	4000	4800	5600	6400
	3%，≥	1480	3120	4800	6400	6800	7200	7600
	4%，≥	2640	4800	6000	7200	8400	8800	9600
	5%，≥	4400	6000	7200	8000	9200	10400	12000

十三、《石油沥青纸胎油毡》GB 326—2007

4.4 物理性能

油毡的物理性能应符合表 2 规定。

表 2 物 理 性 能

项 目		指 标
		Ⅲ 型
单位面积浸涂材料总量/(g/m²)	≥	1000
不透水性	压力/MPa ≥	0.10
	保持时间/min ≥	30
吸水率/%	≤	1.0
耐热度		85±2℃，2h 涂盖层无滑动、流淌和集中性气泡
拉力(纵向)/(N/50mm)	≥	340
柔度		18±2℃，绕 ϕ20mm 棒或弯板无裂纹

第十三篇　防火、灭火与消防

一、《混凝土结构防火涂料》GB 28375—2012

6　技术要求

6.1　防火堤防火涂料的技术要求应符合表1的规定。

表1　防火堤防火涂料的技术要求

序号	检验项目	技 术 指 标	缺陷分类
1	在容器中的状态	经搅拌后呈均匀稠厚流体,无结块	C
2	干燥时间(表干)/h	≤24	C
3	粘结强度/MPa	≥0.15(冻融前)	A
		≥0.15(冻融后)	
4	抗压强度/MPa	≥1.50(冻融前)	B
		≥1.50(冻融后)	
5	干密度/(kg/m³)	≤700	C
6	耐水性/h	≥720,试验后,涂层不开裂、起层、脱落,允许轻微发胀和变色	A
7	耐酸性/h	≥360,试验后,涂层不开裂、起层、脱落,允许轻微发胀和变色	B
8	耐碱性/h	≥360,试验后,涂层不开裂、起层、脱落,允许轻微发胀和变色	B
9	耐曝热性/h	≥720,试验后,涂层不开裂、起层、脱落,允许轻微发胀和变色	B
10	耐湿热性/h	≥720,试验后,涂层不开裂、起层、脱落,允许轻微发胀和变色	B
11	耐冻融循环试验/次	≥15,试验后,涂层不开裂、起层、脱落,允许轻微发胀和变色	B
12	耐盐雾腐蚀性/次	≥30,试验后,涂层不开裂、起层、脱落,允许轻微发胀和变色	B

续表1

序号	检验项目	技术指标	缺陷分类
13	产烟毒性	不低于 GB/T 20285—2006 规定材料产烟毒性危险分级 ZA_1 级	B
14	耐火性能/h	$\geqslant 2.00$（标准升温）	A
		$\geqslant 2.00$（HC升温）	
		$\geqslant 2.00$（石油化工升温）	

注1：A 为致命缺陷，B 为严重缺陷，C 为轻缺陷。
注2：型式检验时，可选择一种升温条件进行耐火性能的检验和判定

6.2 隧道防火涂料的技术要求应符合表2的规定。

表2 隧道防火涂料的技术要求

序号	检验项目	技术指标	缺陷分类
1	在容器中的状态	经搅拌后呈均匀稠厚流体，无结块	C
2	干燥时间（表干）/h	$\leqslant 24$	C
3	粘结强度/MPa	$\geqslant 0.15$（冻融前）	A
		$\geqslant 0.15$（冻融后）	
4	干密度/(kg/m³)	$\leqslant 700$	C
5	耐水性/h	$\geqslant 720$，试验后，涂层不开裂、起层、脱落，允许轻微发胀和变色	A
6	耐酸性/h	$\geqslant 360$，试验后，涂层不开裂、起层、脱落，允许轻微发胀和变色	B
7	耐碱性/h	$\geqslant 360$，试验后，涂层不开裂、起层、脱落，允许轻微发胀和变色	B
8	耐湿热性/h	$\geqslant 720$，试验后，涂层不开裂、起层、脱落，允许轻微发胀和变色	B
9	耐冻融循环试验/次	$\geqslant 15$，试验后，涂层不开裂、起层、脱落，允许轻微发胀和变色	B

续表 2

序号	检验项目	技 术 指 标	缺陷分类
10	产烟毒性	不低于 GB/T 20285—2006 规定产烟毒性危险分级 ZA$_1$ 级	B
11	耐火性能/h	≥2.00(标准升温) ≥2.00(HC 升温) 升温≥1.50，降温≥1.83(RABT 升温)	A

注 1：A 为致命缺陷，B 为严重缺陷，C 为轻缺陷。

注 2：型式检验时，可选择一种升温条件进行耐火性能的检验和判定

8　检验规则

8.1　出厂检验和型式检验

8.1.1　出厂检验

出厂检验项目为在容器中的状态、干燥时间、干密度、耐水性、耐酸性、耐碱性。

8.1.2　型式检验

型式检验项目为本标准规定的全部项目。有下列情形之一时，产品应进行型式检验：

a）新产品投产前或老产品转厂生产时的试制定型鉴定；

b）正式生产后，产品的配方、工艺、原材料有较大改变时；

c）产品停产一年以上恢复生产时；

d）出厂检验结果与上次型式检验结果有较大差异时；

e）正常生产满三年时；

f）国家质量监督部门提出型式检验要求时。

8.2　组批与抽样

8.2.1　组批

组成一个批次的混凝土结构防火涂料应为同一批材料、同一工艺条件下生产的产品。

8.2.2　抽样

样品应从批量基数不少于 2000kg 的产品中随机抽取 200kg。

8.3　判定规则

8.3.1　出厂检验判定

出厂检验项目全部符合本标准要求时，判该批产品合格。出厂检验结果发现不合格的，允许在同批产品中加倍抽样进行复验。复验合格的，判该批产品为合格；复验仍不合格的，则判该批产品为不合格。

8.3.2　型式检验判定

型式检验项目全部符合本标准要求时，判该产品合格。

型式检验项目不应存在致命缺陷（A）。如果检验项目存在严重缺陷（B）和轻缺陷（C），当 B≤1 且 B+C≤3 时，亦可综合判定该产品合格，但结论中需注明缺陷性质和数量。

9　标志、包装、运输和贮存

9.1　产品包装上应注明生产企业名称、地址、产品名称、型号规格、执行标准代号、生产日期或批号、产品保质贮存期等。

二、《钢结构防火涂料》GB 14907—2002

5　技术要求

5.1　一般要求

5.1.1　用于制造防火涂料的原料应不含石棉和甲醛，不宜采用苯类溶剂。

5.1.2　涂料可用喷涂、抹涂、刷涂、辊涂、刮涂等方法中的任何一种或多种方法方便地施工，并能在通常的自然环境条件下干燥固化。

5.1.3　复层涂料应相互配套，底层涂料应能同普通的防锈漆配合使用，或者底层涂料自身具有防锈性能。

5.1.4　涂层实干后不应有刺激性气味。

5.2　性能指标

5.2.1　室内钢结构防火涂料的技术性能应符合表 1 的规定。

表1　室内钢结构防火涂料技术性能

序号	检验项目		技　术　指　标			缺陷分类
			NCB	NB	NH	
1	在容器中的状态		经搅拌后呈均匀细腻状态，无结块	经搅拌后呈均匀液态或稠厚流体状态，无结块	经搅拌后呈均匀稠厚流体状态，无结块	C
2	干燥时间(表干)/h		≤8	≤12	≤24	C
3	外观与颜色		涂层干燥后，外观与颜色同样品相比应无明显差别	涂层干燥后，外观与颜色同样品相比应无明显差别	—	C
4	初期干燥抗裂性		不应出现裂纹	允许出现1~3条裂纹，其宽度应≤0.5mm	允许出现1~3条裂纹，其宽度应≤1mm	C
5	粘结强度/MPa		≥0.20	≥0.15	≥0.04	B
6	抗压强度/MPa		—	—	≥0.3	C
7	干密度/(kg/m³)		—	—	≤500	C
8	耐水性/h		≥24 涂层应无起层、发泡、脱落现象	≥24 涂层应无起层、发泡、脱落现象	≥24 涂层应无起层、发泡、脱落现象	B
9	耐冷热循环性/次		≥15 涂层应无开裂、剥落、起泡现象	≥15 涂层应无开裂、剥落、起泡现象	≥15 涂层应无开裂、剥落、起泡现象	B
10	耐火性能	涂层厚度(不大于)/mm	2.00±0.20	5.0±0.5	25±2	A
		耐火极限(不低于)/h(以 I36b 或 I40b 标准工字钢梁作基材)	1.0	1.0	2.0	

注：裸露钢梁耐火极限为15min(I36b、I40b 验证数据)，作为表中0mm涂层厚度耐火极限基础数据

5.2.2　室外钢结构防火涂料的技术性能应符合表 2 的规定。

表 2　室外钢结构防火涂料技术性能

序号	检验项目	技术指标			缺陷分类
		WCB	WB	WH	
1	在容器中的状态	经搅拌后细腻状态，无结块	经搅拌后呈均匀液态或稠厚流体状态，无结块	经搅拌后呈均匀稠厚流体状态，无结块	C
2	干燥时间（表干）/h	≤8	≤12	≤24	C
3	外观与颜色	涂层干燥后，外观与颜色同样品相比应无明显差别	涂层干燥后，外观与颜色同样品相比应无明显差别	—	C
4	初期干燥抗裂性	不应出现裂纹	允许出现 1～3 条裂纹，其宽度应 ≤0.5mm	允许出现 1～3 条裂纹，其宽度应 ≤1mm	C
5	粘结强度/MPa	≥0.20	≥0.15	≥0.04	B
6	抗压强度/MPa	—	—	≥0.5	C
7	干密度/(kg/m³)	—	—	≤650	C
8	耐曝热性/h	≥720 涂层应无起层、脱落、空鼓、开裂现象	≥720 涂层应无起层、脱落、空鼓、开裂现象	≥720 涂层应无起层、脱落、空鼓、开裂现象	B
9	耐湿热性/h	≥504 涂层应无起层、脱落现象	≥504 涂层应无起层、脱落现象	≥504 涂层应无起层、脱落现象	B
10	耐冻融循环性/次	≥15 涂层应无开裂、脱落、起泡现象	≥15 涂层应无开裂、脱落、起泡现象	≥15 涂层应无开裂、脱落、起泡现象	B

续表 2

序号	检验项目		技 术 指 标			缺陷分类
			WCB	WB	WH	
11	耐酸性/h		≥360 涂层应无起层、脱落、开裂现象	≥360 涂层应无起层、脱落、开裂现象	≥360 涂层应无起层、脱落、开裂现象	B
12	耐碱性/h		≥360 涂层应无起层、脱落、开裂现象	≥360 涂层应无起层、脱落、开裂现象	≥360 涂层应无起层、脱落、开裂现象	B
13	耐盐雾腐蚀性/次		≥30 涂层应无起泡,明显的变质、软化现象	≥30 涂层应无起泡,明显的变质、软化现象	≥30 涂层应无起泡,明显的变质、软化现象	B
14	耐火性能	涂层厚度(不大于)/mm	2.00±0.20	5.0±0.5	25±2	A
		耐火极限(不低于)/h(以 I36b 或 I40b 标准工字钢梁作基材)	1.0	1.0	2.0	

注：裸露钢梁耐火极限为 15min(I36b、I40b 验证数据)，作为表中 0mm 涂层厚度耐火极限基础数据。耐久性项目(耐曝热性、耐湿热性、耐冻融循环性、耐酸性、耐碱性、耐盐雾腐蚀性)的技术要求除表中规定外，还应满足附加耐火性能的要求，方能判定该对应项性能合格。耐酸性和耐碱性可仅进行其中一项测试

7　检验规则

7.1　检验分类

检验分出厂检验和型式检验。

7.1.1　出厂检验

检验项目为外观与颜色、在容器中的状态、干燥时间、初期干燥抗裂性、耐水性、干密度、耐酸性或耐碱性（附加耐火性能除外）。

7.1.2 型式检验

检验项目为本标准规定的全部性能指标。有下列情形之一时，产品应进行型式检验。型式检验被抽样品应从分别不少于 1000kg（超薄型）、2000kg（薄型）、3000kg（厚型）的产品中随机抽取超薄型 100kg、薄型 200kg、厚型 400kg。

a）新产品投产或老产品转厂生产时试制定型鉴定；

b）正式生产后，产品的配方或所用原材料有较大改变时；

c）正常生产满 3 年时；

d）产品停产一年以上恢复生产时；

e）出厂检验结果与上次例行试验有较大差异时；

f）国家质量监督机构或消防监督部门提出例行检验的要求时。

7.2 组批与抽样

7.2.1 组批

组成一批的钢结构防火涂料应为同一批材料、同一工艺条件下生产的产品。

7.2.2 抽样

抽样按 GB 3186—1982 第 3 章的规定进行。

7.3 判定规则

7.3.1 钢结构防火涂料的检验结果，各项性能指标均符合本标准要求时，判该产品质量合格。

7.3.2 钢结构防火涂料除耐火性能（不合格属 A，不允许出现）外，理化性能尚有严重缺陷（B）和轻缺陷（C），当室内防火涂料的 B≤1 且 B+C≤3，室外防火涂料的 B≤2 且 B+C≤4 时，亦可综合判定该产品质量合格，但结论中需注明缺陷性质和数量。

三、《饰面型防火涂料》GB 12441—2005

4.2 技术要求

饰面型防火涂料技术要求应符合表1的规定要求。

表1 饰面型防火涂料技术指标

序号	项 目		技 术 指 标	缺陷类别
1	在容器中的状态		无结块，搅拌后呈均匀状态	C
2	细度/μm		≤90	C
3	干燥时间	表干/h	≤5	C
		实干/h	≤24	
4	附着力/级		≤3	A
5	柔韧性/mm		≤3	B
6	耐冲击性/cm		≥20	B
7	耐水性/h		经24h试验，不起皱，不剥落，起泡在标准状态下24h能基本恢复，允许轻微失光和变色	B
8	耐湿热性/h		经48h试验，涂膜无起泡、无脱落，允许轻微失光和变色	B
9	耐燃时间/min		≥15	A
10	火焰传播比值		≤25	A
11	质量损失/g		≤5.0	A
12	炭化体积/cm³		≤25	A

四、《防火封堵材料》GB 23864—2009

5 要求

5.1 燃烧性能

5.1.1 除无机堵料外，其他封堵材料的燃烧性能应满足5.1.2～5.1.4的规定。燃烧性能缺陷类别为A类。

5.1.2 阻火包用织物应满足：损毁长度不大于150mm，续燃时间不大于5s，阴燃时间不大于5s，且燃烧滴落物未引起脱脂棉燃烧或阴燃。

5.1.3　柔性有机堵料和防火密封胶的燃烧性能不低于 GB/T 2408—2008 规定的 HB 级；泡沫封堵材料的燃烧性能应满足：平均燃烧时间不大于 30s，平均燃烧高度不大于 250mm。

5.1.4　其他封堵材料的燃烧性能不低于 GB/T 2408—2008 规定的 V-0 级。

5.2　耐火性能

5.2.1　防火封堵材料的耐火性能按耐火时间分为：1h、2h、3h 三个级别，耐火性能的缺陷类别为 A 类。

5.2.2　防火封堵材料的耐火性能应符合表 1 的规定。

表 1　防火封堵材料的耐火性能技术要求　单位为小时

序号	技术参数	耐　火　极　限		
		1	2	3
1	耐火完整性	≥1.00	≥2.00	≥3.00
2	耐火隔热性	≥1.00	≥2.00	≥3.00

5.3　理化性能

5.3.1　柔性有机堵料、无机堵料、阻火包、阻火模块、防火封堵板材和泡沫封堵材料的理化性能应符合表 2 的规定。

表 2　柔性有机堵料等防火封堵材料的理化性能技术要求

序号	检验项目	技术指标						缺陷分类
		柔性有机堵料	无机堵料	阻火包	阻火模块	防火封堵板材	泡沫封堵材料	
1	外观	胶泥状物体	粉末状固体，无结块	包体完整，无破损	固体，表面平整	板材，表面平整	液体	C
2	表观密度/（kg/m³）	≤2.0×10³	≤2.0×10³	≤1.2×10³	≤2.0×10³	—	≤1.0×10³	C

续表 2

序号	检验项目	技术指标						缺陷分类
		柔性有机堵料	无机堵料	阻火包	阻火模块	防火封堵板材	泡沫封堵材料	
3	初凝时间/min	—	$10{\leqslant}t$ $\leqslant45$	—	—	—	$t{\leqslant}15$	B
4	抗压强度/MPa	—	$0.8{\leqslant}R$ $\leqslant6.5$	—	$R{\geqslant}0.10$	—	—	B
5	抗弯强度/MPa	—	—	—	—	${\geqslant}0.10$	—	B
6	抗跌落性	—	—	包体无破损	—	—	—	B
7	腐蚀性/d	${\geqslant}7$,不应出现锈蚀、腐蚀现象	${\geqslant}7$,不应出现锈蚀、腐蚀现象	—	${\geqslant}7$,不应出现锈蚀、腐蚀现象	—	${\geqslant}7$,不应出现锈蚀、腐蚀现象	B
8	耐水性/d	${\geqslant}3$,不溶胀、不开裂;阻火包内装材料无明显变化,包体完整,无破损						B
9	耐油性/d	${\geqslant}3$,不溶胀、不开裂;阻火包内装材料无明显变化,包体完整,无破损						C
10	耐湿热性/h	${\geqslant}120$,不开裂、不粉化;阻火包内装材料无明显变化						B
11	耐冻融循环/次	${\geqslant}15$,不开裂、不粉化;阻火包内装材料无明显变化						B
12	膨胀性能/%	—	—	${\geqslant}150$	${\geqslant}120$	—	${\geqslant}150$	B

注：抗压强度指标弹性阻火模块除外

5.3.2　缝隙封堵材料和防火密封胶的理化性能应符合表 3 的规定。

表 3　缝隙封堵材料和防火密封胶的理化性能技术要求

序号	检验项目	技术指标		缺陷分类
		缝隙封堵材料	防火密封胶	
1	外观	柔性或半硬质固体材料	液体或膏状材料	C
2	表观密度/（kg/m³）	$\leqslant 1.6 \times 10^3$	$\leqslant 2.0 \times 10^3$	C
3	腐蚀性/d	—	$\geqslant 7$，不应出现锈蚀、腐蚀现象	B
4	耐水性/d	$\geqslant 3$，不溶胀、不开裂		B
5	耐碱性/d			B
6	耐酸性/d			C
7	耐湿热性/h	$\geqslant 360$，不开裂、不粉化		B
8	耐冻融循环/次	$\geqslant 15$，不开裂、不粉化		B
9	膨胀性能/%	$\geqslant 300$		B

注：膨胀性能指标玻璃幕墙用弹性防火密封胶除外

5.3.3　阻火包带的理化性能应符合表 4 的规定。

表 4　阻火包带的理化性能技术要求

序号	检验项目	技术指标	缺陷分类
1	外观	带状软质卷材	C

续表 4

序号	检 验 项 目		技 术 指 标	缺陷分类
2	表观密度/（kg/m³）		≤1.6×10³	C
3	耐水性/d			B
4	耐碱性/d		≥3，不溶胀、不开裂	B
5	耐酸性/d			C
6	耐湿热性/h		≥120，不开裂、不粉化	B
7	耐冻融循环/次		≥15，不开裂、不粉化	B
8	膨胀性能/（mL/g）	未浸水（或水泥浆）		B
		浸入水中 48h 后	≥10	
		浸入水泥浆中 48h 后		

7　检验规则

7.1　本标准规定的耐火性能、燃烧性能及所有的理化性能技术指标均为型式检验项目。

7.2　有下列情形之一时，产品应进行型式检验：

　　a）新产品投产或某产品转厂生产的试制鉴定；

　　b）正式生产后，产品的原材料、配方、生产工艺有较大改变时或正常生产满三年时；

　　c）产品停产一年以上，恢复生产时；

　　d）出厂检验结果与上次型式检验有较大差异时；

　　e）国家质量监督机构提出要求时。

7.3　本标准中所规定的外观、表观密度、初凝时间、抗跌落性、膨胀性能、耐水性、耐油性、耐碱性、燃烧性能等为出厂检验项目。

8　综合判定准则

8.1　防火封堵材料所需的样品应从批量产品或使用现场随机抽取。

8.2　防火封堵材料的耐火性能达到某一级（1h、2h、3h）的规定要求，且其他各项性能指标均符合标准要求时，该产品被认定为产品质量某一级合格。

8.3　经检验，该防火封堵材料除耐火性能和燃烧性能（不合格属 A 类缺陷，不允许出现）外，理化性能尚有重缺陷（B 类缺陷）和轻缺陷（C 类缺陷），在满足下列要求时，亦可判定该产品质量某一级合格，但需注明缺陷性质及数量。

　　a）表 2 中所列的防火封堵材料，当 B≤2 或 B+C≤3 时；

　　b）表 3 或表 4 中所列的防火封堵材料，当 B≤1 或 B+C≤2时。

五、《耐火电缆槽盒》GB 29415—2013

5.3　承载能力

　　槽盒制造厂应在技术文件中标明槽盒的额定均布荷载，槽盒在承受额定均匀荷载时的最大挠度与其跨度之比不应大于1/200。

5.4　防护等级

　　槽盒作为铺设电缆及相关连接部件的外壳，其防护等级不应低于 GB 4208—2008 规定的 IP40。

5.5　耐火性能

　　槽盒的耐火性能应符合表 2 的规定。

表 2　槽盒耐火性能分级

耐火性能分级	F1	F2	F3	F4
耐火维持工作时间/min	≥90	≥60	≥45	≥30

7　检验规则

7.1　出厂检验

　　第 5 章规定的要求项目中，5.1 为全检项目，应对槽盒产品逐件进行检验，5.2～5.5 为抽样检验项目，生产厂应制定具体抽样检验方案。

7.2　型式检验

7.2.1　当出现下列情况之一时，应进行型式检验：

　　a）新产品投产或老产品转厂生产时；

　　b）正式生产后，产品的结构、材料、生产工艺等有较大改变，可能影响产品的质量时；

　　c）产品停产一年以上，恢复生产时；

　　d）发生重大质量事故时；

　　e）产品强制准入制度有要求时；

　　f）质量监督机构依法提出型式检验要求时。

7.2.2　型式检验项目为第 5 章的全部内容。

7.2.3　型式检验抽样在批量生产的相同型号规格的产品中进行，批量基数不少于 30 件，样品数量至少为 2 件。

7.2.4　型式检验项目全部合格，判该批产品为合格。若 5.3.5、4.5.5 中有任一项不合格，判该批产品为不合格。5.1、5.2 项不合格时，可加倍抽样进行复验，若复验合格，判该批产品为合格；若复验仍不合格，则判该批产品为不合格。

六、《磷酸铵盐干粉灭火剂》GB 15060—2002

3　要求

3.1　一般要求

　　用于生产干粉灭火剂的各种原料和添加剂必须对生物无明显毒害。

3.2　技术要求

　　磷酸铵盐干粉灭火剂主要性能应符合表 1 的规定。

表 1

项　　目	技术要求
磷酸二氢铵含量/%	≥75.0

续表1

项　　目		技术要求
松密度/(g/mL)		≥0.80
含水率/%		≤0.25
吸湿率/%		≤3.00
抗结块性(针入度)/mm		≥16.0
斥水性		无明显吸水，不结块
流动性/s		≤8.0
粒度分布/%	0.250mm	0.0
	0.250～0.125mm	厂方公布值±3.0
	0.125～0.063mm	厂方公布值±6.0
	0.063～0.040mm	厂方公布值±6.0
	底盘	≥45.0
耐低温性/s		≤5.0
电绝缘性/kV		≥5.00
颜色		黄色
灭A类火灾效能		三次灭火试验至少两次灭火成功
灭B类火灾效能		三次灭火试验至少两次灭火成功

5　检验规则

5.1　检验类别与项目

5.1.1　出厂检验

磷酸二氢铵含量、松密度、含水率、吸湿率、抗结块性、斥水性、流动性、粒度分布、耐低温性为出厂检验项目。

5.1.2　型式检验

表1中的全部检验项目为型式检验项目。有下列情况之一时，要进行型式检验。

a) 新产品鉴定或老产品转厂生产时；

　　b）正式生产后，如原料、工艺有较大改变时；

　　c）正式生产时每隔两年的定期检验；

　　d）长期停产、恢复生产时；

　　e）国家质量监督机构提出进行型式检验要求时。

5.2　组、批

批为一次性投料于加工设备制得的均匀物质。

组为在相同的环境条件下，用相同的原料和工艺生产的产品，包括一批或多批。

5.3　抽样

5.3.1　型式检验样品应从出厂检验合格产品中抽样。抽样前应将产品混合均匀，每一项性能在检验前也应将样品混合均匀。

5.3.2　按"组"和"批"抽样，都应随机抽取不小于 30kg 样品。所取的样品必须贮存于洁净、干燥、密封的专用容器内。

5.4　检验结果判定：出厂检验、型式检验结果必须符合第 3 章规定的技术要求，如有一项不符合要求，则判为不合格产品。

七、《泡沫灭火剂》GB 15308—2006

4　要求

4.1　一般要求

4.1.1　如果泡沫液适用于海水，用海水配制的泡沫溶液浓度应与用淡水配制泡沫溶液的浓度相同。

4.1.2　泡沫液和泡沫溶液的组分在生产和应用过程中，应对环境无污染，对生物无明显毒性。

4.2　技术要求

4.2.1　低倍泡沫液

4.2.1.1　低倍泡沫液和泡沫溶液的物理、化学、泡沫性能应符合表 1 的要求。

表 1　低倍泡沫液和泡沫溶液的物理、化学、泡沫性能

项目	样品状态	要求	不合格类型	备注
凝固点	温度处理前	在特征值 $_{-4}^{0}$ 之内	C	
抗冻结、融化性	温度处理前、后	无可见分层和非均相	B	
沉淀物/%（体积分数）	老化前	≤0.25；沉淀物能通过 $180\mu m$ 筛	C	蛋白型
	老化后	≤1.0；沉淀物能通过 $180\mu m$ 筛	C	
比流动性	温度处理前、后	泡沫液流量不小于标准参比液的流量或泡沫液的黏度值不大于标准参比液的黏度值	C	
pH 值	温度处理前、后	6.0～9.5	C	
表面张力/（mN/m）	温度处理前	与特征值的偏差[a] 不大于10%	C	成膜型
界面张力/（mN/m）	温度处理前	与特征值的偏差不大于1.0mN/m 或不大于特征值的10%，按上述两个差值中较大者判定	C	成膜型
扩散系数/（mN/m）	温度处理前、后	正值	B	成膜型
腐蚀率/[mg/(d·dm²)]	温度处理前	Q235 钢片：≤15.0 LF21 铝片：≤15.0	B	
发泡倍数	温度处理前、后	与特征值的偏差不大于1.0 或不大于特征值的20%，按上述两个差值中较大者判定	B	
25%析液时间/min	温度处理前、后	与特征值的偏差不大于20%	B	

[a] 本标准中的偏差，是指二者差值的绝对值

4.2.1.2 低倍泡沫液对非水溶性液体燃料的灭火性能应符合表2和表3的要求。

表2 低倍泡沫液应达到的最低灭火性能级别

泡沫液类型	灭火性能级别	抗烧水平	不合格类型	成膜性
AFFF/非 AR	I	D	A	成膜型
AFFF/AR	I	A	A	成膜型
FFFP/非 AR	I	B	A	成膜型
FFFP/AR	I	A	A	成膜型
FP/非 AR	II	B	A	非成膜型
FP/AR	II	A	A	非成膜型
P/非 AR	III	B	A	非成膜型
P/AR	III	B	A	非成膜型
S/非 AR	III	D	A	非成膜型
S/AR	III	C	A	非成膜型

表3 各灭火性能级别对应的灭火时间和抗烧时间

灭火性能级别	抗烧水平	缓施放		强施放	
		灭火时间/min	抗烧时间/min	灭火时间/min	抗烧时间/min
I	A	不要求		≤3	≥10
	B	≤5	≥15	≤3	不测试
	C	≤5	≥10	≤3	
	D	≤5	≥5	≤3	
II	A	不要求		≤4	≥10
	B	≤5	≥15	≤4	不测试
	C	≤5	≥10	≤4	
	D	≤5	≥5	≤4	
III	B	≤5	≥15	不测试	
	C	≤5	≥10		
	D	≤5	≥5		

4.2.1.3 温度敏感性的判定

出现表 4 所列情况之一时，该泡沫液即被判定为温度敏感性泡沫液。

表 4 温度敏感性的判定

项目	判定条件
pH 值	温度处理前、后泡沫液的 pH 值偏差（绝对值）大于 0.5
表面张力（成膜型）	温度处理后泡沫溶液的表面张力低于温度处理前的 0.95 倍或高于温度处理前的 1.05 倍
界面张力（成膜型）	温度处理前后的偏差大于 0.5mN/m，或温度处理后数值低于温度处理前的 0.95 倍或高于温度处理前的 1.05 倍，按二者中的较大者判定
发泡倍数	温度处理后的发泡倍数低于温度处理前的 0.85 倍或高于温度处理前的 1.15 倍
25%析液时间	温度处理后的数值低于温度处理前的 0.8 倍或高于温度处理前的 1.2 倍

4.2.2 中、高倍泡沫液

4.2.2.1 中倍泡沫液的性能应符合表 5 的要求。

表 5 中倍泡沫液和泡沫溶液的性能

项目	样品状态	要求	不合格类型	备注
凝固点	温度处理前	在特征值 $_{-4}^{0}$℃之内	C	
抗冻结、融化性	温度处理前、后	无可见分层和非均相	B	
沉淀物/%（体积分数）	老化前	≤0.25，沉淀物能通过 $180\mu m$ 筛	C	
	老化后	≤1.0，沉淀物能通过 $180\mu m$ 筛	C	
比流动性	温度处理前、后	泡沫液流量不小于标准参比液流量，或泡沫液的黏度值不大于标准参比液的黏度值	C	

续表 5

项目	样品状态	要求	不合格类型	备注
pH 值	温度处理前、后	6.0~9.5	C	
表面张力/(mN/m)	温度处理前、后	与特征值的偏差不大于 10%	C	成膜型
界面张力/(mN/m)	温度处理前、后	与特征值的偏差不大于 1.0mN/m 或不大于特征值的 10%，按上述两个差值中较大者判定	C	成膜型
扩散系数/(mN/m)	温度处理前、后	正值	B	成膜型
腐蚀率/[mg/(d·dm²)]	温度处理前	Q235 钢片：≤15.0　LF21 铝片：≤15.0	B	
发泡倍数	温度处理前、后适用淡水	≥50	B	
	温度处理前、后适用海水	特征值小于 100 时，与淡水测试值的偏差不大于 10%；特征值大于等于 100 时，不小于淡水测试值的 0.8 倍、不大于淡水测试值的 1.1 倍		
25% 析液时间/min	温度处理前、后	与特征值的偏差不大于 20%	B	
50% 析液时间/min	温度处理前、后	与特征值的偏差不大于 20%	B	
灭火时间/s	温度处理前、后	≤120	A	
1% 抗烧时间/s	温度处理前、后	≥30	A	

4.2.2.2 高倍泡沫液的性能应符合表 6 的要求。

表 6 高倍泡沫液和泡沫溶液的性能

项目	样品状态	要求	不合格类型	备注
凝固点	温度处理前	在特征值 $_{-4}^{0}$℃之内	C	
抗冻结、融化性	温度处理前、后	无可见分层和非均相	B	
沉淀物/%（体积分数）	老化前	≤0.25；沉淀物能通过 $180\mu m$ 筛	C	
	老化后	≤1.0；沉淀物能通过 $180\mu m$ 筛	C	
比流动性	温度处理前、后	泡沫液流量不小于标准参比液流量，或泡沫液的黏度值不大于标准参比液的黏度值	C	
pH 值	温度处理前、后	6.0～9.5	C	
表面张力/（mN/m）	温度处理前、后	与特征值的偏差不大于10%	C	成膜型
界面张力/（mN/m）	温度处理前、后	与特征值的偏差不大于1.0mN/m 或不大于特征值的10%，按上述两个差值中较大者判定	C	成膜型
扩散系数/（mN/m）	温度处理前、后	正值	B	成膜型
腐蚀率/[mg/(d·dm²)]	温度处理前	Q235 钢片：≤15.0	B	
		LF21 铝片：≤15.0		
发泡倍数	温度处理前、后适用于淡水	≥201	B	
	温度处理前、后适用于海水	不小于淡水测试值的0.9倍，不大于淡水测试值的1.1倍		

续表6

项目	样品状态	要求	不合格类型	备注
50%析液时间/min	温度处理前、后	≥10min，与特征值的偏差不大于20%	B	
灭火时间/s	温度处理前、后	≤150	A	

4.2.2.3 温度敏感性的判定

当中倍泡沫液或高倍泡沫液的性能中出现表7所列情况之一时，该泡沫液即被判定为温度敏感性泡沫液。

表7   泡沫液温度敏感性的判定

项目	判定条件
pH值	温度处理前、后泡沫液的pH值偏差大于0.5
表面张力（成膜型）	温度处理后泡沫溶液的表面张力低于温度处理前的0.95倍或高于温度处理前的1.05倍
界面张力（成膜型）	温度处理前后的偏差大于0.5mN/m，或温度处理后数值低于温度处理前的0.95倍或高于温度处理前的1.05倍，按两者中的较大者判定
发泡倍数	温度处理后的发泡倍数低于温度处理前的0.8倍或高于温度处理前的1.2倍
25%析液时间	温度处理后的25%析液时间低于温度处理前的0.8倍或高于温度处理前的1.2倍
50%析液时间	温度处理后的50%析液时间低于温度处理前的0.8倍或高于温度处理前的1.2倍

4.2.3   抗醇泡沫液

4.2.3.1   泡沫液和泡沫溶液的物理、化学、泡沫性能应符合表1的要求。

4.2.3.2   对非水溶性液体燃料的灭火性能应符合表2和表3的

要求。

4.2.3.3 温度敏感性的判定应符合表 4 的要求。

4.2.3.4 对水溶性液体燃料的灭火性能应符合表 8 和表 9 的要求。

表 8 抗醇泡沫液应达到的最低灭火性能级别

泡沫液类型	灭火性能级别	抗烧水平	不合格类型	成膜性
AFFF/AR	AR I	B		成膜型
FFR/AR	AR I	B		成膜型
PP/AR	AR II	B	A	非成膜型
P/AR	AR II	B		非成膜型
S/AR	AR I	B		非成膜型

表 9 各灭火性能级别对应的灭火时间和抗烧时间

灭火性能级别	抗烧水平	灭火时间/ min	抗烧时间/ min
AR I	A	≤3	≥15
	B	≤3	≥10
AR II	A	≤5	≥15
	B	≤5	≥10

4.2.4 灭火器用泡沫灭火剂

4.2.4.1 浓缩型灭火器用泡沫灭火剂的物理、化学性能应符合表 10 和表 11 的要求。

4.2.4.2 预混型灭火器用泡沫灭火剂的物理、化学、泡沫性能应符合表 11 的要求。

表 10 浓缩液的物理、化学性能

项目	样品状态	要求	不合格类型	备注
凝固点	温度处理前	在特征值 $_{-4}^{0}$℃之内	C	

续表 10

项目	样品状态	要求	不合格类型	备注
抗冻结、融化性	温度处理前	无可见分层和非均相	B	
pH 值	温度处理前、后	6.0~9.5	C	
沉淀物/%（体积分数）	老化前	≤0.25；沉淀物能通过 180μm 筛	C	
	老化后	≤1.0；沉淀物能通过 180μm 筛	C	
腐蚀率/$[mg/(d \cdot dm^2)]$	温度处理前	Q235 钢片：≤15.0	B	
	温度处理前	LF21 铝片：≤15.0		

表 11　预混液的物理、化学、泡沫性能

项目	样品状态	要求	不合格类型	备注
凝固点	温度处理前	在特征值 $_{-4}^{0}$℃之内	C	
抗冻结、融化性	温度处理前	无可见分层和非均相	B	
pH 值	温度处理前、后	6.0~9.5	C	
沉淀物/%（体积分数）	老化前	≤0.25；沉淀物能通过 180μm 筛	C	
	老化后	≤1.0；沉淀物能通过 180μm 筛	C	
表面张力/（mN/m）	温度处理后	与特征值的偏差不大于±10%	C	成膜型
界面张力/（mN/m）	温度处理后	与特征值的偏差不大于 1.0mN/m 或不大于特征值的 10%，按上述两个差值中较大者判定	C	成膜型

续表11

项目	样品状态	要求	不合格类型	备注
扩散系数/ (mN/m)	温度处理后	正值	B	成膜型
腐蚀率/ [mg/(d·dm²)]	温度处理前	Q235钢片：≤15.0	B	
	温度处理前	LF21铝片：≤15.0		
发泡倍数	温度处理和贮存试验后	蛋白类≥6.0 合成类≥5.0	B	
25%析液时间/s	温度处理和贮存试验后	蛋白类≥90.0 合成类≥60.0	C	

4.2.4.3 灭火器用泡沫灭火剂的灭火性能应符合表12的要求。

表12　灭火器用泡沫灭火剂的灭火性能

灭火器规格	灭火剂类别	样品状态	燃料类别	灭火级别	不合格类型
6L	AFFF/非AR、AFFF/AR、FFFP/AR、FFFP/非AR	温度处理和贮存试验后	橡胶工业用溶剂油	≥12B	A
	AFFF/AR、FFFP/AR	温度处理和贮存试验后	99%丙酮	≥4B	A
	P/非AR、FP/非AR、P/AR、FP/AR	温度处理和贮存试验后	橡胶工业用溶剂油	≥4B	A
	FP/AR、S/AR、F/AR	温度处理和贮存试验后	99%丙酮	≥3B	A
	S/非AR、S/AR	温度处理和贮存试验后	橡胶工业用溶剂油	≥8B	A
	AFFF/非AR、AFFF/AR、FFFP/AR、FFFP/非AR、P/非AR、FP/非AR、P/AR、FP/AR、S/非AR、S/AR	温度处理和贮存试验后	木垛	≥1A	A

八、《水系灭火剂》GB 17835—2008

5　要求

水系灭火剂的技术性能应符合表 1 和表 2 的要求。

表 1　理化性能

项目	样品状态	要求	不合格类别
凝固点/℃	混合液	在特征值$^{+0}_{-4}$℃之内	C
抗冻结、融化性	混合液	无可见分层和非均相	B
pH 值	混合液	6.0～9.5	C
表面张力/(mN/m)	混合液	与特征值的偏差不大于±10%	C
腐蚀率/[mg/(d·dm²)]	混合液	Q235 钢片：≤15.0	C
		LF21 铝片：≤15.0	
毒性	混合液	鱼的死亡率不大于50%	B

表 2　灭火性能

项目	燃料类别	灭火级别	不合格类型
灭 B 类火性能	橡胶工业用溶剂油	≥55B（1.73m²）	A
	99%丙酮	≥34B（1.07m²）	A
灭 A 类火性能	木垛	≥1A	A

注 1：委托方自带灭火器时，灭火器容积应为 6L，喷射时间和喷射距离应符合 GB 4351.1—2005 的要求。

注 2：产品所能补救火灾的类别，委托方自己申报

7　检验规则

7.1　批、组

7.1.1　一次投料于加工设备中制得的均匀产品为一批。

7.1.2　一批或多批（不超过 250t），并且是用相同的主要原材料和相同工艺生产的产品为一组。

7.2　取样

按 GB 15308—2006 中 6.1 进行。样品数量 25kg。

7.3　出厂检验

7.3.1　每批产品的出厂检验项目至少应包括：凝固点、pH 值、表面张力。

7.3.2　每组产品的出厂检验项目至少应包括：凝固点、pH 值、表面张力和灭火性能。

7.4　型式检验

本标准第 5 章中所列的全部技术指标为型式检验项目，有下列情况之一时应进行型式检验，并规定型式检验时被抽样的产品基数不少于 2t。

　　a）新产品鉴定或老产品转厂生产时；

　　b）正式生产中如原材料、工艺、配方有较大的改变时；

　　c）产品停产一年以上恢复生产时；

　　d）正常生产两年或间歇生产累计产量达 500t 时；

　　e）市场准入有要求时或国家质量监督机构提出型式检验时；

　　f）出厂检验与上次型式检验有较大差异时。

7.5　检验结果判定

7.5.1　出厂检验结果判定

出厂检验结果判定，由生产厂根据检验规程自行判定。

7.5.2　型式检验结果判定

符合下列条件之一者，即判该样品合格。

　　——各项指标均符合第 5 章要求；

　　——只有一项 B 类不合格，其他项目均符合第 5 章要求；

　　——不超过两项 C 类不合格，其他项目均符合第 5 章要求；

　　——出现上述三个条件以外的情况，即判为该样品不合格。

九、《惰性气体灭火剂》GB 20128—2006

4　要求

4.1　一般要求

IG-01 惰性气体灭火剂应是无色、无味、不导电的气体；

　　IG-100 惰性气体灭火剂应是无色、无味、不导电的气体；

　　IG-55 惰性气体灭火剂应是无色、无味、不导电的气体；

　　IG-541 惰性气体灭火剂应是无色、无味、不导电的气体。

4.2　性能要求

4.2.1　惰性气体（IG-01）灭火剂的技术性能应符合表 1 的规定。

表 1

项　目	指　标
氩气含量/%	≥99.9
水分含量（质量分数）/%	≤50×10^{-4}
悬浮物或沉淀物	不可见

4.2.2　惰性气体（IG-100）灭火剂的技术性能应符合表 2 的规定。

表 2

项　目	指　标
氮气含量/%	≥99.6
水分含量（质量分数）/%	≤50×10^{-4}
氧含量（质量分数）/%	≤0.1

4.2.3　惰性气体（IG-55）灭火剂的技术性能应分别符合表 3、表 4 的规定。

表 3

项　目	指　标
氩气含量/%	45～55
氮气含量/%	45～55

表 4

组分气体	氩气	氮气
纯度/%	≥99.9	≥99.9
水分含量（质量分数）/%	≤15×10^{-4}	≤10×10^{-4}

4.2.4 惰性气体（IG-541）灭火剂的技术性能应分别符合表5、表6的规定。

表5

项　　目	指　　标
二氧化碳含量/%	7.6～8.4
氩气含量/%	37.2～42.8
氮气含量/%	48.8～55.2

表6

项　　目	组分气体		
	氩气	氮气	二氧化碳
纯度/%	≥99.97	≥99.99	≥99.5
水分含量（质量分数）/%	$\leqslant 4\times10^{-4}$	$\leqslant 5\times10^{-4}$	$\leqslant 1\times10^{-3}$
氧含量（质量分数）/%	$\leqslant 3\times10^{-4}$	$\leqslant 3\times10^{-4}$	$\leqslant 1\times10^{-3}$

6　检验规则

6.1　检验类别与项目

6.1.1　出厂检验

灭火剂含量为出厂检验项目。

6.1.2　型式检验

型式检验项目为第4章规定的全部项目。有下列情况之一时，应进行产品型式检验：

　　a）产品试生产定型鉴定或老产品转厂生产时；

　　b）正式生产后，如原料、工艺有较大改变时；

　　c）正式生产时每隔2年的定期检验；

　　d）停产1年以上，恢复生产时；

　　e）产品出厂检验结果出现不合格时；

　　f）国家产品质量监督检验机构提出进行型式检验要求时。

6.2　组批

批为一次性投料于加工设备制得的均匀物质。

组为在相同的环境条件下，用相同的原料和工艺生产的产品，包括一批或多批。

6.3　抽样

6.3.1 型式检验产品应从出厂检验合格的产品中抽取。抽取前应将产品混合均匀，每一项性能检验前应将样品混合均匀。

6.3.2 按"组"和"批"抽样，都应随机抽取不小于 10kg 样品。

6.4 判定规则

出厂检验、型式检验结果应符合本标准第 4 章规定的要求，如有一项不符合本标准要求，应重新从两倍数量的包装中取样，复验后仍有一项不符合本标准要求，则判定为不合格产品。

十、《柜式气体灭火装置》GB 16670—2006

4 型号编制

4.1 编制方法

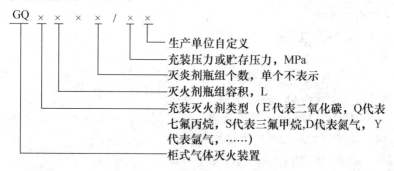

4.2 标记示例

贮存压力 2.5MPa，灭火剂瓶组 80L，灭火剂瓶组个数 2 只的柜式七氟丙烷灭火装置的型号表示为 GQQ80×2/2.5。

5 要求

5.1 外观质量

5.1.1 装置各构成部件应无明显加工缺陷或机械损伤，部件外表面须进行防腐处理，防腐涂层、镀层应完整、均匀。

5.1.2 装置每个操作部位均应以文字、图形符号标明操作方法。

5.7.3 装置铭牌应牢固地设置在明显部位，标示内容应符合 8.1 的要求。

5.2　主要参数

装置的主要参数见表1。

表1　主要参数

装置类型	工作温度范围/℃	贮存压力/MPa	最大工作压力/MPa	泄压装置动作压力/MPa	最大充装密度/(kg/m³)	最大充装压力/MPa	喷射时间/s
柜式二氧化碳灭火装置	0～49	5.17	15.00	19±0.95	600	—	≤60
柜式七氟丙烷灭火装置	0～50	2.50	4.20	泄放动作压力设定值应不小于1.25倍最大工作压力，但不大于部件强度试验压力的95%。泄压动作压力范围为设定值×（1±5%）	1150	—	≤10
柜式三氟甲烷灭火装置	−20～50	4.2	13.7		860	—	≤10
柜式氮气灭火装置	0～50	15	17.2		—	15	≤60
柜式氩气灭火装置	0～50	15	16.5		—	15	≤60
注：当工作温度范围超过表1规定时，应将其实际的工作温度范围在装置上标记出来							

5.3　启动方式

5.3.1　装置应有自动、手动两种启动方式，也可增设机械应急操作机构。

5.3.2　机械应急操作机构操作力不应大于150N，操作行程不应大于300mm，机械应急操作机构设置的保险装置其解脱力不应大于100N。

5.4　绝缘要求

在正常大气条件下，装置上有绝缘要求的外部带电端子与柜体间的绝缘电阻应大于20MΩ；电源插头与柜体间的绝缘电阻应大于50MΩ。

5.5　抗振性能

按 6.4 规定的方法进行振动试验，装置的任何部件不得有松动和结构上的损坏；柜式七氟丙烷、二氧化碳、三氟甲烷灭火装置的灭火剂瓶组内灭火剂的净重损失不应超过充装量的 0.5%，柜式氮气、氢气、七氟丙烷灭火装置的灭火剂瓶组以及驱动气体瓶组的内部压力损失不应超过试验前内部压力的 1%，控制器的功能应符合 5.17 的规定。

5.6　联动性能

按 6.5 规定的方法分别用装置具备的各种启动方式，启动装置进行喷射，有关控制阀的各动作应灵敏、可靠；控制器应能正确显示装置的工作状态，发出灭火控制指令；装置的各密封部位不应出现泄漏现象。

5.7　灭火要求

5.7.1　按 6.6.2 规定的试验要求和试验方法进行 B 类正庚烷火灭火试验，装置应在灭火剂喷射结束后 60s 内灭火。

5.7.2　按 6.6.3 规定的试验要求和试验方法进行 A 类表面火灭火试验，装置应在灭火剂喷射结束后 60s 内扑灭明火，继续抑制 10min 后，开启试验空间通风，木垛不得复燃。

5.8　灭火剂瓶组

5.8.1　工作压力

灭火剂瓶组的贮存压力应符合表 1 的规定。

5.8.2　密封要求

按 6.9 规定的方法进行气密试验，灭火剂瓶组的各密封部位应无泡式泄漏，也不应有机械损伤。

试验压力为最大工作压力，压力保持时间为 5min。

5.8.3　温度循环泄漏要求

灭火剂瓶组应能承受最高工作温度和最低工作温度的循环变化，而不产生过量的灭火剂泄漏和阀门操作故障，按 6.11 规定的方法进行温度循环试验，柜式七氟丙烷、二氧化碳、三氟甲烷灭火装置的灭火剂瓶组内灭火剂的净重损失不应超过充装量的 0.5%，柜式氮气、氢气、七氟丙烷灭火装置的灭火剂瓶组内部压力损失不应超过试验前内部压力的 1.5%。试验后启动容器阀，不应出现任何故障。

5.8.4 灭火剂和充压气体要求

5.8.4.1 灌装的灭火剂应为经国家检测机构检验合格的产品。

5.8.4.2 充压用氮气含水量应符合 GB/T 8979 中合格品的规定。

5.8.5 标志

在灭火剂瓶组的外表正面标注灭火剂的名称或商品名称、灭火剂充装量。字迹应明显、清晰。

5.9 容器

5.9.1 材料

容器的材料应符合 GB 5099 或 GB 5100 的规定。

5.9.2 公称工作压力

容器的公称工作压力不应低于表 1 规定的最大工作压力。

5.9.3 容积和直径

容器的公称容积和公称直径应符合 GB 5099 或 GB 5100 的规定。

5.9.4 强度要求

按 6.8 规定的方法进行液压强度试验，容器不得出现渗漏现象，其容积的残余变形率不得大于 3%。

试验压力为 1.5 倍最大工作压力，压力保持时间为 5min。

5.9.5 密封要求

按 6.9 规定的方法进行气密性试验，容器应无泡式泄漏。

试验压力为最大工作压力，压力保持时间为 5min。

5.9.6 超压要求

按 6.10 规定的方法进行液压超压试验，容器不得有破裂现象。

试验压力为 3 倍最大工作压力，压力保持时间为 5min。

5.10 容器阀

5.10.1 材料

容器阀阀体及其内部机械零件应采用不锈钢、铜合金制造，也可以用强度、耐腐蚀性能不低于上述材质的其他金属材料制造。

弹性密封垫、密封剂及相关部件应采用长期与相应灭火剂接触而不损坏或变形的材料制造。

5.10.2　工作压力

灭火剂瓶组上的容器阀公称工作压力不应低于表1规定最大工作压力。

5.10.3　强度要求

按6.8规定的方法进行液压强度试验，容器阀及其附件不得渗漏、变形或损坏。

试验压力为1.5倍最大工作压力，压力保持时间为5min。

5.10.4　密封要求

按6.9规定的方法进行气密性试验，容器阀在关闭状态下应无气泡泄漏；容器阀在开启状态下各连接密封部位的气泡泄漏量不应超过每分钟20个。

试验压力为最大工作压力，压力保持时间为5min。

5.10.5　超压要求

按6.10规定的方法进行液压超压试验，容器阀及其附件不得有破裂现象。

试验压力为3倍最大工作压力，压力保持时间为5min。

5.10.6　工作可靠性要求

按6.12规定的方法进行工作可靠性试验，容器阀及其辅助的控制驱动装置应动作灵活、可靠，不得出现任何故障或结构损坏（正常工作时允许损坏的零件除外），试验后容器阀的密封性能应符合5.10.4的规定。

5.10.7　耐盐雾腐蚀性能

按6.13规定的方法进行盐雾腐蚀试验，容器阀及其附件不得有明显的腐蚀损坏。试验后容器阀的密封性能应符合5.10.4的规定，工作可靠性按6.12的规定试验时，应能准确、可靠地开启。

5.10.8　手动操作要求

容器阀可具有机械应急启动功能，按 6.2 规定的方法进行应急启动手动操作试验，应符合下列要求：

a）手动操作力不应大于 150kN；

b）指拉操作力不应大于 50kN；

c）指推操作力不应大于 10N；

d）所有手动操作位移均不应大于 300mm。

5.10.9　标志

在容器阀明显部位应永久性标出：生产单位或商标、型号规格、最大工作压力。

5.11　喷嘴

喷嘴性能应符合 GA 400—2002 中 5.5.1、5.5.2、5.5.3、5.5.4、5.5.8.1 的规定。

5.12　检漏部件

灭火剂瓶组和驱动气体瓶组应设检漏部件。

5.12.1　称重部件

5.12.1.1　报警功能

安装在灭火系统中的称重部件应有泄漏上限报警功能，当灭火剂或驱动气体泄漏量达到质量损失 5% 时，应能可靠报警。光报警信号应为黄色，在一般光线条件下，距离 3m 远处应清晰可见；声报警信号在额定电压下，距离 1m 远处的声压级应不低于 65dB（A）。

5.12.1.2　耐高低温性能

称重部件在表 1 规定的最高工作温度和最低工作温度环境中分别放置 8h 后，其报警功能应符合 5.12.1.1 的规定。

5.12.1.3　过载要求

称重部件承受两倍瓶组质量的静载荷（灭火剂或驱动气体按最大充装密度计算），保持 15min，不得损坏。试验后报警功能应符合 5.12.1.1 的规定。

5.12.1.4   耐盐雾腐蚀性能

按 6.13 规定的方法进行盐雾腐蚀试验，称重部件不得有明显的腐蚀损坏。试验后报警功能应符合 5.12.1.1 的规定。

5.12.1.5   标志

在部件的明显部位标出：生产单位或商标、产品型号规格、称重范围等内容。

5.12.2   压力显示器

5.12.2.1   基本性能

5.12.2.1.1   压力显示器工作温度应不小于表 1 规定的温度范围。

5.12.2.1.2   压力显示器测量范围上限应不小于最大工作压力的 1.1 倍。

5.12.2.1.3   示值基本误差：

贮存压力点示值误差应不大于贮存压力的±4%；

最大工作压力点示值误差应不大于贮存压力的±8%；

最小工作压力点示值误差应不大于贮存压力的±8%；

零点和测量范围上限的示值误差应不大于贮存压力的±15%。

5.12.2.2   标度盘要求

5.12.2.2.1   标度盘的零位、贮存压力、最大工作压力、最小工作压力和测量范围上限的位置应有刻度和数字标志。

5.12.2.2.2   标度盘的最大工作压力与最小工作压力范围用绿色表示，零位至最小工作压力范围、最大工作压力至测量上限范围用红色表示。

5.12.2.2.3   标度盘上应标出：生产单位或商标、产品适用介质、法定计量单位（MPa）、计量标志等。

5.12.2.3   强度密封要求

5.12.2.3.1   按 6.9 规定的方法进行密封试验，压力显示器不得出现气泡泄漏。

5.12.2.3.2   按 6.8 规定的方法进行液压强度试验，压力显示器

承受 2 倍最大工作压力的试验压力，保持压力 5min 不得有渗漏或损坏现象。

5.12.2.3.3　按 6.10 规定的方法进行超压试验，压力显示器承受 4 倍最大工作压力的试验压力，保持压力 5min，其任何零部件不得被冲出。

5.12.2.4　环境适应性能

5.12.2.4.1　按 6.4 规定的方法进行振动试验，压力显示器部件应无松动、变形或损坏，试验后压力显示器的示值基本误差应符合 5.12.2.1.3 的规定。

5.12.2.4.2　按 6.11 规定的方法进行温度循环泄漏试验，压力显示器不应渗漏，试验后压力显示器的示值基本误差应符合 5.12.2.1.3 的规定。

5.12.2.4.3　按 6.13 规定的方法进行盐雾腐蚀试验，压力显示器不应产生影响性能的损坏，试验后压力显示器指针应升降平稳，压力显示器的示值基本误差应符合 5.12.2.1.3 的规定。

5.12.2.5　耐交变负荷性能

按 6.15 规定的方法进行交变负荷试验，交变频率为 0.1Hz，交变幅度为贮存压力的 40% 至最大工作压力，交变次数为 1000 次。试验后，压力表贮存压力的示值误差不应超过贮存压力的 ±4%。

5.12.2.6　报警功能

安装在灭火系统中的具有泄漏报警功能的压力显示器，当瓶组内压力损失达到贮存温度条件下工作压力的 10% 时，应能可靠报警。光报警信号应为黄色，在一般光线条件下，距离 3m 远处应清晰可见；声报警信号在额定电压下，距离 1m 远处的声压级应不低于 65dB（A）。

5.12.3　液位测量部件

5.12.3.1　报警功能

安装在灭火系统中的液位测量部件测量误差不应大于 2.5%。具有泄漏上限报警功能的液位测量部件，当灭火剂泄漏量达到质量损失 5% 时，应能可靠报警。光报警信号应为黄色，在一般光线条件下，距离 3m 远处应清晰可见；声报警信号在额定电压下，距离 1m 远处的声压级应不低于 65dB（A）。

5.12.3.2　耐高低温性能

液位测量部件在表 1 规定的最高工作温度和最低工作温度环境中分别放置 8h 后，其报警功能应符合 5.12.3.1 的规定。

5.12.3.3　耐盐雾腐蚀性能

按 6.13 规定的方法进行盐雾腐蚀试验，液位测量部件不得有明显的腐蚀损坏。试验后报警功能应符合 5.12.3.1 的规定。

5.12.3.4　标志

在部件的明显部位标出：生产单位或商标、产品型号规格、测量范围等内容。

5.13　信号反馈部件

5.13.1　动作要求

5.13.1.1　信号反馈部件的动作压力应不大于 0.5 倍装置最小工作压力。

5.13.1.2　进行动作试验时，信号反馈部件在大于等于动作压力下可靠动作 100 次；在小于等于 0.8 倍动作压力下不应动作。试验后信号反馈部件触点的接触电阻应符合 5.13.7 的规定。

5.13.2　强度要求

按 6.8 规定的方法进行液压强度试验，信号反馈部件不得损坏。

试验压力为装置最大工作压力，压力保持时间 5min。

5.13.3　密封要求

按 6.9 规定的方法进行气密性试验，信号反馈部件不应产生气泡泄漏。

试验压力为装置最大工作压力，压力保持时间为 5min。

5.13.4　耐电压性能

信号反馈部件接线端子与外壳之间的耐电压性能，在进行耐电压试验时，不得出现表面飞弧、扫掠放电、电晕或击穿现象。

额定工作电压大于 50V 时，试验电压为 1500V（有效值），50Hz；

额定工作电压小于等于 50V 时，试验电压为 500V（有效值），50Hz。

5.13.5 绝缘要求

在正常的大气条件下，信号反馈部件的接线端子与外壳之间的绝缘电阻应大于 20MΩ。

5.13.6 耐盐雾腐蚀性能

按 6.13 规定的方法进行盐雾腐蚀试验，信号反馈部件不应有明显的腐蚀损坏。试验后，信号反馈部件动作要求应符合 5.13.1 的规定；触点接触电阻应符合 5.13.7 的规定。

5.13.7 触点接触电阻

在正常大气条件下，信号反馈部件触点接触电阻不应大于 0.1Ω，动作试验和腐蚀试验后不应大于 0.5Ω。

5.13.8 标志

在部件的明显部位标出：生产单位或商标、产品型号规格、触点容量、动作压力等内容。

5.14 减压部件

柜式氮气、氢气气体灭火装置应加装减压部件。

5.14.1 工作压力

减压部件的工作压力应符合表 1 的规定。

5.14.2 强度要求

按 6.8 规定的方法进行液压强度试验，减压部件不得渗漏、变形或损坏。

试验压力为 1.5 倍最大工作压力，压力保持时间为 5min。

5.14.3 密封要求

按 6.9 规定的方法进行气密性试验，减压部件应无气泡泄漏。

试验压力为最大工作压力，压力保持时间为 5min。

5.14.4 减压特性

按 6.17 规定的试验方法，减压部件在规定流量范围内测出的减压特性与生产单位公布值相比，其差值不应大于公布值的 10%。

5. 14. 5　标志

在减压部件的明显部位标出：生产单位或商标、型号规格、介质流动方向等。

5. 15　安全泄放部件

安全泄放部件在设计和工艺上应保证每次装配后的性能一致。

5. 15. 1　泄放动作压力

灭火剂瓶组、驱动气体瓶组上应设置安全泄放部件。灭火剂瓶组上安全泄放部件的泄放动作压力设定值应符合表 1 规定；驱动气体瓶组上安全泄放部件的泄放动作压力应符合生产单位公布值。

5. 15. 2　耐腐蚀性能

按 6.13 规定的方法进行盐雾腐蚀试验，安全泄放部件不得有明显的腐蚀损坏。试验后安全泄放部件的泄放压力范围应符合 5.15.1 的规定。

5. 15. 3　耐温度循环性能

按 6.11 规定的方法进行温度循环试验后，安装在瓶组上的安全泄放部件的泄放压力范围应符合 5.15.1 的规定。

5. 16　驱动器

驱动器应符合 GA 61 的规定。

5. 17　控制器

控制器应符合 GA 61 的规定。

5. 18　火灾探测器

火灾探测器的要求应符合相应国家标准和行业标准的规定。

7　检验规则

生产单位应依据按规定程序批准的图样和技术文件组织生产，质量体系应保证每批产品质量的一致性，并符合本标准的规定。

7.1　检验分类与项目

7.1.1　型式检验

7.1.1.1　有下列情况之一时,应进行型式检验。

　　a) 新产品试制定型鉴定;

　　b) 正式投产后,如产品结构、材料、工艺、关键工序的加工方法有重大改变,可能影响产品的性能时;

　　c) 发生重大质量事故时;

　　d) 产品停产 1 年以上,恢复生产时;

　　e) 质量监督机构提出要求时。

7.1.1.2　产品型式检验项目应按表 3 的规定进行。

7.1.2　出厂检验

产品出厂检验项目应至少包括表 3 规定的项目。

7.1.3　试验程序按附录 A～附录 P 的规定。

7.2　抽样方法

部件采用一次性随机抽样,抽样基数不少于抽取样品数量的 2 倍。装置由随机抽取的部件样品组装构成。样品数量按附录 A～附录 P 的规定。

7.3　检验结果判定

表 3　型式检验项目、出厂检验项目及不合格类别

部件名称	检验项目	型式检验项目	出厂检验项目		不合格类别		
			全检	抽检	A 类	B 类	C 类
装置	外观质量	★	★	—	—	★	—
	主要参数	★	—	★	★	—	—
	启动方式	★	—	—	★	—	—
	绝缘要求	★	—	★	—	—	★
	抗振性能	★	—	—	—	★	—
	联动性能	★	—	★	★	—	—
	灭火要求	★	—	★	★	—	—

续表3

部件名称	检验项目	型式检验项目	出厂检验项目		不合格类别		
			全检	抽检	A类	B类	C类
灭火剂瓶组	工作压力	★	★	—	—	★	—
	密封要求	★	★	—	★	—	—
	温度循环泄漏要求	★	—	—	—	★	—
	灭火剂和充压气体要求	★	—	★	★	—	—
	标志	★	★	—	—	★	—
容器	公称工作压力	★	★	—	★	—	—
	容积和直径	★	—	★	—	—	★
	材料	★	—	★	—	★	—
	强度要求	★	★	—	★	—	—
	密封要求	★	★	—	★	—	—
	超压要求	★	—	—	—	★	—
容器阀	标志	★	★	—	—	—	★
	材料	★	—	★	—	—	★
	工作压力	★	★	—	—	★	—
	强度要求	★	★	—	★	—	—
	密封要求	★	★	—	★	—	—
	超压要求	★	—	—	—	★	—
	工作可靠性要求	★	—	★	★	—	—
	耐腐蚀性能	★	—	—	—	—	★
	手动操作要求	★	—	★	—	—	★
安全泄放部件	泄放动作压力	★	—	★	★	—	—
	耐腐蚀性能	★	—	—	—	—	★
	耐温度循环性能	★	—	★	—	★	—
喷嘴	按 GA 400 的规定						
称重部件	报警功能	★	★	—	—	★	—
	耐高低温性能	★	—	—	—	—	★
	过载要求	★	—	★	—	—	★
	耐腐蚀性能	★	—	—	—	—	★
	标志	★	★	—	—	—	★

续表3

部件名称	检验项目	型式检验项目	出厂检验项目		不合格类别		
			全检	抽检	A 类	B 类	C 类
压力显示器	基本性能	★	★	—	★	—	—
	标度盘要求	★	★	—	—	★	—
	强度密封要求	★	—	★	—	★	—
	抗振性能	★	—	—	—	—	★
	温度循环泄漏要求	★	—	—	—	★	—
	耐腐蚀性能	★	—	—	—	—	★
	耐交变负荷性能	★	—	★	—	—	★
	报警功能	★	—	★	—	★	—
液位测量部件	报警功能	★	—	★	—	★	—
	耐高低温性能	★	—	—	—	—	★
	耐腐蚀性能	★	—	—	—	—	★
	标志	★	★	—	—	—	★
信号反馈部件	动作要求	★	★	—	—	★	—
	强度要求	★	★	—	—	★	—
	密封要求	★	★	—	—	—	★
	耐电压性能	★	—	★	—	—	★
	绝缘要求	★	—	★	—	—	★
	耐腐蚀性能	★	—	—	—	—	★
	触点接触电阻	★	—	★	—	—	★
	标志	★	★	—	—	—	★
减压部件	工作压力	★	★	—	—	★	—
	强度要求	★	★	—	—	★	—
	密封要求	★	★	—	—	★	—
	减压特性	★	—	★	★	—	—
	标志	★	★	—	—	—	★
驱动器	按 GA 61 的规定						
控制器	按 GA 61 的规定						
探测器	按相应国家标准和行业标准的规定						

7.3.1　型式检验

装置和部件全部合格，该产品为合格；装置和部件若出现不合格，则该产品为不合格。

装置或部件的型式检验项目全部合格，该装置或部件为合格。出现 A 类项目不合格，则该装置或部件为不合格。B 类项目不合格数大于等于 2，该装置或部件为不合格。C 类项目不合格数大于等于 4，该装置或部件为不合格。若已有一项 B 类项目不合格时，C 类项目不合格数大于等于 2，该装置或部件判为不合格。

7.3.2　出厂检验

装置和部件全部合格，该产品为合格；装置和部件若出现不合格，则该产品为不合格。

装置或部件出厂检验项目全部合格，该装置或部件为合格。有一项 A 类项目不合格，则该装置或部件为不合格。若有 B 类项目或 C 类项目不合格，允许加倍抽样检验，仍有不合格项，即判该装置或部件不合格。

十一、《建筑材料及制品燃烧性能分级》GB 8624—2012

4　燃烧性能等级

建筑材料及制品的燃烧性能等级见表 1。

表 1　建筑材料及制品的燃烧性能等级

燃烧性能等级	名　　称
A	不燃材料（制品）
B_1	难燃材料（制品）
B_2	可燃材料（制品）
B_3	易燃材料（制品）

5　燃烧性能等级判据

5.1　建筑材料

5.1.1　平板状建筑材料

　　平板状建筑材料及制品的燃烧性能等级和分级判据见表 2。表中满足 A1、A2 级即为 A 级，满足 B 级、C 级即为 B_1 级，满足 D 级、E 级即为 B_2 级。

　　对墙面保温泡沫塑料，除符合表 2 规定外应同时满足以下要求：B_1 级氧指数值 OI≥30％；B_2 级氧指数值 OI≥26％。试验依据标准为 GB/T 2406.2。

表 2　平板状建筑材料及制品的燃烧性能等级和分级判据

燃烧性能等级		试验方法	分级判据
A	A1	GB/T 5464[a] 且	炉内温升 $\Delta T \leqslant 30℃$； 质量损失率 $\Delta m \leqslant 50％$； 持续燃烧时间 $t_f = 0$
		GB/T 14402	总热值 $PCS \leqslant 2.0MJ/kg^{a,b,c,e}$； 总热值 $PCS \leqslant 1.4MJ/m^{2d}$
	A2	GB/T 5464[a] 或 （且）	炉内温升 $\Delta T \leqslant 50℃$； 质量损失率 $\Delta m \leqslant 50％$； 持续燃烧时间 $t_f \leqslant 20s$
		GB/T 14402	总热值 $PCS \leqslant 3.0MJ/kg^{a,e}$； 总热值 $PCS \leqslant 4.0MJ/m^{2b,d}$
		GB/T 20284	燃烧增长速率指数 $FIGRA_{0.2MJ} \leqslant 120W/s$； 火焰横向蔓延未到达试样长翼边缘； 600s 的总放热量 $THR_{600s} \leqslant 7.5MJ$
B_1	B	GB/T 20284 且	燃烧增长速率指数 $FIGRA_{0.2MJ} \leqslant 120W/s$； 火焰横向蔓延未到达试样长翼边缘； 600s 的总放热量 $THR_{600s} \leqslant 7.5MJ$
		GB/T 8626 点火时间 30s	60s 内焰尖高度 $Fs \leqslant 150mm$； 60s 内无燃烧滴落物引燃滤纸现象
	C	GB/T 20284 且	燃烧增长速率指数 $FIGRA_{0.4MJ} \leqslant 250W/s$； 火焰横向蔓延未到达试样长翼边缘； 600s 的总放热量 $THR_{600s} \leqslant 15MJ$
		GB/T 8626 点火时间 30s	60s 内焰尖高度 $Fs \leqslant 150mm$； 60s 内无燃烧滴落物引燃滤纸现象

续表2

燃烧性能等级		试验方法	分级判据
B₂	D	GB/T 20284 且	燃烧增长速率指数 $FIGRA_{0.4MJ} \leqslant 750W/s$
		GB/T 8626 点火时间 30s	60s 内焰尖高度 $Fs \leqslant 150mm$； 60s 内无燃烧滴落物引燃滤纸现象
	E	GB/T 8626 点火时间 15s	20s 内的焰尖高度 $Fs \leqslant 150mm$； 20s 内无燃烧滴落物引燃滤纸现象
B₃	F	无性能要求	

ᵃ 匀质制品或非匀质制品的主要组分。

ᵇ 非匀质制品的外部次要组分。

ᶜ 当外部次要组分的 $PCS \leqslant 2.0MJ/m^2$ 时，若整体制品的 $FIGRA_{0.2MJ} \leqslant 20W/s$、$LFS <$ 试样边缘、$THR_{400s} \leqslant 4.0MJ$ 并达到 s1 到 d0 级，则达到 A1 级。

ᵈ 非匀质制品的任一内部次要组分。

ᵉ 整体制品

5.1.2 铺地材料

铺地材料的燃烧性能等级和分级判据见表3。表中满足 A1、A2 级即为 A 级，满足 B 级、C 级即为 B_1 级，满足 D 级、E 级即为 B_2 级。

表3 铺地材料的燃烧性能等级和分级判据

燃烧性能等级		试验方法		分级判据
A	A1	GB/T 5464ᵃ 且		炉内温升 $\Delta T \leqslant 30℃$； 质量损失率 $\Delta m \leqslant 50\%$； 持续燃烧时间 $t_f = 0$
		GB/T 14402		总热值 $PCS \leqslant 2.0MJ/kg^{a,b,d}$； 总热值 $PCS \leqslant 1.4MJ/m^{2c}$
	A2	GB/T 5464ᵃ 或	且	炉内温升 $\Delta T \leqslant 50℃$； 质量损失率 $\Delta m \leqslant 50\%$； 持续燃烧时间 $t_f \leqslant 20s$
		GB/T 14402		总热值 $PCS \leqslant 3.0MJ/kg^{a,d}$； 总热值 $PCS \leqslant 4.0MJ/m^{2b,c}$
		GB/T 11785ᵉ		临界热辐射通量 $CHF \geqslant 8.0kW/m^2$

续表3

燃烧性能等级		试验方法	分级判据
B₁	B	GB/T 11785ᵉ 且	临界热辐射通量 CHF≥8.0kW/m²
		GB/T 8626 点火时间 15s	20s 内焰尖高度 Fs≤150mm
	C	GB/T 11785ᵉ 且	临界热辐射通量 CHF≥4.5kW/m²
		GB/T 8626 点火时间 15s	20s 内焰尖高度 Fs≤150mm
B₂	D	GB/T 11785ᵉ 且	临界热辐射通量 GHF≥3.0kW/m²
		GB/T 8626 点火时间 15s	20s 内焰尖高度 Fs≤150mm
	E	GB/T 11785ᵉ 且	临界热辐射通量 CHF≥2.2kW/m²
		GB/T 8626 点火时间 15s	20s 内焰尖高度 Fs≤150mm
B₃	F	无性能要求	

ᵃ 匀质制品或非匀质制品的主要组分。
ᵇ 非匀质制品的外部次要组分。
ᶜ 非匀质制品的任一内部次要组分。
ᵈ 整体制品。
ᵉ 试验最长时间 30min

5.1.3　管状绝热材料

管状绝热材料的燃烧性能等级和分级判据见表4。表中满足 A1、A2 级即为 A 级，满足 B 级、C 级即为 B₁ 级，满足 D 级、E 级即为 B₂ 级。

当管状绝热材料的外径大于 300mm 时，其燃烧性能等级和分级判据按表2的规定。

表 4　管状绝热材料燃烧性能等级和分级判据

燃烧性能等级		试验方法	分级判据
A	A1	GB/T 5464ᵃ 且	炉内温升 ΔT≤30℃；质量损失率 Δm≤50%；持续燃烧时间 t_f=0
		GB/T 14402	总热值 PCS≤2.0MJ/kgᵃ·ᵇ·ᵈ；总热值 PCS≤1.4MJ/m²ᶜ

续表 4

燃烧性能等级		试验方法	分级判据
A	A2	GB/T 5464[a] 或	炉内温升 $\Delta T \leqslant 50℃$； 质量损失率 $\Delta m \leqslant 50\%$； 持续燃烧时间 $t_f \leqslant 20s$
		GB/T 14402	总热值 $PCS \leqslant 3.0MJ/kg^{a,d}$； 总热值 $PCS \leqslant 4.0MJ/m^{2b,c}$
		GB/T 20284	燃烧增长速率指数 $FIGRA_{0.2MJ} \leqslant 270W/s$； 火焰横向蔓延未到达试样长翼边缘； 600s 内总放热量 $THR_{600s} \leqslant 7.5MJ$
B_1	B	GB/T 20284 且	燃烧增长速率指数 $FIGRA_{0.2MJ} \leqslant 270W/s$； 火焰横向蔓延未到达试样长翼边缘； 600s 内总放热量 $THR_{600s} \leqslant 7.5MJ$
		GB/T 8626 点时间 30s	60s 内焰尖高度 $Fs \leqslant 150mm$； 60s 内无燃烧滴落物引燃滤纸现象
	C	GB/T 20284	燃烧增长速率指数 $FIGRA_{0.4MJ} \leqslant 460W/s$； 火焰横向蔓延未到达试样长翼边缘； 600s 内总放热量 $THR_{600s} \leqslant 15MJ$
		GB/T 8626 且 点火时间 30s	60s 内焰尖高度 $Fs \leqslant 150mm$； 60s 内无燃烧滴落物引燃滤纸现象
B_2	D	GB/T 20284 且	燃烧增长速率指数 $FIGRA_{0.4MJ} \leqslant 2100W/s$； 600s 内总放热量 $THR_{600s} < 100MJ$
		GB/T 8626 点火时间 30s	60s 内焰尖高度 $Fs \leqslant 150mm$； 60s 内无燃烧滴落物引燃滤纸现象
	E	GB/T 8626 点火时间 15s	20s 内焰尖高度 $Fs \leqslant 150mm$； 20s 内无燃烧滴落物引燃滤纸现象
B_3	F	无性能要求	

[a] 匀质制品和非匀质制品的主要组分。
[b] 非匀质制品的外部次要组分。
[c] 非匀质制品的任一内部次要组分。
[d] 整体制品

5.2 建筑用制品

5.2.1 建筑用制品分为四大类：

——窗帘幕布、家具制品装饰用织物；

——电线电缆套管、电器设备外壳及附件；

——电器、家具制品用泡沫塑料；

——软质家具和硬质家具。

5.2.2 窗帘幕布、家具制品装饰用织物等的燃烧性能等级和分级判据见表5。耐洗涤织物在进行燃烧性能试验前，应按 GB/T 17596 的规定对试样进行至少 5 次洗涤。

表5　窗帘幕布、家具制品装饰用织物燃烧性能等级和分级判据

燃烧性能等级	试验方法	分级判据
B$_1$	GB/T 5454 GB/T 5455	氧指数 OI⩾32.0%； 损毁长度⩽150mm；续燃时间⩽5s，阴燃时间⩽15s； 燃烧滴落物未引起脱脂棉燃烧或阴燃
B$_2$	GB/T 5454 GB/T 5455	氧指数 OI⩾26.0%； 损毁长度⩽200mm；续燃时间⩽15s，阴燃时间⩽30s； 燃烧滴落物未引起脱脂棉燃烧或阴燃
B$_3$	无性能要求	

5.2.3 电线电缆套管、电器设备外壳及附件的燃烧性能等级和分级判据见表6。

表6　电线电缆套管、电器设备外壳及附件的燃烧性能等级和分级判据

燃烧性能等级	制品	试验方法	分级判据
B$_1$	电线电缆套管	GB/T 2406.2 GB/T 2408 GB/T 8627	氧指数 OI⩾32.0%； 垂直燃烧性能 V-0 级； 烟密度等级 SDR⩽75
	电器设备外壳及附件	GB/T 5169.16	垂直燃烧性能 V-0 级
B$_2$	电线电缆套管	GB/T 2406.2 GB/T 2408	氧指数 OI⩾26.0%； 垂直燃烧性能 V-1 级
	电器设备外壳及附件	GB/T 5169.16	垂直燃烧性能 V-1 级
B$_3$	无性能要求		

5.2.4 电器、家具制品用泡沫塑料的燃烧性能等级和分级判据见表7。

表7 电器、家具制品用泡沫塑料燃烧性能等级和分级判据

燃烧性能等级	试验方法	分级判据
B_1	GB/T 16172[a] GB/T 8333	单位面积热释放速率峰值≤400kW/m²； 平均燃烧时间≤30s，平均燃烧高度≤250mm
B_2	GB/T 8333	平均燃烧时间≤30s，平均燃烧高度≤250mm
B_3	无性能要求	
[a] 辐射照度设置为30kW/m²		

5.2.5 软质家具和硬质家具的燃烧性能等级和分级判据见表8。

表8 软质家具和硬质家具的燃烧性能等级和分级判据

燃烧性能等级	制品类别	试验方法	分级判据
B_1	软质家具	GB/T 27904 GB 17927.1	热释放速率峰值≤200kW； 5min内总热释放量≤30MJ； 最大烟密度≤75%； 无有焰燃烧引燃或阴燃引燃现象
	软质床垫	附录A	热释放速率峰值≤200kW； 10min内总热释放量≤15MJ
	硬质家具[a]	GB/T 27904	热释放速率峰值≤200kW； 5min内总热释放量≤30MJ； 最大烟密度≤75%
B_2	软质家具	GB/T 27904 GB 17927.1	热释放速率峰值≤300kW； 5min内总热释放量≤40MJ； 试件未整体燃烧； 无有焰燃烧引燃或阴燃引燃现象
	软质床垫	附录A	热释放速率峰值≤300kW； 10min内总热释放量≤25MJ
	硬质家具	GB/T 27904	热释放速率峰值≤300kW； 5min内总热释放量≤40MJ； 试件未整体燃烧
B_3	无性能要求		
[a] 塑料座椅的试验火源功率采用20kW，燃烧器位于座椅下方的一侧，距座椅底部300mm			

6　燃烧性能等级标识

6.1　经检验符合本标准规定的建筑材料及制品，应在产品上及说明书中冠以相应的燃烧性能等级标识：

　　——GB 8624 A 级；

　　——GB 8624 B_1 级；

　　——GB 8624 B_2 级；

　　——GB 8524 B_3 级。

十二、《建筑火灾逃生避难器材　第 1 部分：配备指南》GB 21976.1—2008

5.6　产品要求

　　配备在建筑物内的逃生避难器材应为通过国家指定质量检验机构检验合格的产品。逃生避难器材的实际使用高度不得超出国家指定质量检验机构出具的检验报告中的参数范围。

6　安装

6.1　安装位置

6.1.1　逃生缓降器、逃生梯、逃生滑道、应急逃生器、逃生绳应安装在建筑物袋形走道尽头或室内的窗边、阳台凹廊以及公共走道、屋顶平台等处。室外安装应有防雨、防晒措施。

6.1.2　逃生缓降器、逃生梯、应急逃生器、逃生绳供人员逃生的开口高度应在 1.5m 以上，宽度应在 0.5m 以上，开口下沿距所在楼层地面高度应在 1m 以上。

6.1.3　自救呼吸器应放置在室内显眼且便于取用的位置。

6.2　安装方式

6.2.1　逃生滑道的入口圈、固定式逃生梯应安装在建筑物的墙体、地面及结构坚固的部分。逃生缓降器、应急逃生器、逃生绳应采用安装连接栓、支架和墙体连接的固定方式，连接强度应满足相应设计要求。悬挂式逃生梯应采用夹紧装置与墙体连接，夹紧装置应能根据墙体厚度进行调节。除固定式逃生梯外其他产品应设置在专用箱内。

6.2.2　逃生避难器材在其安装或放置位置应有明显的标志，并配有灯光或荧光指示。

6.2.3　逃生缓降器、逃生梯、逃生滑道、应急逃生器、逃生绳等产品的使用说明或使用方法简图应固定在产品使用位置，自救呼吸器产品使用说明或使用方法简图应在其产品外包装上。

6.2.4　逃生缓降器、悬挂式逃生梯、逃生滑道、应急逃生器、逃生绳展开后不应和建筑物有干涉现象，逃生缓降器、应急逃生器、逃生绳的绳索垂线与建筑物外墙间的距离应大于 0.2m，固定式逃生梯的踏板以及逃生滑道的外侧与建筑物外墙间的距离应大于 0.3m。

6.2.5　逃生缓降器、逃生梯、逃生滑道、应急逃生器、逃生绳安装时在水平方向应保持一定间隔。逃生缓降器、应急逃生器和逃生绳的绳索垂线间距以及逃生梯、逃生滑道外侧间距应大于 1.0m，以防止使用过程中的相互干涉。

6.2.6　逃生缓降器、应急逃生器、逃生绳的安装高度应距所在楼层地面 1.5～1.8m；逃生滑道进口的高度应距所在楼层地面 1.0m 以内。

6.2.7　完全展开后的逃生缓降器和应急逃生器的绳索底端、悬挂式逃生梯最底端的梯蹬、固定式逃生梯最底端的踏板、逃生绳的底端距地面的距离应在 0.5m 以内，逃生滑道袋体末端距地面的距离应在 1.0m 以内。

6.3　其他逃生避难器材的安装位置和安装方式应满足相应设计及安全使用要求。

7　检查

7.1　周期

逃生避难器材安装后应定期检查。检查周期不应超出一个月。

7.2　内容

检查内容为 7.2.1～7.2.8，检查数量为建筑物内全部已安装的逃生避难器材。

7.2.1　器材是否丢失或损毁。

7.2.2　器材的使用说明或使用方法简图是否完好无损。

7.2.3　器材的绳索、编织物及橡胶制品是否出现霉蛀、老化或破损。

7.2.4　器材的金属部件和连接栓、支架等是否出现损伤、锈蚀或焊缝开裂等现象。

7.2.5　器材是否出现卡阻。

7.2.6　器材的紧固件有无明显松动。

7.2.7　自救呼吸器真空包装有无损伤、贮气袋是否出现鼓起。

7.2.8　器材是否超出产品有效期。

7.3　处理

　　出现任何异常现象的逃生避难器材均应立即停用整修。整修期间应设置可救助人数不低于原有器材的逃生避难器材。

9　报废

9.1　逃生避难器材在下列情况下必须报废：

　　a）金属件出现严重腐蚀或变形；

　　b）达到器材使用年限时；

9.2　报废的逃生避难器材应进行破坏性解体处理，禁止继续使用。

十三、《独立式感烟火灾探测报警器》GB 20517—2006

4　一般要求

4.1　当被监视区域发生火灾，其烟参数达到预定值时，报警器应同时发出声、光火灾报警信号。

4.2　对于互联式报警器，当一只报警器发出火灾报警信号时，与其连接的其他报警器亦应发出火灾报警信号。

4.3　在距报警器 3m 远处，火灾报警信号声压级应大于 80dB（A 计权）。

4.4　报警器应具有自检功能，自检时报警器应发出声、光火灾报警信号。

4.5　具有报警消音功能的报警器，消音周期应小于 100s，对互联式报警器，报警器的消音不应影响与其互联的报警器的报警功能。

4.6　除电池和熔断器外，报警器不应有用户拆换或维修的元器件，当电池被取走时，应有明显警示标识。

4.7　报警器可与远程显示器等辅助设备进行通讯，但是报警器与这些设备通讯过程中出现断线、短路故障时不应影响报警器探测火灾的性能。

4.8　具有多个指示灯的报警器，指示灯应以颜色标识。采用交流电源供电的报警器，应具有交流电源工作指示灯。交流电源工作指示灯应为绿色，火警指示灯应为红色，故障指示灯应为黄色。

4.9　报警器应装配网眼最大尺寸不大于 1mm 的网织品或采取其他预防昆虫进入的措施。

4.10　报警器的电源应满足如下要求。

4.10.1　对内部电池供电的报警器和外部电池供电的报警器，电池的容量应能保证报警器正常工作不少于一年；在电池将不能使报警器处于报警状态前。应发出与火灾报警声信号有明显区别的声音故障信号；声音故障信号至少在 7d 连续每分钟至少提示一次，在此之后，报警器应能发出火灾报警信号，火灾报警信号应至少持续 4min。

4.10.2　对外部电源供电且配有内部备用电池的报警器，当外部电源不能正常工作时，应自动切换成备用电池供电，备用电池应能保证报警器处于正常监视状态至少 72h，在电池将不能使报警器处于报警状态前，应发出与火灾声报警信号有明显区别的声音故障信号；声音故障信号至少在 7d 内连续每分钟至少提示一次，在此之后，报警器应能发出火灾报警信号，火灾报警信号至少持续 4min。

4.11　报警器电源极性反接不应造成报警器损坏。

4.12　报警器应耐受住本标准第 5 章所规定的各项试验，并应满足本标准的全部要求。

5 要求和试验方法

略

6 检验规则

6.1 产品出厂检验

企业在产品出厂前应对报警器进行下述试验项目的检验：

a）外观检查；

b）功能试验；

c）声压试验；

d）一致性试验；

e）湿热试验；

f）绝缘电阻试验；

g）耐压试验。

报警器在出厂前应进行以上七项检查（检查），b）、f）、g）三项试验任一项不合格，则判该批产品不合格，其他四项试验中任两项不合格，允许调整后补做，累计补做次数不超过两次。

6.2 型式检验

型式检验应执行本标准第5章规定的全部检验，抽样从出厂检验合格的产品中随机抽取22只。

6.2.1 有下列情况之一时应进行型式检验：

a）新产品或老产品转厂生产时的试制定型鉴定；

b）正式生产后，产品的结构、主要部件或元器件、生产工艺等有较大改变可能影响产品的性能，或正式生产后满四年；

c）产品停产一年以上，恢复生产；

d）出厂检验结果与上次型式检验结果差异较大；

e）发生重大质量事故；

f）质量监督机构提出要求。

6.2.2 检验程序及判定原则应按照 GB 12978—2003 有关型式检验要求进行。

7.1 标志

报警器应有清晰、耐久的标志，包括产品标志和质量检验标志。

7.1.1　产品标志

产品标志应包括下列内容：

a）制造厂名；

b）产品名称；

c）产品型号；

d）商标；

e）制造日期及产品编号；

f）产品主要技术参数；

g）执行标准。

7.1.2　质量检验标志

质量检验标志应包括以下内容：

a）本标准代号及编号；

b）检验员；

c）合格标志。

十四、《火灾报警控制器》GB 4717—2005

5　一般要求

5.1　总则

控制器应满足本标准 5.2 整机性能、5.3 软件文件、5.4 主要部（器）件性能及试验、标志、使用说明书中的各项要求，否则不能声称其符合本标准。

5.2　整机性能

5.2.1　一般要求

5.2.1.1　控制器主电源应采用 220V、50Hz 交流电源，电源线输入端应设接线端子。

5.2.1.2　控制器应设有保护接地端子。

5.2.1.3　控制器能为其连接的部件供电直流工作电压应符合国家标准 GB 156 规定，可优先采用直流 24V。

5.2.1.4 控制器应具有中文功能标注和信息显示。

5.2.2 火灾报警功能

5.2.2.1 控制器应能直接或间接地接收来自火灾探测器及其他火灾报警触发器件的火灾报警信号，发出火灾报警声、光信号，指示火灾发生部位，记录火灾报警时间，并予以保持，直至手动复位。

5.2.2.2 当有火灾探测器火灾报警信号输入时，控制器应在10s内发出火灾报警声、光信号。对来自火灾探测器的火灾报警信号可设置报警延时，其最大延时不应超过1min，延时期间应有延时光指示，延时设置信息应能通过本机操作查询。

5.2.2.3 当有手动火灾报警按钮报警信号输入时，控制器应在10s内发出火灾报警声、光信号，并明确指示该报警是手动火灾报警按钮报警。

5.2.2.4 控制器应有专用火警总指示灯（器）。控制器处于火灾报警状态时，火警总指示灯（器）应点亮。

5.2.2.5 火灾报警声信号应能手动消除，当再有火灾报警信号输入时，应能再次启动。

5.2.2.6 控制器采用字母（符）－数字显示时，还应满足下述要求：

5.2.2.6.1 应能显示当前火灾报警部位的总数。

5.2.2.6.2 应采用下述方法之一显示最先火灾报警部位：

a）用专用显示器持续显示；

b）如未设专用显示器，应在共用显示器的顶部持续显示。

5.2.2.6.3 后续火灾报警部位应按报警时间顺序连续显示。当显示区域不足以显示全部火灾报警部位时，应按顺序循环显示；同时应设手动查询按钮（键），每手动查询一次，只能查询一个火灾报警部位及相关信息。

5.2.2.7 控制器需要接收来自同一探测器（区）两个或两个以上火灾报警信号才能确定发出火灾报警信号时，还应满足下述要求：

5.2.2.7.1　控制器接收到第一个火灾报警信号时，应发出火灾报警声信号或故障声信号，并指示相应部位，但不能进入火灾报警状态。

5.2.2.7.2　接收到第一个火灾报警信号后，控制器在60s内接收到要求的后续火灾报警信号时，应发出火灾报警声、光信号，并进入火灾报警状态。

5.2.2.7.3　接收到第一个火灾报警信号后，控制器在30min内仍未接收到要求的后续火灾报警信号时，应对第一个火灾报警信号自动复位。

5.2.2.8　控制器需要接收到不同部位两只火灾探测器的火灾报警信号才能确定发出火灾报警信号时，还应满足下述要求：

5.2.2.8.1　控制器接收到第一只火灾探测器的火灾报警信号时，应发出火灾报警声信号或故障声信号，并指示相应部位，但不能进入火灾报警状态。

5.2.2.8.2　控制器接收到第一只火灾探测器火灾报警信号后，在规定的时间间隔（不小于5min）内未接收到要求的后续火灾报警信号时，可对第一个火灾报警信号自动复位。

5.2.2.9　控制器应设手动复位按钮（键），复位后，仍然存在的状态及相关信息均应保持或在20s内重新建立。

5.2.2.10　控制器火灾报警计时装置的日计时误差不应超过30s，使用打印机记录火灾报警时间时，应打印出月、日、时、分等信息，但不能仅使用打印机记录火灾报警时间。

5.2.2.11　具有火灾报警历史事件记录功能的控制器应能至少记录999条相关信息，且在控制器断电后能保持信息14d。

5.2.2.12　通过控制器可改变与其连接的火灾探测器响应阈值时，对探测器设定的响应阈值应能手动可查。

5.2.2.13　除复位操作外，对控制器的任何操作均不应影响控制器接收和发出火灾报警信号。

5.2.3　**火灾报警控制功能**

5.2.3.1　控制器在火灾报警状态下应有火灾声和/或光警报器控

制输出。

5.2.3.2　控制器可设置其他控制输出（应少于 6 点），用于火灾报警传输设备和消防联动设备等设备的控制，每一控制输出应有对应的手动直接控制按钮（键）。

5.2.3.3　控制器在发出火灾报警信号后 3s 内应启动相关的控制输出（有延时要求时除外）。

5.2.3.4　控制器应能手动消除和启动火灾声和/或光警报器的声警报信号，消声后，有新的火灾报警信号时，声警报信号应能重新启动。

5.2.3.5　具有传输火灾报警信息功能的控制器，在火灾报警信息传输期间应有光指示，并保持至复位，如有反馈信号输入，应有接收显示对于采用独立指示灯（器）作为传输火灾报警信息显示的控制器，如有反馈信号输入，可用该指示灯（器）转为接收显示，并保持至复位。

5.2.3.6　控制器发出消防联动设备控制信号时，应发出相应的声光信号指示，该光信号指示不能被覆盖且应保持至手动恢复；在接收到消防联动控制设备反馈信号 10s 内应发出相应的声光信号，并保持至消防联动设备恢复。

5.2.3.7　如需要设置控制输出延时，延时应按下述方式设置：

a）对火灾声和/或光警报器及对消防联动设备控制输出的延时，应通过火灾探测器和/或手动火灾报警按钮和/或特定部位的信号实现；

b）控制火灾报警信息传输的延时应通过火灾探测器和/或特定部位的信号实现；

c）延时应不超过 10min，延时时间变化步长不应超过 1min；

d）在延时期间，应能手动插入或通过手动火灾报警按钮而直接启动输出功能；

e）任一输出延时均不应影响其他输出功能的正常工作，延时期间应有延时光指示。

5.2.3.8 当控制器要求接收来自火灾探测器和/或手动火灾报警按钮的 1 个以上火灾报警信号才能发出控制输出时，当收到第一个火灾报警信号后，在收到要求的后续火灾报警信号前，控制器应进入火灾报警状态；但可设有分别或全部禁止对火灾声和/或光警报器、火灾报警传输设备和消防联动设备输出操作的手段。禁止对某一设备输出操作不应影响对其他设备的输出操作。

5.2.3.9 控制器在机箱内设有消防联动控制设备时，即火灾报警控制器（联动型），还应满足 GB 16806 相关要求，消防联动控制设备故障应不影响控制器的火灾报警功能。

5.2.4 故障报警功能

5.2.4.1 控制器应设专用故障总指示灯（器），无论控制器处于何种状态，只要有故障信号存在，该故障总指示灯（器）应点亮。

5.2.4.2 当控制器内部、控制器与其连接的部件间发生故障时，控制器应在 100s 内发出与火灾报警信号有明显区别的故障声、光信号，故障声信号应能手动消除，再有故障信号输入时，应能再启动；故障光信号应保持至故障排除。

5.2.4.3 控制器应能显示下述故障的部位：

a）控制器与火灾探测器、手动火灾报警按钮及完成传输火灾报警信号功能部件间连接线的断路、短路（短路时发出火灾报警信号除外）和影响火灾报警功能的接地，探头与底座间连接断路；

b）控制器与火灾显示盘间连接线的断路、短路和影响功能的接地；

c）控制器与其控制的火灾声和/或光警报器、火灾报警传输设备和消防联动设备间连接线的断路、短路和影响功能的接地。

其中 a）、b）两项故障在有火灾报警信号时可以不显示，c）项故障显示不能受火灾报警信号影响。

5.2.4.4 控制器应能显示下述故障的类型:

a) 给备用电源充电的充电器与备用电源间连接线的断路、短路;

b) 备用电源与其负载间连接线的断路、短路;

c) 主电源欠压。

5.2.4.5 控制器应能显示所有故障信息。在不能同时显示所有故障信息时,未显示的故障信息应手动可查。

5.2.4.6 当主电源断电,备用电源不能保证控制器正常工作时,控制器应发出故障声信号并能保持 1h 以上。

5.2.4.7 对于软件控制实现各项功能的控制器,当程序不能正常运行或存储器内容出错时,控制器应有单独的故障指示灯显示系统故障。

5.2.4.8 控制器的故障信号在故障排除后,可以自动或手动复位。复位后,控制器应在 100s 内重新显示尚存在的故障。

5.2.4.9 任一故障均不应影响非故障部分的正常工作。

5.2.4.10 当控制器采用总线工作方式时,应设有总线短路隔离器。短路隔离器动作时,控制器应能指示出被隔离部件的部位号。当某一总线发生一处短路故障导致短路隔离器动作时,受短路隔离器影响的部件数量不应超过 32 个。

5.2.5 屏蔽功能(仅适于具有此项功能的控制器)

5.2.5.1 控制器应有专用屏蔽总指示灯(器),无论控制器处于何种状态,只要有屏蔽存在,该屏蔽总指示灯(器)应点亮。

5.2.5.2 控制器应具有对下述设备进行单独屏蔽、解除屏蔽操作功能(应手动进行):

a) 每个部位或探测区、回路;

b) 消防联动控制设备;

c) 故障警告设备;

d) 火灾声和/或光警报器;

e) 火灾报警传输设备。

5.2.5.3 控制器应在屏蔽操作完成后 2s 内启动屏蔽指示。在有火灾报警信号时，5.2.5.2中a)、b)、c)三项的屏蔽信息可以不显示，d)、e)二项屏蔽信息显示不能受火灾报警信号影响。

5.2.5.4 控制器应能显示所有屏蔽信息，在不能同时显示所有屏蔽信息时，则应显示最新屏蔽信息，其他屏蔽信息应手动可查。

5.2.5.5 控制器仅在同一个探测区内所有部位均被屏蔽的情况下，才能显示该探测区被屏蔽，否则只能显示被屏蔽部位。

5.2.5.6 控制器在同一个回路内所有部位和探测区均被屏蔽的情况下，才能显示该回路被屏蔽。

5.2.5.7 屏蔽状态应不受控制器复位等操作的影响。

5.2.6 监管功能（仅适于具有此项功能的控制器）

5.2.6.1 控制器应设专用监管报警状态总指示灯（器），无论控制器处于何种状态，只要有监管信号输入，该监管报警状态总指示灯（器）应点亮。

5.2.6.2 当有监管信号输入时，控制器应在100s内发出与火灾报警信号有明显区别的监管报警声、光信号；声信号仅能手动消除，当有新的监管信号输入时应能再启动；光信号应保持至手动复位。如监管信号仍存在，复位后监管报警状态应保持或在20s内重新建立。

5.2.6.3 控制器应能显示所有监管信息。在不能同时显示所有监管信息时，未显示的监管信息应手动可查。

5.2.7 自检功能

5.2.7.1 控制器应能检查本机的火灾报警功能（以下称自检），控制器在执行自检功能期间，受其控制的外接设备和输出接点均不应动作。控制器自检时间超过1min或其不能自动停止自检功能时，控制器的自检功能应不影响非自检部位、探测区和控制器本身的火灾报警功能。

5.2.7.2 控制器应能手动检查其面板所有指示灯（器）、显示器的功能。

5.2.7.3 具有能手动检查各部位或探测区火灾报警信号处理和

显示功能的控制器，应设专用自检总指示灯（器），只要有部位或探测区处于检查状态，该自检总指示灯（器）均应点亮，并满足下述要求：

　　a）控制器应显示（或手动可查）所有处于自检状态中的部位或探测区。

　　b）每个部位或探测区均应能单独手动启动和解除自检状态。

　　c）处于自检状态的部位或探测区不应影响其他部位或探测区的显示和输出，控制器的所有对外控制输出接点均不应动作（检查声和/或光警报器警报功能时除外）。

5.2.8　信息显示与查询功能

　　控制器信息显示按火灾报警、监管报警及其他状态顺序由高至低排列信息显示等级，高等级的状态信息应优先显示，低等级状态信息显示不应影响高等级状态信息显示，显示的信息应与对应的状态一致且易于辨识。当控制器处于某一高等级状态显示时，应能通过手动操作查询其他低等级状态信息，各状态信息不应交替显示。

5.2.9　系统兼容功能（仅适用于集中、区域和集中区域兼容型控制器）

5.2.9.1　区域控制器应能向集中控制器发送火灾报警、火灾报警控制、故障报警、自检以及可能具有的监管报警、屏蔽、延时等各种完整信息，并应能接收、处理集中控制器的相关指令。

5.2.9.2　集中控制器应能接收和显示来自各区域控制器的火灾报警、火灾报警控制、故障报警、自检以及可能具有的监管报警、屏蔽、延时等各种完整信息，进入相应状态，并应能向区域控制器发出控制指令。

5.2.9.3　集中控制器在与其连接的区域控制器间连接线发生断路、短路和影响功能的接地时应能进入故障状态并显示区域控制器的部位。

5.2.9.4 集中区域兼容型控制器应满足 5.2.9.1～5.2.9.3 要求。

5.2.10 电源功能

5.2.10.1 控制器的电源部分应具有主电源和备用电源转换装置。当主电源断电时，能自动转换到备用电源；主电源恢复时，能自动转换到主电源；应有主、备电源工作状态指示，主电源应有过流保护措施。主、备电源的转换不应使控制器产生误动作。

5.2.10.2 控制器至少一个回路按设计容量连接真实负载，其他回路连接等效负载，主电源容量应能保证控制器在下述条件下连续正常工作 4h：

　　a) 控制器容量不超过 10 个报警部位时，所有报警部位均处于报警状态；

　　b) 控制器容量超过 10 个报警部位时，20% 的报警部位（不少于 10 个报警部位，但不超过 32 个报警部位）处于报警状态。

5.2.10.3 控制器至少一个回路按设计容量连接真实负载，其他回路连接等效负载。备用电源在放电至终止电压条件下，充电 24h，其容量应可提供控制器在监视状态下工作 8h 后，在下述条件下工作 30min：

　　a) 控制器容量不超过 10 个报警部位时，所有报警部位均处于报警状态；

　　b) 控制器容量超过 10 个报警部位时，1/15 的报警部位（不少于 10 个报警部位，但不超过 32 个报警部位）处于报警状态。

5.2.10.4 当交流供电电压变动幅度在额定电压（220V）的 110% 和 85% 范围内，频率为 50±1Hz 时，控制器应能正常工作。在 5.2.10.2 条件下，其输出直流电压稳定度和负载稳定度应不大于 5%。

5.2.10.5 采用总线工作方式的控制器至少一个回路按设计容量

连接真实负载（该回路用于连接真实负载的导线为长度 1000m，截面积 1.0mm² 的铜质绞线，或生产企业声明的连接条件），其他回路连接等效负载，同时报警部位的数量应不少于 10 个。

5.2.11　软件控制功能（仅适于软件实现控制功能的控制器）

5.2.11.1　控制器应有程序运行监视功能，当其不能运行主要功能程序时，控制器应在 100s 内发出系统故障信号。

5.2.11.2　在程序执行出错时，控制器应在 100s 内进入安全状态。

5.2.11.3　控制器应设有对其存储器内容（包括程序租指定区域的数据）以不大于 1h 的时间间隔进行监视的功能，当存储器内容出错时，应在 100 s 内发出系统故障信号。

5.2.11.4　手动或程序输入数据时，不论原状态如何，都不应引起程序的意外执行。

5.2.11.5　控制器采用程序启动火灾探测器的确认灯时，应在发出火灾报警信号的同时，启动相应探测器的确认灯，确认灯可为常亮或闪亮，且应与正常监视状态下确认灯的状态有明显区别。

5.2.12　操作级别

控制器的操作级别应符合表 1 要求。

表 1　控制器操作级别划分表

序号	操作项目	Ⅰ	Ⅱ	Ⅲ	Ⅳ
1	查询信息	O	M	M	
2	消除控制器的声信号	O	M	M	
3	消除和手动启动声和/或光警报器的声信号	P	M	M	
4	复位	P	M	M	
5	进入自检状态	P	M	M	
6	调整计时装置	P	M	M	

续表1

序号	操作项目	Ⅰ	Ⅱ	Ⅲ	Ⅳ
7	屏蔽和解除屏蔽	P	O	M	
8	输入或更改数据	P	P	M	
9	分区编程	P	P	M	
10	延时功能设置	P	P	M	
11	接通、断开或调整控制器主、备电源	P	P	M	M
12	修改或改变软、硬件	P	P	P	M

注1：P—禁止本级操作；O—可选择是否由本级操作；M—可进行本级及本级
　　以下操作。

注2：进入Ⅱ、Ⅲ级操作功能状态应采用钥匙、操作号码，用于进入Ⅲ级操作
　　功能状态的钥匙或操作号码可用于进入Ⅱ级操作功能状态，但用于进入
　　Ⅱ级操作功能状态的钥匙或操作号码不能用于进入Ⅲ级操作功能状态。

注3：Ⅳ级操作功能不能仅通过控制器本身进行

5.3　软件文件（仅适于软件实现控制功能的控制器）

5.3.1　制造商应提交软件设计资料，资料应有充分的内容证明
软件设计符合标准要求并应至少包括以下内容：

　　a）主程序的功能描述（如流程图或结构图），包括：

　　　　1）各模块及其功能的主要描述；

　　　　2）各模块相互作用的方式；

　　　　3）程序的全部层次；

　　　　4）软件与控制器硬件相互作用的方式；

　　　　5）模块调用的方式，包括中断过程。

　　b）存储器地址分配情况（如程序、特定数据和运行数据）。

　　c）软件及其版本唯一识别标识。

5.3.2　若检验需要，制造商应能提供至少包含以下内容的详细
设计文件：

　　a）系统总体配置概况，包括所有软件和硬件部分。

　　b）程序中每个模块的描述，包括：

　　　　1）模块名称；

2）执行任务的描述；

3）接口的描述，包括数据传输方式、有效数据的范围和验证。

c）全部源代码清单，包括全局变量和局部变量、常量和注释、充分的程序流程说明。

d）设计和执行过程中使用的应用软件。

5.3.3　软件设计

为确保控制器的可靠性，软件设计应满足下述要求：

a）软件应为模块化结构；

b）手动和自动产生数据接口的设计应禁止无效数据导致程序运行错误；

c）软件设计应避免产生程序锁死。

5.3.4　程序和数据的存贮

5.3.4.1　满足本标准要求的程序和出厂设置等预置数据应存贮在不易丢失信息的存储器中。改变上述存储器内容应通过特殊工具或密码实现，并且不允许在控制器正常运行时进行。

5.3.4.2　现场设置的数据应被存贮在控制器无外部供电情况下信息至少能被保存 14d 的存储器中，除非有措施在控制器电源恢复后 1h 内对该数据进行恢复。

5.4　主要部（器）件性能

5.4.1　控制器的主要部（器）件，应采用符合相关标准的定型产品。

5.4.2　指示灯（器）

5.4.2.1　应以红色指示火灾报警状态、监管状态、向火灾报警传输设备传输信号和向消防联动设备输出控制信号；黄色指示故障、屏蔽、自检状态；绿色表示电源工作状态。

5.4.2.2　指示灯（器）功能应有标注。

5.4.2.3　在不大于 500lx 环境光条件下，在正前方 22.5°视角范围内，状态指示灯（器）和电源指示灯（器）应在 3m 处清晰可见；其他指示灯（器）应在 0.8m 处清晰可见。

5.4.2.4 采用闪亮方式的指示灯（器）每次点亮时间应不小于0.25s，其火警指示灯（器）闪动频率应不小于1Hz，故障指示灯（器）闪动频率应不小于0.2Hz。

5.4.2.5 用一个指示灯（器）显示具体部位的故障、屏蔽和自检状态时，应能明确分辨。

5.4.3 在100～500lx环境光线条件下，字母（符）—数字显示器，显示字符应在正前方22.5°视角内，0.8m处可读。

5.4.4 音响器件

5.4.4.1 在正常工作条件下，音响器件在其正前方1m处的声压级（A计权）应大于65dB，小于115dB。

5.4.4.2 在控制器额定工作电压85％条件下音响器件应能正常工作。

5.4.5 熔断器

用于电源线路的熔断器或其他过电流保护器件，其额定电流值一般应不大于控制器最大工作电流的2倍。当最大工作电流大于6A时，熔断器电流值可取其1.5倍。在靠近熔断器或其他过电流保护器件处应清楚地标注其参数值。

5.4.6 接线端子

每一接线端子上都应清晰、牢固地标注其编号或符号，相应用途应在有关文件中说明。

5.4.7 充电器及备用电源

5.4.7.1 电源正极连接导线为红色，负极为黑色或蓝色。

5.4.7.2 充电电流应不大于电池生产厂规定的额定值。

5.4.8 开关和按键

开关和按键应在其上或靠近的位置清楚地标注出其功能。

6 要求与试验方法

略

7 检验规则

7.1 产品出厂检验

企业在产品出厂前应对控制器进行下述试验项目的检验：

a) 主要部（器）件检查；

b) 火灾报警功能试验；

c) 火灾报警控制功能试验；

d) 故障报警功能试验；

e) 屏蔽功能试验；

f) 监管功能试验；

g) 自检功能试验；

h) 绝缘电阻试验；

i) 泄漏电流试验。

每台控制器在出厂前均应进行上述试验。以组件形式出厂的控制器，应配接相关部分组成整机，进行上述试验。其中任一项不合格，则判该产品不合格。

7.2 型式检验

7.2.1 型式检验项目为本标准第 6 章 6.1.5、6.2～6.24 规定的实验项目。检验样品在出厂检验合格的产品中抽取。

7.2.2 有下列情况之一时，应进行型式检验：

a) 新产品或老产品转厂生产时的试制定型；

b) 正式生产后，产品的结构、主要部（器）件或元器件、生产工艺等有较大的改变，可能影响产品性能或正式投产满 5 年；

c) 产品停产一年以上，恢复生产；

d) 出厂检验结果与上次型式检验结果差异较大；

e) 发生重大质量事故。

7.2.3 检验结果按 GB 12978 中规定的型式检验结果判定方法进行判定。

8 标志

8.1 产品标志

每台控制器均应有清晰、耐久的产品标志，产品标志应包括以下内容：

a) 产品名称；

b) 本标准标准号；

　c）制造商名称或商标；

　d）型号；

　e）接线柱标注；

　f）制造日期、产品编号、产地和控制器内软件版本号。

8.2　质量检验标志

每只控制器均应有质量检验合格标志。

十五、《手动火灾报警按钮》GB 19880—2005

3　一般要求

3.1　总则

手动火灾报警按钮（以下称报警按钮）若要符合本标准，应首先满足本章要求，然后按第 4 章规定进行试验，并满足试验要求。

3.2　使用说明书

报警按钮应有相应的中文说明书。说明书应满足 GB 9969.1 的要求。

3.3　启动零件

3.3.1　正常监视状态

报警按钮的正常监视状态可通过其前面板外观清晰识别，启动零件不应破碎、变形或移位。

3.3.2　报警状态

报警按钮从正常监视状态进入报警状态可以通过如下操作完成，并应能从前面板外观变化识别且与正常监视状态有明显区别：

　a）击碎启动零件；

　b）使启动零件移位。

3.4　报警确认灯

报警按钮应设红色报警确认灯，报警按钮启动零件动作，报警确认灯应点亮，并保持至报警状态被复位。如通过报警确认灯显示报警按钮其他工作状态，被显示状态应与火灾报警指示时的状态有明显区别。确认灯点亮时在其正前方 2m 处，光照度不超过 500lx 的环境条件下，应清晰可见。

3.5　复位

报警按钮动作后应仅能使用工具通过下述方法进行复位：

    a）对启动零件不可重复使用的，更换新的启动零件；

    b）对启动零件可重复使用的，复位启动零件。

3.6　测试手段

启动零件不可重复使用的报警按钮应有专门测试手段，在不击碎启动零件情况下进行模拟报警及复位测试。

3.7　结构设计

3.7.1　安全性

操作启动零件时不应对操作者产生伤害。

报警按钮外壳的边角应钝化，减少使人受伤的可能性。

3.7.2　形状、尺寸和颜色

3.7.2.1　形状

报警按钮的前面板宜采用图1或图2所示形状及表1列出的尺寸。

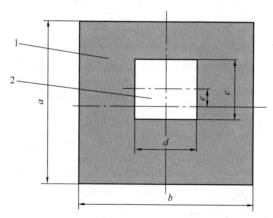

1——前面板；

2——操作面板；

$a\sim e$见表1。

图1　方形启动零件报替按钮形状

　　报警按钮的操作面板宜为正方形（见图1）或长方形（见图2）及符合表1和下述要求：

　　a）在前面板垂直中心线的正中间；

　　b）可以设计成允许与前面板水平中心线有垂直偏差。

　　报警按钮的操作面板应与前面板在同一水平面或嵌入前面板里，但不能凸出前面板外。

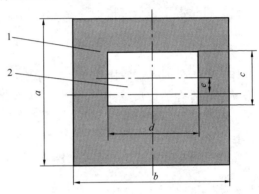

1——前面板；
2——操作面板；
$a \sim e$见表1。

图2　长方形启动零件报警按钮形状

表1　报警按钮的外形尺寸

尺　寸	图1或图2中的符号	报警按钮	
		正方形操作面板	长方形操作面板
前面板高度	a	85mm≤a≤135mm	85mm≤a≤135mm
前面板宽度	b	85mm≤b≤135mm	85mm≤b≤135mm
前面板宽度与高度之比	b/a	0.95≤b/a≤1.05	0.95≤b/a≤1.05
操作面板高度	c	0.5a±5mm	0.4a±5mm
操作面板宽度	d	0.5a±5mm	0.8a±5mm
操作面板宽度与高度之比	d/c	0.95≤d/c≤1.05	1.9≤d/c≤2.1
操作面板最大偏移量	e	±0.1a	±0.1a

3.7.2.2　尺寸

报警按钮前面板覆盖面积（含操作面板）应大于 $6400mm^2$，操作面板面积应大于 $1000mm^2$。前面板和操作面板尺寸宜在表1规定的范围内。

报警按钮按制造商规定的安装方式安装后，前面板应与安装面平行，且凸出安装面至少 15mm。

3.7.2.3　颜色

报警按钮按制造商规定的安装方式安装后，除下述部位外，可视的表面颜色应为红色：

a）操作面板；

b）3.7.3.2 中规定的符号和文字。

操作面板的颜色除 3.7.3.3 中指定的符号和文字外宜为白色。

3.7.3　符号和文字

3.7.3.1　总则

报警按钮应采用适当的符号和文字进行标识。

3.7.3.2　前面板上符号和文字

3.7.3.2.1　宜在报警按钮前面板的上部居中标注如图 3（a）所示的图形符号或起同等作用的文字，符号和文字应为白色。

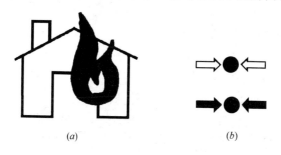

（a）　　　　　　　　　（b）

图 3　报警按钮标识

3.7.3.2.2 除 3.7.3.2.1 中规定，其他符号、文字均应在前面板水平中心线下方。非红色标识部分总面积不应超过前面板面积的 5%。

3.7.3.3　操作面板上符号和文字

3.7.3.3.1　报警按钮的操作面板上应标注图 3（b）所示的图形符号。图形标识可附有补充性文字（如：按下报警）。符号和文字宜为黑色，其总面积不应超过操作面板总面积的 10%。

3.7.3.3.2　其他符号、文字不应影响 3.7.3.3.1 中规定的图形标识，且限制在操作面板上部和/或下部 25% 区域内。除 3.7.3.3.1 中规定的图形标识，操作面板上与操作面板颜色不同的标识总面积不应超过操作面板面积的 5%。

3.7.4　使用环境

制造商应规定报警按钮的使用环境（户内或户外）。

3.7.5　辅助接点

报警按钮如具有其他启动或辅助功能，应至少有一常开或常闭接点，接点容量应在使用说明书中说明。

4　要求与试验方法

略

5　检验规则

5.1　产品出厂检验

5.1.1　制造商在产品出厂前应对报警按钮至少进行下述试验项目的检验：

　　a）动作性能试验；

　　b）可靠性试验；

　　c）电源参数波动试验；

　　d）高温（运行）试验；

　　e）碰撞（运行）试验。

5.1.2　制造商应规定抽样方法、检验和判定规则。

5.2　型式检验

5.2.1　型式检验项目为本标准第 4 章 4.2.7、4.2～4.22 的规定试验项目。

5.2.2　有下列情况之一时，应进行型式检验：

a）新产品或老产品转厂生产时的试制定型鉴定；

b）正式生产后，产品的结构、主要部件或元器件、生产工艺等有较大的改变可能影响产品性能或正式投产满 5 年；

c）产品停产一年以上，恢复生产；

d）出厂检验结果与上次型式检验结果差异较大；

e）发生重大质量事故。

5.2.3 检验结果按 GB 12978 中规定的型式检验结果判定方法进行判定。

6 标志

6.1 产品标志

报警按钮的标志应符合下述要求：

a）每只报警按钮应清晰标注如下信息：

1）本标准标准号，

2）制造商名称或商标；

3）型号；

4）接线端子标注；

5）制造日期、产品编号和产地。

b）标志上如使用不常用的符号或缩写，应在报警按钮的使用说明书中说明；

c）标志在报警按钮安装维护过程中应清晰可见；

d）标志不应贴在螺丝或其他易被拆卸的部件上。

6.2 质量检验标志

报警按钮应有质量检验合格标志。

十六、《线型光束感烟火灾探测器》GB 14003—2005

4 一般要求

4.1 总则

线型光束感烟火灾探测器（以下称探测器）若要符合本标准，应首先满足本章要求，然后按第 5 章规定进行试验，并满足试验要求。

4.2 报警确认灯

探测器上应有红色报警确认灯。当被监视区域烟参数符合报警条件时，探测器报警确认灯应点亮，并保持至被复位。通过报警确认灯显示探测器其他工作状态时，应与火灾报警状态有明显区别。可拆卸探测器的报警确认灯可安装在探头或其底座上。确认灯点亮时在其正前方 10m 处，光照度不超过 500lx 的环境条件下，应清晰可见。

4.3 辅助设备连接

探测器连接其他辅助设备（例如远程确认灯，控制继电器等）时，与辅助设备连接线的开路和短路不应影响探测器的正常工作。

4.4 出厂设置

除非使用特殊手段（如专用工具或密码）或破坏封条，否则探测器的出厂设置不应被改变。

4.5 响应性能现场设置

探测器的响应性能如果可在探测器或在与其相连的控制和指示设备上进行现场设置，则应满足以下要求：

a）当制造商声明所有设置均满足本标准的要求时，探测器在任意设置的条件下均应满足本标准的要求，且对于现场设置应只能通过专用工具、密码或探头与底座的分离等手段实现。

b）当制造商声明某一设置不满足本标准的要求时，该设置应只能通过专用工具、密码手段实现，且应在探测器上或有关文件中明确标明该项设置不能满足标准的要求。

4.6 防止外界物体侵入性能

探测器应能防止直径为 0.95～1.0mm 的球形物体侵入其内部。

4.7 可拆卸探测器

当可拆卸探测器探头与底座分离时，应为控制和指示设备发出故障信号提供识别手段。

4.8 极限补偿

具有补偿功能的探测器，达到补偿极限时，探测器应向配接的控制和指示设备发出一个显示补偿达到极限的信号（可为故障信号）。

4.9 控制软件要求

4.9.1 总则

对于依靠软件控制而符合本标准要求的探测器，应满足4.9.2、4.9.3和4.9.4的要求。

4.9.2 软件文件

4.9.2.1 制造商应提交软件设计资料。资料应有充分的内容证明软件设计符合标准要求并应至少包括以下内容：

　　a）主程序的功能描述（如流程图或结构图），包括：

　　——各模块及其功能的主要描述；

　　——各模块相互作用的方式；

　　——程序的全部层次；

　　——软件与探测器硬件相互作用的方式；

　　——模块调用的方式，包括中断过程。

　　b）存储器地址分配情况（如程序、特定数据和运行数据）；

　　c）软件及其版本唯一识别标识。

4.9.2.2 若检验需要，制造商应能提供至少包含以下内容的详细的设计文件：

　　a）系统总体配置概况，包括所有软件和硬件部分；

　　b）程序中每个模块的描述，包括：

　　——模块名称；

　　——执行任务的描述；

　　——接口的描述，包括数据传输方式、有效数据的范围和验证。

　　c）全部源代码清单，包括全局变量和局部变量、常量和注释、充分的程序流程的说明；

　　d）设计和执行过程中使用的应用软件。

4.9.3 软件设计

为确保探测器的可靠性，软件设计应满足下述要求：

a）软件应为模块化结构；

b）手动和自动产生数据接口的设计应禁止无效数据导致程序运行错误；

c）软件设计应避免产生程序锁死。

4.9.4　程序和数据的存贮

4.9.4.1　满足本标准要求的程序和出厂设置等预置数据应存贮在不易丢失信息的存储器中。改变上述存储器内容应通过特殊工具或密码实现，并且不允许在探测器正常运行时进行。

4.9.4.2　现场设置的数据应被存贮在探测器无外部供电情况下信息至少能保存 14d 的存储器中，除非有措施在探测器电源恢复后 1h 内对该数据进行恢复。

4.10　使用说明书

探测器应有相应的中文说明书。说明书的内容应满足 GB 9969.1 的要求。

5　要求与试验方法

略

6　检验规则

6.1　产品出厂检验

企业在产品出厂前应对探测器进行下述试验项目的检验：

a）一致性试验；

b）重复性试验；

c）高温试验；

d）光路长度相依性试验。

制造商应规定抽样方法、检验和判定规则。

6.2　型式检验

6.2.1　型式检验项目为本标准 5.2～5.23 规定的试验项目。检验样品在出厂检验合格的产品中抽取。

有下列情况之一时，应进行型式检验：

a）新产品或老产品转厂生产时的试制定型鉴定；

　　b）正式生产后，产品的结构、主要部件或元器件、生产工艺等有较大的改变，可能影响产品性能或正式投产满 4 年；

　　c）产品停产一年以上，恢复生产；

　　d）出厂检验结果与上次型式检验结果差异较大；

　　e）发生重大质量事故。

6.2.2　检验结果按 GB 12978 规定的型式检验结果判定方法进行判定。

7　标志

7.1　总则

7.1.1　产品标志应在探测器安装维护过程中清晰可见。

7.1.2　产品标志不应贴在螺丝或其他易被拆卸的部件上。

7.2　产品标志

7.2.1　每只探测器均应清晰地标注下列信息：

　　a）产品名称；

　　b）本标准标准号；

　　c）制造商名称或商标；

　　d）型号；

　　e）接线柱标注；

　　f）制造日期、产品编号、产地和探测器内软件版本号；

　　g）产品主要技术参数（包括最大光路长度、最小光路长度、最大光路方向偏差、探测器的报警阈值、具有可变响应阈值的探测器应标明最大和最小响应阈值）。

7.2.2　对于可拆卸探测器，探头上的标志内容应包括上述 a）、b）、c）、d）、f）、g）条的内容，底座的标志内容应至少包括 d）和 e）条内容。

7.2.3　产品标志信息中如使用不常用符号或缩写时，应在探测器说明书中说明。

7.3　质量检验标志

　　每只探测器均应有质量检验合格标志。

十七、《点型感烟火灾探测器》GB 4715—2005

3   一般要求

3.1   总则

点型感烟火灾探测器（以下称探测器）若要符合本标准，应首先满足本章要求，然后按第 4 章规定进行试验，并满足试验要求。

3.2   报警确认灯

每个探测器上应有红色报警确认灯。当被监视区域烟参数符合报警条件时，探测器报警确认灯应点亮，并保持至被复位。通过报警确认灯显示探测器其他工作状态时，被显示状态应与火灾报警状态有明显区别。可拆卸探测器的报警确认灯可安装在探头或其底座上。确认灯点亮时在其正前方 6m 处，在光照度不超过 500lx 的环境条件下，应清晰可见。

3.3   辅助设备连接

探测器连接其他辅助设备（例如远程确认灯，控制继电器等）时，与辅助设备间连接线开路和短路不应影响探测器的正常工作。

3.4   可拆卸探测器

可拆卸探测器在探头与底座分离时，应为监控装置发出故障信号提供识别手段。

3.5   出厂设置

除非使用特殊手段（如专用工具或密码）或破坏封条，否则探测器的出厂设置不应被改变。

3.6   响应性能现场设置

探测器的响应性能如果可在探测器或在与其相连的控制和指示设备上进行现场设置，则应满足以下要求：

a）当制造商声明所有设置均满足本标准的要求时，探测器在任意设置的条件下均应满足本标准的要求，且只能通过专用工具、密码或探头与底座分离等手段实现现场设置。

b）当制造商声明某一设置不满足本标准的要求时，该设置应只能通过专用工具、密码手段实现，且应在探测器上或有关文件中明确标明该项设置不能满足标准的要求。

3.7　防止外界物体侵入性能

探测器应能防止直径为 1.3 ± 0.05 mm 的球形物体侵入探测室。

3.8　慢速发展火灾响应性能

3.8.1　探测器的漂移补偿功能不应使探测器对慢速发展火灾的响应性能产生明显影响。

3.8.2　当无法用模拟烟气浓度缓慢增加的方法评估探测器对慢速发展火灾响应性能时，可以通过物理试验和模拟试验对电路和/或软件分析确定。

3.8.3　探测器评估应满足以下要求：

a）对于任意一种大于 $A/4h$（A 为探测器不加补偿时的初始响应阈值）的升烟速率 R，探测器发出报警的时间应小于（$1.6\times A/R+100$）s；

b）探测器的漂移补偿设定在一定范围内时，在该范围内探测器的响应阈值与该只探测器不加补偿时的初始响应阈值之比不应超过 1.6。

注：有关评估方法的进一步说明见附录 D。

3.9　使用说明书

探测器应有相应的中文说明书。说明书的内容应满足 GB 9969.1 的要求。

3.10　控制软件要求

3.10.1　总则

对于依靠软件控制而符合本标准要求的探测器，应满足 3.10.2、3.10.3 和 3.10.4 的要求。

3.10.2　软件文件

3.10.2.1　制造商应提交软件设计资料，资料应有充分的内容证明软件设计符合标准要求并应至少包括以下内容：

　　a）主程序的功能描述（如流程图或结构图），包括：

　　　1）各模块及其功能的主要描述；

　　　2）各模块相互作用的方式；

　　　3）程序的全部层次；

　　　4）软件与探测器硬件相互作用的方式：

　　　5）模块调用的方式，包括中断过程。

　　b）存储器地址分配情况（如程序、特定数据和运行数据）。

　　c）软件及其版本唯一识别标识。

3. 10. 2. 2　若检验需要，制造商应能提供至少包含以下内容的详细设计文件：

　　a）系统总体配置概况，包括所有软件和硬件部分。

　　b）程序中每个模块的描述，包括：

　　　1）模块名称；

　　　2）执行任务的描述；

　　　3）接口的描述，包括数据传输方式、有效数据的范围和验证。

　　c）全部源代码清单，包括全局变量和局部变量、常量和注释、充分的程序流程说明。

　　d）设计和执行过程中使用的应用软件。

3. 10. 3　软件设计

　　为确保探测器的可靠性，软件设计应满足下述要求：

　　a）软件应为模块化结构；

　　b）手动和自动产生数据接口的设计应禁止无效数据导致程序运行错误；

　　c）软件设计应避免产生程序锁死。

3. 10. 4　程序和数据的存贮

3. 10. 4. 1　满足本标准要求的程序和出厂设置等预置数据应存贮在不易丢失信息的存储器中。改变上述存储器内容应通过特殊工具或密码实现，并且不允许在探测器正常运行时进行。

3. 10. 4. 2　现场设置的数据应被存贮在探测器无外部供电情况下

信息至少能保存14d的存储器中，除非有措施在探测器电源恢复后1h内对该数据进行恢复。

4　要求和试验方法

略

5　检验规则

5.1　产品出厂检验

企业在产品出厂前应对探测器进行下述试验项目的检验：

　　a）一致性试验；

　　b）重复性试验；

　　c）碰撞试验；

　　d）低温（运行）试验；

　　e）恒定湿热（运行）试验；

　　f）电压波动试验。

制造商应规定抽样方法、检验和判定规则。

5.2　型式检验

5.2.1　型式检验项目为本标准4.2～4.22规定的试验项目。检验样品在出厂检验合格的产品中抽取。

5.2.2　有下列情况之一时，应进行型式检验：

　　a）新产品或老产品转厂生产时的试制定型鉴定；

　　b）正式生产后，产品的结构、主要部件或元器件、生产工艺等有较大的改变可能影响产品性能或正式投产满5年；

　　c）产品停产一年以上，恢复生产；

　　d）出厂检验结果与上次型式检验结果差异较大；

　　e）发生重大质量事故。

5.2.3　检验结果按GB 12978中规定的型式检验结果判定方法进行判定。

6　标志

6.1　总则

6.1.1　产品标志应在探测器安装维护过程中清晰可见。

6.1.2　产品标志不应贴在螺丝或其他易被拆卸的部件上。

6.2 产品标志

6.2.1 每只探测器均应清晰地标注下列信息：

　　a）产品名称；

　　b）本标准标准号；

　　c）制造商名称或商标；

　　d）型号；

　　e）接线柱标注；

　　f）制造日期、产品编号、产地和探测器内软件版本号。

　　对于可拆卸探测器，探头上的标志应包括上述 a）、b）、c）、d) 和 f)，底座上的标志应至少包括 d) 和 e)。

6.2.2 产品标志信息中如使用不常用符号或缩写时，应在探测器说明书中说明。

6.3 质量检验标志

　　每只探测器均应有质量检验合格标志。

十八、《点型感温火灾探测器》GB 4716—2005

3 一般要求

3.1 总则

　　点型感温火灾探测器（以下简称探测器）若要符合本标准，应首先满足本章要求，然后按第 4 章规定进行试验，并满足试验要求。

3.2 分类

　　探测器应符合表 1 中划分的 A1、A2、B、C、D、E、F 和 G 中的一类或多类。

　　可通过在上述类别符号的后面附加字母 S 或 R 的形式（如 A1S、BR 等）标示 S 型或 R 型探测器。对于 S 型或 R 型的各类探测器，除进行 4.2～4.22 规定的试验外，还应分别进行 4.23 或 4.24 规定的试验并满足试验要求。

　　注 1：S 型探测器即使对较高升温速率在达到最小动作温度前也不能发出火灾报警信号。

注2：R型探测器具有差温特性，对于高升温速率，即使从低于典型应用温度以下开始升温也能满足响应时间要求。

注3：对于可现场设置类别的探测器，在其产品标志中用P表示类别，并应标出所有可设置的类别，其当前设置类别应能清晰识别。

表1　探测器分类

探测器类别	典型应用温度 /℃	最高应用温度 /℃	动作温度下限值 /℃	动作温度上限值 /℃
A1	25	50	54	65
A2	25	50	54	70
B	40	65	69	85
C	55	80	84	100
D	70	95	99	115
E	85	110	114	130
F	100	125	129	145
G	115	140	144	160

3.3　感温元件的位置

探测器的感温元件（辅助功能的元件除外）与探测器安装表面的距离不应小于15mm。

3.4　报警确认灯

A1、A2、B、C和D类探测器应具有红色报警确认灯。当被监视区域温度参数符合报警条件时，探测器报警确认灯应点亮，并保持至报警状态被复位。通过报警确认灯显示探测器其他工作状态时，被显示状态应与火灾报警状态有明显区别。可拆卸探测器的报警确认灯可安装在探头或其底座上。确认灯点亮时在其正前方6m处，光照度不超过500lx的环境条件下，应清晰可见。

E、F和G类探测器应有红色报警确认灯或有现场分体的探测器火灾报警状态其他指示方式。

3.5　辅助设备连接

探测器连接其他辅助设备（例如远程确认灯、控制继电器等）时，与辅助设备之间的连接线断路和短路不应影响探测器的正常工作。

3.6　可拆卸探测器监视

可拆卸探测器在探头与底座分离时，应为电源和监视设备发出故障信号提供识别手段。

3.7　出厂设置改变

除非使用特殊手段（如专用工具或密码）或破坏封条，否则探测器的出厂设置不应被改变。

3.8　现场设置

探测器的响应性能如可在探测器或在与其相连的电源和监视设备上进行现场设置，则应满足以下要求：

a）当制造商声明所有设置均满足本标准的要求时，探测器在任意设置的条件下均应满足本标准的要求，且只能通过专用工具、密码或探头与底座分离等手段改变现场设置。

b）当制造商声明某一设置不满足本标准的要求时，该设置应只能通过专用工具、密码手段实现，且应在探测器上或有关文件中明确标明该项设置不能满足本标准的要求。

3.9　控制软件要求

3.9.1　总则

对于依靠软件控制而符合本标准要求的探测器，应满足3.9.2、3.9.3和3.9.4要求。

3.9.2　软件文件

3.9.2.1　制造商应提交软件设计文件，文件应有充分的内容证明软件设计符合标准要求并应至少包括以下内容：

a）主程序的功能描述（如流程图或结构图），包括：

1）各模块及其功能的描述；

2）各模块相互作用的方式；

3）程序的全部层次；

4）软件与探测器硬件相互作用的方式；

　　　5）模块调用的方式，包括中断过程。

　b）存储器地址分配情况。

　c）软件及其版本唯一识别标识。

3.9.2.2　若检验需要，制造商应能提供至少包含以下内容的详细设计文件：

　a）系统总体配置概况，包括所有软件和硬件部分。

　b）程序中每个模块的描述，包括：

　　　1）模块名称；

　　　2）执行任务的描述；

　　　3）接口的描述，包括数据传输方式、有效数据的范围和验证。

　c）全部源代码清单，包括全局变量和局部变量、常量和注释、充分的程序流程的说明。

　d）设计和执行过程中使用的应用软件。

3.9.3　软件设计

　为确保探测器的可靠性，软件设计应满足下述要求：

　a）软件应为模块化结构；

　b）手动和自动产生数据的接口设计应禁止无效数据导致程序运行错误；

　c）软件设计应避免产生程序锁死。

3.9.4　程序和数据的存贮

　满足本标准要求的程序和出厂设置等预置数据应存贮在不易丢失信息的存储器中。改变上述存储器内容应通过特殊工具或密码实现，并且不应在探测器正常运行时进行。

　现场设置的数据应被存贮在探测器无外部供电情况下，信息至少能保存14d的存储器中，除非有措施保证在探测器电源恢复后1h内对该数据进行恢复。

3.10　使用说明书

　探测器应有相应的中文说明书。说明书应满足 GB 9969.1 的要求。

4 要求与试验方法

略

5 检验规则

5.1 产品出厂检验

5.1.1 制造商在产品出厂前应对探测器至少进行下述试验项目的检验：

    a）响应时间试验；

    b）高温响应试验；

    c）电源参数波动试验；

    d）碰撞（运行）试验；

    e）低温（运行）试验；

    f）S 型或 R 型探测器附加试验。

5.1.2 制造商应规定抽样方法、检验和判定规则。

5.2 型式检验

5.2.1 型式检验项目为本标准第 4 章 4.2～4.24 规定的试验项目。

5.2.2 有下列情况之一时，应进行型式检验：

    a）新产品或老产品转厂生产时的试制定型鉴定；

    b）正式生产后，产品的结构、主要部件或元器件、生产工艺等有较大的改变可能影响产品性能或正式投产满 5 年；

    c）产品停产一年以上，恢复生产；

    d）出厂检验结果与上次型式检验结果差异较大；

    e）发生重大质量事故。

5.2.3 检验结果按 GB 12978 中规定的型式检验结果判定方法进行判定。

6 标志

6.1 总则

6.1.1 标志在探测器安装维护过程中应清晰可见。

6.1.2 标志不应贴在螺丝或其他易被拆卸的部件上。

6.2 产品标志

6.2.1 每只探测器应清晰标志如下信息：

a）产品名称和类别（如 A1、A1R、A1S、A2、B 等），如果探测器的类别可以现场设置，则用符号 P 代替类别标志（见3.8）；

b）本标准标准号；

c）制造商名称或商标；

d）型号；

e）接线端子标注；

f）制造日期、产品编号、产地和探测器软件版本号。

对于可拆卸探测器，探头上的标志应包含 a）、b）、c）、d）和 f）项，底座上的标志应至少包含 d）和 e）项。

6.2.2 产品标志信息中如使用不常用符号或缩写时，应在探测器的使用说明书中说明。

6.3 质量检验标志

探测器应有质量检验合格标志。

十九、《防火卷帘》GB 14102—2005

6 要求

6.1 外观质量

6.1.1 防火卷帘金属零部件表面不应有裂纹、压坑及明显的凹凸、锤痕、毛刺、孔洞等缺陷。其表面应做防锈处理，涂层、镀层应均匀，不得有斑剥、流淌现象。

6.1.2 防火卷帘无机纤维复合帘面不应有撕裂、缺角、挖补、破洞、倾斜、跳线、断线、经纬纱密度明显不匀及色差等缺陷；夹板应平直，夹持应牢固，基布的经向应是帘面的受力方向，帘面应美观、平直、整洁。

6.1.3 相对运动件在切割、弯曲、冲钻等加工处不应有毛刺。

6.1.4 各零部件的组装、拼接处不应有错位。焊接处应牢固，外观应平整，不应有夹渣、漏焊、疏松等现象。

6.1.5 所有紧固件应紧牢，不应有松动现象。

6.2　材料

6.2.1　无机纤维复合防火卷帘使用的原材料应符合健康、环保的有关规定，不应使用国家明令禁止使用的材料。

6.2.2　防火卷帘主要零部件使用的各种原材料应符合相应国家标准或行业标准的规定。

6.2.3　防火卷帘主要零部件使用的原材料厚度宜采用表 5 的规定。

表 5　原材料厚度　　　　　　　单位为毫米

零部件名称	原材料厚度
帘板	普通型帘板厚度≥1.0；复合型帘板中任一帘片厚度≥0.8
夹板	≥3.0
座板	≥3.0
导轨	掩埋型≥1.5；外露型≥3.0
门楣	≥0.8
箱体	≥0.8
注：复合型导轨和座板的厚度可采用叠加法计算	

6.2.4　无机纤维复合防火卷帘帘面的装饰布或基布应能在 $-20℃$ 的条件下不发生脆裂并应保持一定的弹性；在 $+50℃$ 条件下不应粘连。

6.2.5　无机纤维复合防火卷帘帘面装饰布的燃烧性能不应低于 GB 8624—1997B$_1$ 级（纺织物）的要求；基布的燃烧性能不应低于 GB 8624—1997A 级的要求。

6.2.6　无机纤维复合防火卷帘帘面所用各类纺织物常温下的断裂强度经向不应低于 600N/5cm，纬向不应低于 300N/5cm。

6.3　零部件

6.3.1　零部件尺寸公差

防火卷帘主要零部件尺寸公差应符合表 6 的规定。

表6　主要零部件尺寸公差　　单位为毫米

主要零部件	图　示	尺寸公差		
帘板	L	长度	L	±2.0
	h　s	宽度	h	±1.0
		厚度	s	±1.0
导轨	b　a	槽深	a	±2.0
		槽宽	b	±2.0

6.3.2　帘板

6.3.2.1　钢质防火卷帘相邻帘板串接后应转动灵活，摆动90°不允许脱落，如图2所示。

6.3.2.2　钢质防火卷帘帘板两端挡板或防窜机构应装配牢固，卷帘运行时相邻帘板窜动量不应大于2mm。

6.3.2.3　钢质防火卷帘的帘板应平直，装配成卷帘后，不允许有孔洞或缝隙存在。

6.3.2.4　钢质防火卷帘复合型帘板的两帘片连接应牢固，填充料填加应充实。

6.3.3　无机纤维复合帘面

6.3.3.1　无机纤维复合帘面拼接缝的个数每米内各层累计不应超过3条，且接缝应避免重叠。帘面上的受力缝应采用双线缝制，拼接缝的搭接量不应小于20mm。非受力缝可采用单线缝制，拼接缝处的搭接量不应小于10mm。

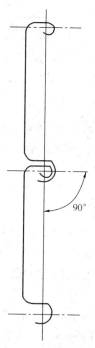

图2　帘板串接
后摆动示意图

6.3.3.2   无机纤维复合帘面应沿帘布纬向每隔一定的间距设置耐高温不锈钢丝（绳），以承载帘面的自重；沿帘布经向设置夹板，以保证帘面的整体强度，夹板间距应为 $300\sim500\text{mm}$。

6.3.3.3   无机纤维复合帘面上除应装夹板外，两端还应设防风钩。

6.3.3.4   无机纤维复合帘面不应直接连接于卷轴上，应通过固定件与卷轴相连。

6.3.4   导轨

6.3.4.1   帘面嵌入导轨的深度应符合表 7 的规定。导轨间距离超过表 7 规定，导轨间距离每增加 1000mm 时，每端嵌入深度应增加 10mm。

表 7   嵌入深度   单位为毫米

导轨间距离 B	每端嵌入深度
$B<3000$	>45
$3000\leqslant B<5000$	>50
$5000\leqslant B<9000$	>60

6.3.4.3   导轨的滑动面、侧向卷帘供滚轮滚动的导轨表面应光滑、平直。帘面、滚轮在到导轨内运行时应平稳顺畅，不应有碰撞和冲击现象。

6.3.4.4   单帘面卷帘的两根导轨应互相平行，其平行度误差不应大于 5mm；双帘面卷帘不同帘面的导轨也应相互平行，其平行度误差不应大于 5mm。

6.3.4.5   防火防烟卷帘的导轨内应设置防烟装置，防烟装置所用材料应为不燃或难燃材料，如图 3 所示，防烟装置与帘面应均匀紧密贴合，其贴合面长度不应小于导轨长度的 80%。

6.3.4.6   导轨现场安装应牢固，预埋钢件的间距为 $600\sim1000\text{mm}$。垂直卷卷帘的导轨安装后相对于基础面的垂直度误差不应大于 1.5mm/m，全长不应大于 20mm。

6.3.5   门楣

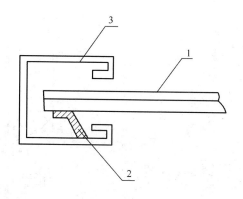

1——帘面;

2——防烟装置;

3——导轨

图 3　导轨防烟装置示意图

6.3.5.1　防火防烟卷帘的门楣内应设置防烟装置，防烟装置所用的材料应为不燃或难燃材料，如图 4 所示。防烟装置与帘面应均匀紧密贴合，其贴合面长度不应小于门楣长度的 80%，非贴合部位的缝隙不应大于 2mm。

6.3.5.2　门楣现场安装应牢固，预埋钢件的间距为 600～1000mm。

6.3.6　座板

6.3.6.1　座板与地面应平行、接触应均匀。

6.3.6.2　座板的刚度应大于卷帘帘面的刚度。座板与帘面之间的连接应牢固。

6.3.7　传动装置

6.3.7.1　传动用滚子链和链轮的尺寸、公差及基本参数应符合 GB/T 1243 的规定，链条静强度、选用的许可安全系数应大于 4。

6.3.7.2　传动机构、轴承、链条表面应无锈蚀，并应按要求加适量润滑剂。

6.3.7.3　垂直卷卷帘的卷轴在正常使用时的挠度应小于卷轴长

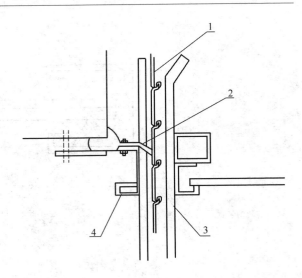

1——帘面;
2——防烟装置;
3——导轨;
4——门楣

图4 门楣防烟装置示意图

度 1/400。

6.3.7.4 侧向卷卷帘的卷轴安装时应与基础面垂直。垂直度误差应小于 1.5mm/m。全长应小于 5mm。

6.3.8 卷门机

防火卷帘用卷门机应是经国家消防检测机构检测合格的定型配套产品,其性能应符合附录 A 的规定。

6.3.9 控制箱

防火卷帘用控制箱应是经国家消防检测机构检测合格的定型配套产品,其性能应符合附录 B 的规定。

6.4 性能要求

6.4.1 耐风压性能

6.4.1.1 钢质防火卷帘的帘板应具有一定的耐风压强度。在规定的荷载下,帘板不允许从导轨中脱出,其帘板的挠度应符合表

8 的规定。

6.4.1.2 为防止帘板脱轨，可以在帘面和导轨之间设置防脱轨装置。

表 8　帘　板　挠　度

代号	耐风压强度/Pa	挠度/mm					
		B≤2.5m	B=3m	B=4m	B=5m	B=6m	B>6m
50	490	25	30	40	50	60	90
80	784	37.5	45	60	75	90	135
120	1177	50	60	80	100	120	180
注：室内使用的钢质防火卷帘及无机纤维复合防火卷帘可以不进行耐风压试验							

6.4.2　防烟性能

6.4.2.1 防火防烟卷帘导轨和门楣的防烟装置应符合 6.3.4.5、6.3.5.1 的规定。

6.4.2.2 防火防烟卷帘帘面两侧差压为 20Pa 时，其在标准状态下(20℃，101325Pa)的漏烟量不应大于 $0.2m^3/(m^2 \cdot min)$。

6.4.3　运行平稳性能

防火卷帘装配完毕后，帘面在导轨内运行应平稳，不应有脱轨和明显的倾斜现象；双帘面卷帘的两个帘面应同时升降，两个帘面之间的高度差不应大于 50mm。

6.4.4　噪声

防火卷帘启、闭运行的平均噪声不应大于 85dB。

6.4.5　电动启闭和自重下降运行速度

垂直卷卷帘电动启、闭的运行速度应为 2～7.5m/min。其自重下降速度不应大于 9.5m/min。侧向卷卷帘电动启、闭的运行速度不应小于 7.5m/min。水平卷卷帘电动启、闭的运行速度应为 2～7.5m/min。

6.4.6　两步关闭性能

安装在疏散通道处的防火卷帘应具有两步关闭性能。即控制箱接收到报警信号后，控制防火卷帘自动关闭至中位处停止，延时 5～60s 后继续关闭至全闭；或控制箱接第一次报警信号后，控制防火卷帘自动关闭至中位处停止，接第二次报警信号后继续关闭至全闭。

6.4.7　温控释放性能

防火卷帘应装配温控释放装置，当释放装置的感温元件周围温度达到 73±0.5℃ 时，释放装置动作，卷帘应依自重下降关闭。

6.4.8　耐火性能

防火卷帘的耐火极限应符合表 4 的规定。

8　检验规则

8.1　出厂检验

8.1.1　检验项目为 6.1、6.2.1、6.2.2、6.2.3、6.3.1、6.3.3、6.3.4.2、6.3.7.3。

8.1.2　出厂检验按 GB/T 2828.1 的规定，采用一般检验水平Ⅱ，接收质量限 6.5，一次正常检验抽样方案。

8.1.3　防火卷帘应由生产厂质量检验部门按出厂检验项目逐项检验合格，并签发合格证后方可出厂。

8.2　型式检验

8.2.1　检验项目为本标准要求的全部内容。

8.2.2　有下列情况之一时应进行型式检验：

　　a）新产品或老产品转厂生产时的试制定型鉴定。

　　b）正式生产后，产品的结构、材料、生产工艺、关键工序的加工方法等有较大改变，可能影响产品的性能时。

　　c）产品停产 1 年以上恢复生产时。

　　d）出厂检验结果与上次型式检验有较大差异时。

　　e）发生重大质量事故时。

　　f）质量监督机构提出要求时。

8.3　检验数量及判定规则

在出厂检验合格的同一批产品中任意抽取一樘作为样品检

验，如检验项目全部合格，该批产品判为型式检验合格；如表 9 所列检验项目全部合格，其他检验项目中有 4 项（含 4 项）以下不合格，但经修复后合格，该批产品判为型式检验合格；如表 9 所列检验项目全部合格，其他检验项目中有 4 项以上不合格，或表 9 所列检验项目中任一项不合格，该批产品判为型式检验不合格；需重新对该批产品加倍抽样，对不合格项进行复检，如复检全部合格，该批产品除首次检验不合格的样品外，判为型式检验合格，如复检中仍有一项不合格，该批产品判为型式检验不合格。

表 9 检 验 项 目

项目名称	耐火性能	耐风压性能	两步关闭性能	运行平稳性能	帘面漏烟量	湿控释放性能
钢质防火卷帘	✓	✓	✓	✓		✓
钢质防火、防烟卷帘	✓	✓	✓	✓	✓	✓
无机纤维复合防火卷帘	✓		✓	✓		✓
无机纤维复合防火、防烟卷帘	✓		✓	✓	✓	✓
特级防火卷帘	✓		✓	✓	✓	✓

注 1：当特级防火卷帘由钢质防火卷帘和无机复合防火卷帘组合构成时，其钢质帘板应做耐风压试验。

注 2：若声明钢质防火卷帘在室内使用，则不进行耐风压试验。

注 3：若声明防火卷帘安装位置不在疏散通道处，则不进行两步关闭性能试验

二十、《消防炮通用技术条件》GB 19156—2003

5 性能参数

5.1 水炮、泡沫炮和两用炮各流量段的额定工作压力宜分别符

合表 1、表 2、表 3 的规定范围，其他相应的参数应分别符合表 1、表 2、表 3 的规定。允许水炮、泡沫炮和两用炮各流量段的额定工作压力超过表 1、表 2、表 3 的上限值，但不得超过 1.6MPa。每超过压力上限值 0.1MPa 时，相应的射程应增加 5m，其余参数不变。

5.2　干粉炮的性能参数应符合表 4 的规定。

5.3　组合炮的性能参数应相应符合表 1、表 2、表 4 的规定。

5.4　消防炮俯仰回转角应符合表 5 的规定。

5.5　消防炮水平回转角应符合表 6 的规定。

表 1　水炮性能参数

流量/(L/s)	额定工作压力上限/MPa	射程/m	流量允差
20		≥48	
25		≥50	
30	1.0	≥55	±8%
40		≥60	
50		≥65	
60		≥70	
70		≥75	
80	1.2	≥80	±6%
100		≥85	
120		≥90	±5%
150		≥95	
180	1.4	≥100	±4%
200		≥105	

注：具有直流—喷雾功能的水炮，最大喷雾角度不小于 90°

表2 泡沫炮性能参数

泡沫混合液流量/ (L/s)	额定工作 压力上限/ MPa	射程/m	流量允差	发泡倍数 (20℃时)	25%析液时间/min (20℃时)
24		≥40			
32	1.0	≥45	±8%		
40		≥50			
48		≥55			
64		≥60			
80	1.2	≥70	±6%	≥6	≥2.5
100		≥75			
120		≥80	±5%		
150		≥85			
180	1.4	≥90	±4%		
200		≥95			

注：表中泡沫炮，由外部设备提供泡沫混合液，其混合比应符合6%～7%或3%～4%的要求；配备自吸装置的泡沫炮，可以比表中规定的射程小10%，其混合比也应符合6%～7%或3%～4%的要求

表3 两用炮的性能参数

流量/ (L/s)	额定工作 压力上限/MPa	射程/m		流量允差	发泡倍数 (20℃时)	25%析液时间/min (20℃时)
		泡沫	水			
24		≥40	≥45			
32	1.0	≥45	≥50	±8%		
40		≥50	≥55			
48		≥55	≥60			
64		≥60	≥65			
80	1.2	≥70	≥75	±6%	≥6	≥2.5
100		≥75	≥80			
120		≥80	≥85	±5%		
150		≥85	≥90			
180	1.4	≥90	≥95	≥4%		
200		≥95	≥100			

注：表中两用炮，由外部设备提供泡沫混合液，其混合比应符合6%～7%或3%～4%的要求；配备自吸装置的泡沫/水两用泡，其泡沫射程可以比表中规定的射程小10%，其混合比应符合6%～7%或3%～4%的要求

表 4 干粉炮性能参数

有效喷射率/(kg/s)	工作压力范围/MPa	有效射程/m
10		≥18
20		≥20
25		≥30
30	0.5~1.7	≥35
35		≥38
40		≥40
45		≥45
50		≥50

表 5 消防炮俯仰回转角

按使用方式分类	最小俯角/(°)	最大仰角/(°)
地面固定式消防炮	≤−15	≥+60
常规消防车车载固定式消防炮	≤−15	≥+45
举高固定式消防炮	≤−70	≥+40
注：移动式消防炮的仰角至少满足+30°~+70°或0°~+45°的范围		

表 6 消防炮水平回转角

按使用方式分类	水平回转角/(°)
地面固定式消防炮 举高固定式消防炮	≥180
常规消防车车载固定式消防炮	≥270
带有水平回转的移动式消防炮	≥90

6.3 操纵性能

6.3.1　消防炮的俯仰回转机构、水平回转机构、各控制手柄（轮）应操作灵活，传动机构安全可靠。消防炮的俯仰回转机构应具有自锁功能或设锁紧装置。

6.3.2　移动式消防炮在整个水平回转角范围内作最小仰角喷射时应稳定可靠，不得有滑移和倾翻现象。

6.4　水压密封性能

消防炮的受压部分（泡沫炮炮筒除外）按 7.4 的规定进行水压密封试验后，各连接部位应无渗漏现象。

6.5　水压强度性能

消防炮的受压部分（泡沫炮炮筒除外）按 7.5 的规定进行水压强度试验后，炮体不得有冒汗、裂纹及永久变形等缺陷。

二十一、《挡烟垂壁》GA 533—2012

5　要求

5.1　通用要求

5.1.1　外观

5.1.1.1　挡烟垂壁应设置永久性标牌，标牌应牢固，标识内容清楚。

5.1.1.2　挡烟垂壁的挡烟部件表面不应有裂纹、压坑、缺角、孔洞及明显的凹凸、毛刺等缺陷；金属材料的防锈涂层或镀层应均匀，不应有斑剥、流淌现象。

5.1.1.3　挡烟垂壁的组装、拼接或连接等应牢固，符合设计要求，不应有错位和松动现象。

5.1.2　材料

5.1.2.1　挡烟垂壁应采用不燃材料制作。

5.1.2.2　制作挡烟垂壁的金属板材的厚度不应小于 0.8mm，其熔点不应低于 750℃。

5.1.2.3　制作挡烟垂壁的不燃无机复合板的厚度不应小于 10.0mm，其性能应符合 GB 25970 的规定。

5.1.2.4　制作挡烟垂壁的无机纤维织物的拉伸断裂强力经向不应

低于 600N，纬向不应低于 300N，其燃烧性能不应低于 GB 8624 A 级。

5.1.2.5 制作挡烟垂壁的玻璃材料应为防火玻璃，其性能应符合 GB 15763.1 的规定。

5.1.3 尺寸与极限偏差

5.1.3.1 挡烟垂壁的挡烟高度应符合设计要求，其最小值不应低于 500mm，最大值不应大于企业申请检测产品型号的公示值。

5.1.3.2 采用不燃无机复合板、金属板材、防火玻璃等材料制作刚性挡烟垂壁的单节宽度不应大于 2000mm；采用金属板材、无机纤维织物等制作柔性挡烟垂壁的单节宽度不应大于 4000mm。

5.1.3.3 挡烟垂壁挡烟高度的极限偏差不应大于 ±5mm。

5.1.3.4 挡烟垂壁单节宽度的极限偏差不应大于 ±10mm。

5.1.4 漏烟量

按 6.4 的规定进行试验，在 $200\pm15\,^{\circ}\mathrm{C}$ 的温度下，挡烟部件前后保持 $25\pm5\mathrm{Pa}$ 的气体静压差时，其单位面积漏烟量（标准状态）不应大于 $25\mathrm{m}^3/\mathrm{m}^2\cdot\mathrm{h}$；如果挡烟部件由不渗透材料（如金属板材、不燃无机复合板、防火玻璃等刚性材料）制造，且不含有任何连接结构时，对漏烟量无要求。

5.1.5 耐高温性能

按 6.5 的规定进行试验，挡烟垂壁在 $620\pm20\,^{\circ}\mathrm{C}$ 的高温作用下，保持完整性的时间不应小于 30min。

5.2 活动式挡烟垂壁附加性能要求

5.2.1 运行控制装置

5.2.1.1 活动式挡烟垂壁驱动装置的性能应符合附录 A 的规定。

5.2.1.2 活动式挡烟垂壁控制器的性能应符合附录 B 的规定。

5.2.2 运行性能

按 6.6.2 的规定进行试验，活动式挡烟垂壁的运行性能应符合以下要求：

a) 从初始安装位置自动运行至挡烟工作位置时，其运行速度不应小于 0.07m/s，而且总运行时间不应大于 60s；

　　b）应设置限位装置；当运行至挡烟工作位置的上、下限位时，应能自动停止。

5.2.3　运行控制方式

　　按6.6.3的规定进行试验，活动式挡烟垂壁的运行控制方式应符合以下要求：

　　a）应与相应的感烟火灾探测器联动，当探测器报警后，挡烟垂壁应能自动运行至挡烟工作位置；

　　b）接收到消防联动控制设备的控制信号后，挡烟垂壁应能自动运行至挡烟工作位置；

　　c）系统主电源断电时，活动式挡烟垂壁应能自动运行至挡烟工作位置，其运行性能应符合5.2.2的规定。

5.2.4　可靠性

　　按6.6.4的规定进行试验，活动式挡烟垂壁应能经受1000次循环启闭运行试验，试验结束后，挡烟垂壁应仍能正常工作，直径为6±0.1mm和截面尺寸15±0.1mm×2±0.1mm的探棒不能穿过挡烟部件。

5.2.5　抗风摆性能

　　按6.6.5的规定进行试验，活动式挡烟垂壁的表面垂直方向上承受5±1m/s风速作用时，其垂直偏角不应大于15°。

7　检验规则

7.1　出厂检验

7.1.1　每件挡烟垂壁应经生产厂质量检验部门检验合格并签发合格证后方可出厂。

7.1.2　挡烟垂壁产品的出厂检验应逐件进行。固定式挡烟垂壁出厂检验项目至少应包括5.1.1、5.1.2、5.1.3，活动式挡烟垂壁应附加5.2.1、5.2.2、5.2.3。

7.1.3　挡烟垂壁的出厂检验项目中任一项不合格时，允许通过调整、返工后重新检验，直至合格为止。

7.2　型式检验

7.2.1　挡烟垂壁型式检验项目为第5章规定的全部内容，挡烟垂壁的通用检验项目见表 1，活动式挡烟垂壁的附加检验项目见表 2。

表 1　挡烟垂壁通用检验项目

序　号	检验项目	要求条款	试验方法条款	不合格分类
1	外观	5.1.1	6.1	C
2	材料	5.1.2	6.2	A
3	尺寸与极限偏差	5.1.3	6.3	C
4	漏烟量	5.1.4	6.4	A
5	耐高温性能	5.1.5	6.5	A

表 2　活动式挡烟垂壁附加检验项目

序号	检验项目	要求条款	试验方法条款	不合格分类
1	运行控制装置	5.2.1	6.6.1	A
2	运行性能	5.2.2	6.6.2	C
3	运行控制方式	5.2.3	6.6.3	A
4	可靠性	5.2.4	6.6.4	A
5	抗风摆性能	5.2.5	6.6.5	A

7.2.2　有下列情况之一时应进行型式检验：

a）新产品投产或老产品转厂生产时；

b）正式生产后，产品的结构、材料、生产工艺等有较大改变，可能影响产品的性能时；

c）产品停产一年以上，恢复生产时；

d）发生重大质量事故时；

e）产品强制性准入制度有要求时；

f）质量监督机构依法提出型式检验要求时。

7.2.3　进行型式检验时，应从出厂检验合格的产品中随机抽取 3 件，抽样基数不应小于 6 件。样品检验程序见图 2。

7.2.4　挡烟垂壁的型式检验结果合格判定准则为：

 a）检验项目全部合格；

 b）不存在 A 类不合格，存在的 C 类不合格项不大于 2 项。

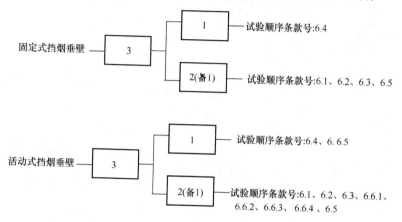

注：方框中数字为抽样测量，"备 1"是指其中 1 件为备用样品。

图 2　挡烟垂壁型式检验试验程序

8.1　标志

每件挡烟垂壁都应在明显位置设有永久性标志铭牌，铭牌应包含以下内容：

 a）产品名称、型号及商标；

 b）制造厂名称、地址和联系电话；

 c）出厂日期及产品编号或生产编号；

 d）执行标准。

二十二、《消火栓箱》GB 14561—2003

5　要求

5.1　箱内消防器材的配置

箱内消防器材的配置应符合表 1 的规定。

表 1　栓箱基本型号、基本参数及消防器材的配置

消火栓箱基本型号	代号	长边/mm	短边/mm	厚度/mm	室内消火栓 公称通径 20/mm	室内消火栓 公称通径 50/mm	室内消火栓 公称通径 65/mm	出口数量	消防水带 公称通径 50/mm	消防水带 公称通径 65/mm	消防水带 长度/m 20或25	根数	消防水枪 当量喷嘴直径 16/mm	消防水枪 当量喷嘴直径 19/mm	支数	控制按钮 防水	控制按钮 数量	指示灯 防水	指示灯 数量	消防软管卷盘 软管内径 19/mm	消防软管卷盘 软管内径 25/mm	消防软管卷盘 软管长度/m 20或25
SG20A50	A	800	650	200		☆		1	☆		☆	1	☆		1	☆	1	☆	1			
SG20A65				200			☆	1		☆	☆	1		☆	1	☆	1	☆	1			
SG24A50				240		☆		1	☆		☆	1	☆		1	☆	1	☆	1			
SG24A65				240			☆	1		☆	☆	1		☆	1	☆	1	☆	1			
SG24AZ				240	★		☆	1		☆	☆	1		☆	1	☆	1	☆	1	☆	★	☆
SG32A50				320		☆		1	☆		☆	1	☆		1	☆	1	☆	1			
SG32A65				320			☆	1		☆	☆	1		☆	1	☆	1	☆	1			
SG32AZ				320	★		☆	1		☆	☆	1		☆	1	☆	1	☆	1	☆	★	☆

续表 1

消火栓箱基本型号	代号	长边/mm	短边/mm	厚度/mm	室内消火栓公称通径20/mm	50	65	出口数量	消防水带公称通径50/mm	65	长度/m（20或25）	根数	消防水枪当量喷嘴直径16/mm	19	支数	控制按钮防水	控制按钮数量	指示灯防水	指示灯数量	软管内径19/mm	软管内径25	软管长度/m（20或25）
SG20B50	B	1000	700	200		☆		1	☆		☆	1	☆		1	☆	1	☆	1			
SG20B65	B	1000	700	200			☆	1		☆	☆	1		☆	1	☆	1	☆	1			
SG24B50	B	1000	700	240		☆		1或2	☆		☆	1或2	☆		1或2	☆	1	☆	1			
SG24B65	B	1000	700	240			☆	1或2		☆	☆	1或2		☆	1或2	☆	1	☆	1			
SG24B50Z	B	1000	700	240	★	☆		1	☆		☆	1	☆		1	☆	1	☆	1	☆	★	☆
SG24B65Z	B	1000	700	240	★		☆	1		☆	☆	1		☆	1	☆	1	☆	1	☆	★	☆
SG32B50	B	1000	700	320		☆		1或2	☆		☆	1或2	☆		1或2	☆	1	☆	1			
SG32B65	B	1000	700	320			☆	1或2		☆	☆	1或2		☆	1或2	☆	1	☆	1			
SG32B50Z	B	1000	700	320	★	☆		1	☆		☆	1	☆		1	☆	1	☆	1	☆	★	☆
SG32B65Z	B	1000	700	320	★		☆	1		☆	☆	1		☆	1	☆	1	☆	1	☆	★	☆

续表1

消火栓箱基本型号	箱体基本参数 代号	长边/mm	短边/mm	厚度/mm	室内消火栓 公称通径/mm 20	50	65	出口数量	消防水带 公称通径/mm 50	65	长度/m 20或25	根数	消防水枪 当量喷嘴直径/mm 16	19	支数	控制按钮 防水	数量	指示灯 防水	数量	消防软管卷盘 软管内径/mm 19	25	软管长度/m 20或25
SG20C50	C	1200	750	200		☆		1	☆		☆	1	☆		1	☆	1	☆	1			
SG20C65	C	1200	750	200			☆	1		☆	☆	1		☆	1	☆	1	☆	1			
SG24C50	C	1200	750	240		☆		1或2	☆		☆	1或2	☆		1或2	☆	1	☆	1			
SG24C65	C	1200	750	240			☆	1或2		☆	☆	1或2		☆	1或2	☆	1	☆	1			
SG24C50Z	C	1200	750	240	★	☆		1	☆		☆	1	☆		1	☆	1	☆	1	☆	★	☆
SG24C65Z	C	1200	750	240	★		☆	1或2		☆	☆	1或2		☆	1或2	☆	1	☆	1	☆	★	☆
SG32C50	C	1200	750	320		☆		1或2	☆		☆	1或2	☆		1或2	☆	1	☆	1			
SG32C65Z	C	1200	750	320			☆	1		☆	☆	1		☆	1	☆	1	☆	1			
SG32C50Z	C	1200	750	320	★	☆		1	☆		☆	1	☆		1	☆	1	☆	1	☆	★	☆
SG32C65Z	C	1200	750	320	★		☆	1		☆	☆	1		☆	1	☆	1	☆	1	☆	★	☆

注1：☆表示栓箱内配置的器材的规格。

注2：出口数量："1"表示一个单出口室内消火栓；"2"表示一个双出口室内消火栓或两个单出口室内消火栓。

注3：★表示可以选用。当消防软管卷盘进水控制阀选用其他类型阀门时，$D_g \geqslant 20mm$。

注4：箱体基本参数还可选用厚度210mm、280mm的箱体。

注5：表中消防器材的配置为最低配置。

注6：组合式消火栓箱（带灭火器）的长、短边尺寸为 D，长边尺寸可选用 1600mm、1800mm、1850mm。

5.2　室内消火栓

室内消火栓应是符合《室内消火栓》GB 3445 规定的合格产品。

5.2.1　密封性能

室内消火栓各密封部位应能承受 1.6MPa 的水压，保压 2min，应无渗漏现象。

5.2.2　水压强度

室内消火栓的阀体和阀盖应能承受 2.4MPa 的水压，保压 2min，不得有破裂和渗漏现象。

5.3　消防接口

消防接口应是符合《内扣式消防接口》GB 3265 规定的合格产品。

5.3.1　密封性能

KN 型内螺纹固定接口在 1.6MPa 水压下，保压 2min，接口与相应规格的接口闷盖间应无渗漏现象。

水带接口成对连接后，在 1.6MPa 水压下，保压 2min，应无渗漏现象。

5.3.2　水压强度

成对连接的固定接口在 2.4MPa 水压下，保压 2min，不应出现裂纹或断裂现象。试验后应能正常操作。

5.3.3　水带接口抗跌落性

水带接口从 1.50m 高处自由跌落五次，应无损坏并能正常操作。

5.4　消防水带

消防水带应是符合 GB 6246 规定的合格产品。

5.4.1　长度及公差

消防水带的标准长度为 $20^{+0.20}_{0}$m 或 $25^{+0.30}_{0}$m。

5.4.2　密封性能

消防水带在 0.8MPa 水压下，保压 5min，水带全长应无泄漏现象。

5.4.3 耐压性能

消防水带在 1.2MPa 水压下，保持 5min，应无渗漏现象。在 2.4MPa 水压下，保压 5min，不应爆破。

5.4.4 扭转方向

在水压作用下，沿水流方向看，消防水带不得产生逆时针扭转。

5.5 消防水枪

消防水枪应是符合《消防水枪性能要求和试验方法》GB 8181 规定的合格产品。

5.5.1 密封性能

水枪在 0.9MPa 水压下，枪体及各密封部位应无泄漏。

5.5.2 水压强度

水枪在 1.6MPa 水压下，水枪应无破裂和影响正常使用的残余变形。

5.6 消防软管卷盘

5.6.1 性能参数

消防软管卷盘的主要性能参数应符合表 2 的规定。

表 2 消防软管卷盘的主要性能参数及喷射性能

额定工作压力/MPa	试验压力/MPa	流量/(L/min)	直流射程/m	软管内径/mm		软管长度/m	
				基本尺寸	极限偏差	基本尺寸	极限偏差
0.8	0.4	≥24.0	≥6.0	19	±0.8	20、25	±1.0%

5.6.2 操作性能

摇臂应能从箱体内向外作水平摆动，摆动角≥90°，摆动时应无卡阻和松动，驱使摆动的力不得大于 50N。消防软管卷盘转动的启动力矩不得大于 20N·m。

5.6.3 抗冲击性能

按 6.6.3 方法试验后，消防软管卷盘不得产生影响正常使用的变形；在 0.8MPa 水压条件下各连接部位不得有渗漏现象。

5.6.4　负荷性能

按 6.6.4 方法试验后，消防软管卷盘不得产生影响正常使用的变形；在 0.8MPa 水压条件下各连接部位不得有渗漏现象。

5.6.5　连接性能

消防软管卷盘的卷盘轴与弯管、软管与软管盘进出口、软管与进水控制阀、软管与喷枪的连接应牢固可靠，在 0.8MPa 水压下不得有脱离及渗漏现象在 1.2MPa 水压下，各零件不得产生影响正常使用的变形和损坏。

5.6.6　软管性能

消防软管卷盘的软管应是符合《通用输水织物增强橡胶软管》HG/T 2184 规定的合格产品。

5.6.6.1　软管在 0.8MPa 压力下，外径的膨胀率应不大于 4%。

5.6.6.2　软管在 1.2MPa 压力下，不得有渗漏现象；在 2.4MPa 压力下，软管不应爆破，膨胀应均匀、无局部凸起现象。

5.6.7　进水控制阀的水压强度性能

消防水喉进水控制阀选用公称通径 20mm 或 25mm 的球阀和闸阀时，必须通过水压强度试验在 2.4MPa 水压下，保压 2min，阀体不得有破裂和渗漏现象。

5.7　电器设备

5.7.1　控制按钮应有防止误动作措施，且至少应有一对常开和一对常闭触点，触点间的接触电阻在正常的大气条件下不得大于 0.1Ω。

5.7.2　指示灯应具有防水、防尘能力，其指示灯光为红色，在光照度 1000lx 环境下，距 3m 远处应清晰可见。

5.7.3　配置音响警报器件的栓箱，其警报音响在额定工作电压下，距离 1m 远处的声压级应不低于 65dB（A）。在 85% 额定工作电压条件下能发出音响。

5.7.4　栓箱内各电器设备的额定工作电压应为 220Va. c. 或 24Vd. c. 。

5.7.5　栓箱内各电器设备的接线端子均不得裸露，各接线端子与箱体之间的绝缘电阻，在正常大气条件下不得小于 50MΩ。

5.7.6　栓箱内各电器设备的外壳防护等级应为 IPX5。

5.8　连接性能

5.8.1　消防水带与接口的连接应牢固可靠，在 0.8MPa 水压下不得有脱离及泄漏现象。

5.8.2　室内消火栓与消防水带之间、消防水带与消防水枪之间通过接口连接后，在 0.8MPa 水压下，其各连接部位不得有泄漏现象。

5.9　喷射性能

　　室内消火栓、消防水带、消防水枪连接后，在 0.35MPa 水压下，其流量不应小于 300L/min，水枪的充实水柱不应小于 13m。

5.10　外观

5.10.1　外观质量

5.10.1.1　栓箱内配置的消防器材按规定装配完毕后，箱体应端正，不得有歪斜翘曲等现象。各表面应无凹凸不平等加工缺陷及磕碰痕迹。

5.10.1.2　箱体内外表面应作防腐处理。进行涂漆防腐处理的箱体，其涂层应均匀一致、平整光亮。明装式栓箱的箱体外表及其他型式栓箱的外露部位涂层应色泽美观，不得有流痕、气泡、剥落等缺陷。

5.10.1.3　焊缝或焊点应平整均匀、焊接牢固，应无烧穿、疤瘤等焊接缺陷。

　　铆接应严实美观。铆钉排列应整齐，铆接后铆钉连接应紧固、无歪斜。

5.10.2　外形尺寸

5.10.2.1　箱体的长边、短边及厚度尺寸应符合表 1 要求。

5.10.2.2　箱门关闭到位后，应与四周框面平齐，其不平的最大允差为 2.0mm。

5.10.2.3　箱门与框之间的间隙应均匀平直，最大间隙不超过 2.5mm。

5.10.2.4 栓箱正面上的零部件，凸出箱门外表平面的高度不得大于 15.0mm；其余各面的零部件，凸出该面外表平面的高度不得超过 10.0mm。

5.11 材料

5.11.1 箱体应使用厚度不小于 1.2mm 的薄钢板或铝合金材料制造，也可使用符合本标准 5.12 要求的其他材料。

5.11.2 栓箱箱门材料可根据消防工程特点，结合室内建筑装饰要求确定。镶玻璃的箱门玻璃厚度不得小于 4mm。

5.11.3 水带挂架、托架和水带盘应用耐腐蚀材料制成，若用其他材料必须进行耐腐蚀处理。

5.11.4 箱内配置的消防软管卷盘的开关喷嘴、卷盘轴、弯管及水路系统零部件，应用铜合金或铝合金材料制造，也可用强度和耐腐蚀性能（或经过耐腐蚀处理）符合设计要求的其他材料代用。

5.11.5 铜合金应符合《铸造铜合金技术条件》GB/T 1176 的规定。

5.11.6 铝合金应符合《铸造铝合金》GB/T 1173 的规定。

5.12 箱体刚度

5.12.1 安装消防水喉的箱体侧面，在 150N·m 的力矩下的最大凹陷变形不得超过 2mm，消防水喉固定座不得出现变形、开焊等缺陷。

5.12.2 挂置式栓箱其固定水带挂架的箱面，在 40N·m 的力矩下最大凹陷变形不得超过 2mm，水带挂架不得出现变形、开焊等缺陷。

5.12.3 托架式栓箱其固定水带托架的箱面，在 40N·m 的力矩下最大凹陷变形不得超过 2mm，水带托架不得出现变形、开焊等缺陷。

5.13 箱门

5.13.1 栓箱应设置门锁或箱门关紧装置。

5.13.2 设置门锁的栓箱，除箱门安装玻璃者以及能被击碎的透明材料外，均应设置箱门紧急开启的手动机构，应保证在没有钥匙的情况下开启灵活、可靠。

5.13.3 箱门的开启角度不得小于160°。

5.13.4 箱门开启应轻便灵活，无卡阻现象。开启拉力不得大于50N。

5.14 水带安置

5.14.1 水带以挂置式、盘卷式、卷置式或托架式置于栓箱内，不得影响其他器材的合理安置和操作使用。

5.14.2 挂置式栓箱的水带挂架相邻两梳齿的空隙不应小于20mm，挂置水带后挂架横臂不得变形；盘卷式栓箱的水带盘从挂臂上取出无卡阻；托架式栓箱的水带托架应转动灵活，水带从托架中拉出无卡阻。

7 检验规则

栓箱分为型式检验和出厂检验。

7.1 型式检验

型式检验应按表3进行全部项目的检验。

7.2 出厂检验

出厂检验应按表3的规定进行。

7.3 抽样

抽样方法采取随机抽样，每50台消火栓箱为一抽样批量，抽检数为2台；不满50台时也必须抽检2台。

7.4 判定规则

7.4.1 型式检验

按表3中规定的全部项目检验合格时，该产品为合格品。若有一项A类项目不合格，则该产品为不合格品。若有B类项目不合格，允许加倍抽样检验，仍有两项不合格，则判该产品不合格。C类项目不合格数大于或等于四项，即判该产品不合格，若已有一项B类项目不合格时，C类项目不合格数大于或等于二项，则该产品判为不合格。

7.4.2 出厂检验

表 3 中规定的产品全检项目和抽检项目全部合格，则该产品为合格品。若该批产品的全检项目中有一项不合格，则该批产品被判为不合格；若该批产品的抽检项目中出现不合格，允许加倍抽样检验，仍不合格时，即判该批产品为不合格产品。

8　标志

8.1　栓箱箱门正面应以直观、醒目、匀整的字体标注"消火栓"字样。

字体不得小于：高 100mm，宽 80mm。如需同时标注英文"FIRE HYDRANT"字样者，应在订货时说明。

8.2　箱体表面上应设置耐久性铭牌，铭牌应包括以下内容：

　　a）产品名称；

　　b）产品型号；

　　c）批准文件的编号；

　　d）注册商标或厂名；

　　e）生产日期；

　　f）执行标准。

8.3　在箱门的背面应标注操作说明。

第十四篇 钢 结 构

一、《钢板冲压扣件》GB 24910—2010

5　要求

5.1　扣件应按规定程序批准的图样进行生产。

5.2　扣件采用材料的力学性能不应低于 GB/T 699 中 15Mn 或 GB/T 700 中同类材质的有关规定；螺栓、螺母、铆钉采用材料的力学性能不应低于符合 GB/T 700 中 Q235 的有关规定。

5.3　扣件的各部位不应有裂纹。

5.5　扣件表面应进行镀锌处理。

5.8　铆钉应符合 GB/T 109 的规定，铆接处应牢固。

5.9　扣件抗滑移变形、抗破坏、抗拉及抗压性能应符合表 1 的规定。

表 1　扣件性能指标

性能名称	扣件型式	性 能 要 求
抗滑移变形	直角	$P=10.0$kN 时，$\Delta_1 \leqslant 7.00$mm
	旋转	$P=7.0$kN 时，$\Delta_1 \leqslant 7.00$mm
抗破坏	直角	$P=15.0$kN 时，各部位不应破坏
	旋转	$P=10.0$kN 时，各部位不应破坏
抗拉	对拉	$P=3.0$kN 时，$\Delta \leqslant 2.00$mm
抗压	底座	$P=50.0$kN 时，各部位不应破坏
注：P 为施加在扣件上的相应的试验荷载		

二、《门式刚架轻型房屋钢构件》JG 144—2002

4.1　产品应按照国家规定由具有相应设计资质等级的单位设计，并经主管部门审查批准的设计图及技术文件进行选料和加工制作。

4.7.3　涂料、涂装遍数、涂层厚度均应符合产品加工图样要求。当设计对涂层厚度无要求时，涂层干漆膜总厚度：室外应为 $150\mu m$，室内应为 $125\mu m$，其允许偏差为 $-25\mu m$。涂装由加工和制作单位共同承担时，每遍涂层干漆膜厚度的允许偏差为 $-5\mu m$。

第十五篇 型材与构件

一、《铝合金建筑型材 第1部分：基材》GB 5237.1—2008

4.3　化学成分

6463、6463A牌号的化学成分应符合表2规定。其他牌号的化学成分应符合GB/T 3190的规定。

表2　6463、6463A合金牌号的化学成分

牌号	质量分数[a]/%								
							其他杂质		
	Si	Fe	Cu	Mn	Mg	Zn	单个	合计	Al
6463	0.20~0.60	≤0.15	≤0.20	≤0.05	0.45~0.90	≤0.05	≤0.05	≤0.15	余量
6463A	0.20~0.60	≤0.15	≤0.25	≤0.05	0.30~0.90	≤0.05	≤0.05	≤0.15	余量

[a] 含量有上下限者为合金元素；含量为单个数值者，铝为最低限。"其他杂质"一栏系指未列出或未规定数值的金属元素，铝含量应由计算确定，即由100.00%减去所有含量不小于0.010%的元素总和的差值而得，求和前各元素数值要表示到0.0×%。

4.4.1.1.2　除压条、压盖、扣板等需要弹性装配的型材之外，型材最小公称壁厚应不小于1.20mm。

表3　壁厚允许偏差

级别	公称壁厚/mm	对应于下列外接圆直径的型材壁厚尺寸允许偏差/mm					
		≤100		>100~250		>250~350	
		A	B、C	A	B、C	A	B、C
普通级	≤1.50	0.15	0.23	0.20	0.30	0.38	0.45
高精级	≤1.50	0.13	0.21	0.15	0.23	0.30	0.35
超高精级	≤1.50	0.09	0.10	0.10	0.12	0.15	0.25

4.5　力学性能

4.5.1　室温力学性能应符合表12的规定。

表 12　室温力学性能

合金牌号	拉伸性能			
	抗拉强度（R_{m}）/（N/mm²）	规定非比例延伸强度（$R_{\mathrm{p0.2}}$）/（N/mm²）	断后伸长率/%	
			A	$A_{50\mathrm{mm}}$
	不小于			
6005	260	240	—	8
	270	225	—	6
	260	215	—	6
	250	200	8	6
	255	215	—	6
	250	200	8	6
6060	160	120	—	6
	140	100	8	6
	190	150	—	6
	170	140	8	6
6061	180	110	16	16
	265	245	8	8
6063	160	110	8	8
	205	180	8	8
6063A	200	160	—	5
	190	150	5	5
	230	190	—	5
	220	180	4	4
6463	150	110	8	6
	195	160	10	8
6463A	150	110	—	6
	205	170	—	6
	205	170	—	8

二、《铝合金建筑型材　第 2 部分：阳极氧化型材》GB 5237.2—2008

4.4.1　膜厚

阳极氧化膜平均膜厚、局部膜厚应符合表 2 的规定。

表 2

膜厚级别	平均膜厚/μm，不小于	局部膜厚/μm，不小于
AA10	10	8
AA15	15	12
AA20	20	16
AA25	25	20

4.4.2　封孔质量

阳极氧化膜经硝酸预浸的磷铬酸试验，其质量损失值应不大于 30mg/dm^2。

三、《铝合金建筑型材　第 3 部分：电泳涂漆型材》GB 5237.3—2008

4.4.4　漆膜附着性

漆膜干附着性和湿附着性均达到 0 级。

表 2

膜厚级别	膜厚/μm		
	阳极氧化膜局部膜厚	漆膜局部膜厚	复合膜局部膜厚
A	≥9	≥12	≥21
B	≥9	≥7	≥16
S	≥6	≥15	≥21

四、《铝合金建筑型材　第 4 部分：粉末喷涂型材》GB 5237.4—2008

4.5.3.1　装饰面上涂层最小局部厚度≥40μm。

注：由于挤压型材横截面形状的复杂性，致使型材某些表面（如内角、横沟等）的涂层厚度低于规定值是允许的。

4.5.5　附着性

涂层的干附着性、湿附着性和沸水附着性均应达到 0 级。

五、《铝合金建筑型材　第 5 部分：氟碳漆喷涂型材》GB 5237.5—2008

4.5.3.1　装饰面上的漆膜厚度应符合表 2 的规定。

表 2

涂层种类	平均膜厚 /μm	最小局部膜厚 /μm
二涂	≥30	≥25
三涂	≥40	≥34
四涂	≥65	≥55

注：由于挤压型材横截面形状的复杂性，在型材某些表面（如内角、横沟等）的漆膜厚度允许低于表 2 的规定值，但不允许出现露底现象

4.5.5　附着性

涂层的干、湿和沸水附着性均应达到 0 级。

六、《铝合金建筑型材　第 6 部分：隔热型材》GB 5237.6—2012

4.5　产品复合性能

4.5.1　穿条式产品复合性能

4.5.1.2　产品高温持久荷载横向拉伸试验结果应符合表 1 的规定。

表 1

试验项目	试验结果[a]						
	纵向抗剪特征值/(N/mm)			横向抗拉特征值/(N/mm)			隔热型材变形量平均值/mm
	室温23±2℃	低温−20±2℃	高温80±2℃	室温23±2℃	低温−20±2℃	高温80±2℃	
纵向剪切试验	≥24			—			
横向拉伸试验				≥24			
高温持久荷载横向拉伸试验	—	—	—	—	≥24	≤0.6	

[a] 经供需双方商定，可不进行除室温纵向抗剪特征值以外的其他性能试验。对于这些不进行试验的性能，允许根据相似产品进行推断（参见附录 B），而相似产品的性能试验结果应符合表中规定

4.5.2　浇注式产品复合性能

4.5.2.2　产品热循环试验结果应符合表 2 的规定。

表 2

试验项目	试验结果[a]						
	纵向抗剪特征值/(N/mm)			横向抗拉特征值/(N/mm)			隔热材料变形量平均值/mm
	室温23±2℃	低温−30±2℃	高温70±2℃	室温23±2℃	低温−30±2℃	高温70±2℃	
纵向剪切试验	≥24			—			
横向拉伸试验	—			≥24		≥12	—

续表2

试验项目		试验结果a						
		纵向抗剪特征值/(N/mm)			横向抗剪特征值/(N/mm)			隔热材料变形量平均值/mm
		室温23±2℃	低温−30±2℃	高温70±2℃	室温23±2℃	低温−30±2℃	高温70±2℃	
热循环试验	60次热循环b	≥24	—	—	—	—	—	≤0.6
	90次循环c							

> a 经供需双方商定，可不进行除室温纵向抗剪特征值以外的其他性能试验。对于这些不进行试验的性能，允许根据相似产品进行推断（参见附录B），而相似产品的性能试验结果应符合表中规定。
> b Ⅰ级原胶浇注的隔热型材进行60次热循环。
> c Ⅱ级原胶浇注的隔热型材进行90次热循环

七、《建筑用隔热铝合金型材》JG 175—2011

6 要求

6.1 穿条式隔热型材要求

6.1.2 穿条式隔热型材高温持久负荷性能

经过高温持久负荷试验后，门窗类高、低温横向抗拉特征值 q 应大于等于24N/mm，幕墙类高、低温横向抗拉特征值 Q_c 应大于等于30N/mm；门窗、幕墙类的变形量 Δh 应小于等于0.6mm。

6.2 浇注式隔热型材要求

6.2.2 浇注式隔热型材热循环性能

门窗类热循环试验60次后，室温纵向抗剪特征值 T_c 应大于等于30N/mm，幕墙类循环试验90次后，室温纵向抗剪特征值 T_c 应大于等于32N/mm；门窗、幕墙类的变形量 Δh 应小于等于0.6mm。

八、《碗扣式钢管脚手架构件》GB 24911—2010

5.2　材料

5.2.1　原材料应有合格证及材料质量保证书，并符合产品图样规定。

5.2.2　钢管的力学性能应符合 GB/T 3091 中 Q235 的规定。

5.2.3　上碗扣的材料采用碳素铸钢或可锻铸铁时，其机械性能应分别符合 GB/T 11352 中 ZG 270—500 牌号和 GB/T 9440 中 KTH 350—10 牌号的规定。

5.2.4　下碗扣采用碳素铸钢制造时，其机械性能应符合 GB/T 11352 中 ZG 270—500 牌号的规定，采用钢板冲压成形时，材料应符合 GB/T 700 中 Q235 的规定，板材厚度不应小于 6mm，并经 600～650℃ 的时效处理。不应利用废旧锈蚀钢板改制。

5.2.5　横杆接头、斜杆接头应采用碳素铸钢，其机械性能应符合 GB/T 11352 中 ZG 270—500 牌号的规定。

5.2.6　支座螺杆的材料应符合 GB/T 700 中 Q235 的规定，调节螺母铸件的材料应采用机械性能不低于 GB/T 9440 中规定的 KTH 330—08 牌号的可锻铸铁或 GB/T 11352 中规定的 ZG 230—450 牌号的铸钢。

5.4.3　钢管的公称外径为 48.3mm，公称壁厚为 3.5mm，壁厚公差不应为负偏差，其他尺寸公差应符合 GB/T 3091 的有关规定。

5.6　主要构件强度应符合表 2 的规定。

表 2　构件强度指标

项　目	要　求
上碗扣强度	当 $P=30$kN 时，各部位不应破坏
下碗扣焊接强度	当 $P=60$kN 时，各部位不应破坏
横杆接头强度	当 $P=50$kN 时，各部位不应破坏
横杆接头焊接强度	当 $P=25$kN 时，各部位不应破坏
可调支座抗压强度	当 $P=100$kN 时，各部位不应破坏
注：P 为试验荷载	

九、《蒸压加气混凝土板》GB 15762—2008

4.2　外观质量和尺寸偏差

4.2.1　外观质量

蒸压加气混凝土板允许修补的外观缺陷（见图1）限值和外观质量要求应符合表2的要求。

表2　外观缺陷限值和外观质量

项　目		允许修补的缺陷限值	外观质量
大面上平行于板宽的裂缝（横向裂缝）		不允许	无
大面上平行于板长的裂缝（纵向裂缝）		宽度≤0.2mm，数量不大于3条。总长≤$\frac{1}{10}L$	无
大面凹陷		面积≤150cm²，深度 t≤10mm，数量不得多于2处	无
大气泡		直径≤20mm	无直径＞8mm，深＞3mm的气泡
掉角	屋面板，楼板	每个端部的板宽方向不多于1处，其尺寸为 b_1≤100mm，d_1≤3D，l_1≤300mm	每块板≤1处（b_1≤20mm，d_1≤20mm，l_1≤100mm）
	外墙板、隔墙板	每个端部的板宽方向不多于1处，在板宽方向尺寸 b_1≤150mm，板厚方向 d_1≤$\frac{4}{5}D$，板长方向的尺寸 h_1≤300mm	
侧面损伤或缺棱		≤3m的板不多于2处，＞3m的板不多于3处；每处长度 l_2≤300mm，深度 b_2≤50mm	每侧≤1处（b_1≤10mm，l_2≤120mm）
注1：修补材颜色、质感宜与蒸压加气混凝土一致，性能应匹配。 注2：若板材经修补，则外观质量为修补后的要求			

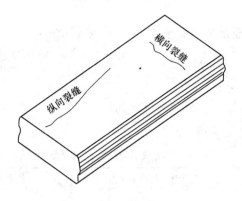

(a) 横向裂缝和纵向裂缝示意

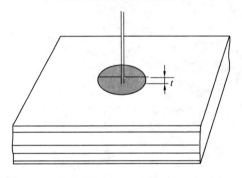

(b) 大面凹陷或气泡示意

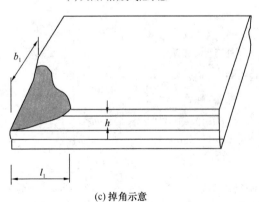

(c) 掉角示意

图 1　外观缺陷示意图 (一)

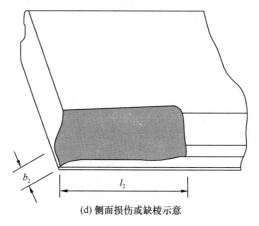

(d) 侧面损伤或缺棱示意

图 1　外观缺陷示意图（二）

4.2.2　尺寸偏差

蒸压加气混凝土板的尺寸允许偏差应符合表 3 的规定。

表 3　尺寸偏差　　　　　　　单位为毫米

项　　目	指　　　标	
	屋面板、楼板	外墙板、隔墙板
长度 L	±4	
宽度 B	0 −4	
厚度 D	±2	
侧向弯曲	≤L/1000	
对角线差	≤L/600	
表面平整	≤5	≤3

4.3　基本性能

4.3.1　蒸压加气混凝土基本性能

蒸压加气混凝土基本性能，包括干密度、抗压强度、干燥收缩值、抗冻性、导热系数，应符合表 4 的规定。

表 4　蒸压加气混凝土基本性能

强度级别		A2.5	A3.5	A5.0	A7.5
干密度级别		B0.4	B0.5	B0.6	B0.7
干密度/(kg/m³)		≤425	≤525	≤625	≤725
抗压强度/MPa	平均值	≥2.5	≥3.5	≥5.0	≥7.5
	单组最小值	≥2.0	≥2.8	≥4.0	≥6.0
干燥收缩值/(mm/m)	标准法	≤0.50			
	快速法	≤0.80			
抗冻性	质量损失	≤5.0			
	冻后强度/MPa	≥2.0	≥2.8	≥4.0	≥6.0
导热系数(干态)/[W/(m·K)]		≤0.12	≤0.14	≤0.16	≤0.18

4.3.2　强度级别要求

各品种蒸压加气混凝土板的强度级别应符合表5的规定。

表 5　强度等级要求

品　　　种	强　度　级　别
屋面板、楼板、外墙板	A3.5、A5.0、A7.5
隔墙板	A2.5、A3.5、A5.0、A7.5

4.4　钢筋要求

4.4.1 蒸压加气混凝土板中配置的钢筋应用防锈剂作防锈处理。防锈处理后的钢筋应符合表6的规定。

表 6　钢筋防锈要求

项　　　目	防　锈　要　求
防锈能力	试验后，锈蚀面积≤5%
钢筋粘着力	≥1.0MPa

4.4.2 纵向钢筋保护层厚度从钢筋外缘算起（图2）。保护层厚度的基本尺寸和允许偏差应符合表7的规定。

表7　纵向钢筋保护层要求　　　　单位为毫米

项　　目	基本尺寸	允许偏差	
		屋面板、楼板、外墙板	隔墙板
距大面的保护层厚度 c_1	20	±5	+5 −10
距端部的保护层厚度 c_2	10	+5 −10	

注：配单层网的隔墙板和有特殊要求的其他板材，其基本尺寸和允许偏差由供需双方协商确定。

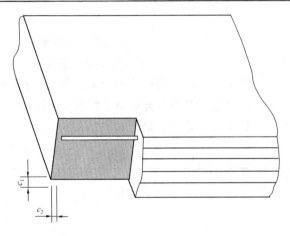

图2　钢筋保护层厚度示意

4.5　蒸压加气混凝土板的结构性能

4.5.1　各品种蒸压加气混凝土板的结构性能检验应符合表8的规定。

表8　结构性能检验

品　　种	检验项目	要　　求
屋面板、楼板、外墙板	承载能力检验	符合公式（1）和（2）
	短期挠度检验	符合公式（3）
隔墙板	承载能力检验	符合公式（4）

4.5.2 屋面板、楼板、外墙板的承载能力应同时符合公式（1）和公式（2）的要求。

$$W_1^0 \geqslant W_R \tag{1}$$

$$W_2^0 \geqslant \frac{\gamma_0 [\gamma_a]}{\gamma_R} W_R \tag{2}$$

式中：W_1^0——屋面板、楼板或外墙板初裂时荷载实测值，单位为牛顿每平方米（N/m²）；

W_R——单项工程荷载设计值，单位为牛顿每平方米（N/m²）；

W_2^0——破坏时荷载实测值（达到表9所列破坏标志之一时的荷载实测值），单位为牛顿每平方米（N/m²）；

γ_0——重要性系数，根据结构安全等级，按表10选用；

$[\gamma_a]$——承载力检验系数允许值，按表9选用；

γ_R——抗力分项系数，采用0.75。

表 9　破坏检验标志

结构设计 受力情况	破坏的检验标志	$[\gamma_u]$
受　弯	在受拉主筋的最大裂缝宽度达到1.5mm，或挠度达到跨度的1/50	1.20
	受压处加气混凝土破坏	1.25
	受拉主筋拉断	1.50
受弯构件的受剪	腹部斜裂缝达到1.5mm，或斜裂缝末端受压区加气混凝土剪压破坏	1.35
	沿斜截面加气混凝土斜压破坏，或受拉主筋在端部滑脱，或其他锚固破坏	1.50

表 10 重要性系数

结构安全等级	一 级	二 级	三 级
γ_0	1.1	1.0	0.9

4.5.3 屋面板、楼板、外墙板的短期挠度应符合公式（3）的要求。

$$a^0 \leqslant a_k \tag{3}$$

式中：a^0——试验板短期挠度实测值，单位为毫米（mm）；

a_k——试验板短期挠度特征值，单位为毫米（mm），见附录 C。

4.5.4 隔墙板的承载能力应符合公式（4）的要求。

$$W_1^0 \geqslant W_g \tag{4}$$

$$W_g \geqslant \gamma_g \rho D \tag{5}$$

式中：W_1^0——隔墙板的初裂时荷载实测值，单位为牛顿每平方米（N/m^2）；

W_g——隔墙板承载力检验荷载特征值，单位为牛顿每平方米（N/m^2）；

γ_g——隔墙板承载力检验系数，取 0.3；

ρ——干密度计算值，按附录 C 表 C.1 取值，单位为牛顿每立方米（N/m^3）；

D——板的厚度，单位为米（m）。

十、《乡村建设用混凝土圆孔板和配套构件》GB 12987—2008

5 技术要求

5.1 生产依据

圆孔板、配套构件应按本标准规定和有相关资质的设计单位设计的图纸进行生产。构件结构设计应符合 GB 50010、JGJ 95 的规定。

5.2 构造要求

5.2.1　圆孔板的受力钢筋（丝）混凝土保护层厚度不宜小于 15mm。圆孔板主筋间净距不宜小于 15mm，当采用冷轧带肋钢筋配筋数量较多排列有困难时，也可采用两根并列。板端主筋外伸长度应符合设计要求。

5.2.2　预应力踏步板和高度不大于 60mm 的预应力过梁的主筋保护层厚度不应小于 15mm，高度大于 60mm 的过梁及阳台梁的主筋保护层厚度不应小于 20mm，混凝土踏步板的主筋保护层厚度不应小于 10mm。

5.2.3　钢筋的加工、焊接、绑扎和安装应符合 GB 50204—2002 的有关规定并应符合设计图纸的要求。

5.3　施加预应力要求

5.3.1　冷轧带肋钢筋、预应力钢丝等施加预应力时的张拉控制应力、张拉程序及预应力钢丝检验规定值应符合 GB 50010 及 GB 50204—2002 的有关规定。

5.3.2　每一个生产班应在张拉程序完成后 1h 至少检测一条生产线的全部钢丝实际建立的预应力平均值。该值与设计检验规定值偏差不应超过 ±5%。

5.4　混凝土强度

5.4.1　混凝土强度等级：预应力构件当采用冷轧带肋钢筋时不宜低于 C30，当采用碳素钢丝时，不宜低于 C40；非预应力构件不宜低于 C30。混凝土的配合比设计应符合 JGJ 55 的规定，混凝土抗压强度的检验应符合 GB/T 50081—2002 的规定，混凝土的质量控制应符合 GB 50164 的要求。

5.4.2　放张预应力筋时，与构件同条件养护的混凝土抗压强度不得低于混凝土设计强度等级的 75%。

5.4.3　标准养护条件下 28d 混凝土抗压强度检验评定应满足 GB 50107 的要求。

5.4.4　圆孔板、配套构件出厂时与构件同条件养护的混凝土抗压强度不得低于设计强度值。

5.5　外观质量和尺寸偏差

5.5.1 圆孔板外观质量及尺寸偏差应符合表 12 规定。

表 12 圆孔板外观质量和尺寸偏差 单位为毫米

类别	项次	项目	允许偏差
			合格品
外观质量	1	露筋	不允许
	2	裂缝	不允许
	3	蜂窝、麻面	不大于同一面面积的 1%
	4	孔洞	不允许
	5	缺角、掉边	每件不超过 1 处，长度≤40，宽度≤20
	6	端部疏松	长度≤50，宽度≤20
	7	活筋	每件不超过一根，长度≤50
	8	凸瘤	每件不超过 3 个，高度≤5
尺寸偏差	9	长度	$+10$ -5
	10	宽度	± 5
	11	高度	± 5
	12	侧向弯曲	$\leqslant L/750$
	13	表面平整度	2m 长度内不大于 5
	14	主筋保护层厚度	$+5$ -3
	15	圆孔直径	$+3$ -5
	16	对角线差	$\leqslant 10$
	17	预应力中心位移	± 3

5.5.2 配套构件外观质量及尺寸偏差应符合表 13 规定。

表 13   配套构件外观质量和尺寸偏差   单位为毫米

类别	项次	项　目		允许偏差
				合格品
外观质量	1	露筋		不允许
	2	裂缝		不允许
	3	孔洞		不允许
	4	缺角掉边		每件不超过 1 处，长度≤40，宽度≤20
	5	蜂窝麻面		不大于同一面面积的 3%
尺寸偏差	6	长度		$+10$ -5
	7	宽度		±5
	8	高度		±5
	9	主筋保护层厚度	梁	$+10$ -5
			板	$+5$ -3
	10	侧向弯曲		$\leqslant L/750$
	11	表面平整度		2m 长度内不大于 7
	12	对角线差		$\leqslant12$
	13	预留孔中心位移		$\leqslant7$

注：对角线差仅适用于踏步板

5.6   力学性能

预应力构件力学性能检验指标应包括承载力、挠度和抗裂检验；非预应力构件力学性能检验指标应包括承载力、挠度和裂缝宽度。

5.6.1   承载力

5.6.1.1   要求按混凝土结构设计规范规定进行检验时，应符合式（1）要求：

$$\gamma_{\mathrm{u}}^{0} \geqslant \gamma_{0}[\gamma_{\mathrm{u}}] \tag{1}$$

式中：γ_u^0——承载力检验系数实测值，即试验达到 GB 50204—
2002 表 9.3.2 所列检验标志之一时的荷载实测值
与承载力检验荷载设计值（均包括自重）的比值；
承载力检验荷载设计值按 JC/T 624 规定计算；

$[\gamma_u]$——承载力检验系数允许值，按 GB 50204—2002 表
9.3.2 取用；

γ_0——结构构件的重要性系数，对于圆孔板和配套构件取
$\gamma_0 = 1$。

5.6.1.2 要求按实配钢筋的承载力进行检验时，应符合式（2）
要求：

$$\gamma_u^0 \geqslant \gamma_0 \eta [\gamma_u] \tag{2}$$

式中：η——承载力检验修正系数，即按实配钢筋面积确定的承
载力计算值与内力组合设计值的比值（由设计部门
给定）。

5.6.2 挠度

5.6.2.1 要求按混凝土结构设计规范规定挠度允许值检验时，
应符合式（3）、式（4）要求：

$$a_s^0 \leqslant [a_s] \tag{3}$$

$$[a_s] = \frac{M_k}{M_q(\theta - 1) + M_k} [a_f] \tag{4}$$

式中：a_s^0——在荷载标准值下的构件挠度实测值，单位为毫米
（mm），按 JC/T 624 规定计算；

$[a_s]$——挠度检验允许值，单位为毫米（mm）；

M_k——按荷载标准组合计算所得的弯矩值，单位为千牛米
（kN·m）；

M_q——按荷载准永久组合计算所得的弯矩值，单位为千牛
米（kN·m）；

θ——考虑荷载长期作用对挠度增大的影响系数，一般取

$\theta = 2$；

$[a_{\mathrm{f}}]$——挠度允许值，对于圆孔板、过梁和踏步板为其计算
跨度的 1/200；对于阳台梁为其计算跨度的 1/125，
单位为毫米（mm）。

5.6.2.2　要求按实配钢筋进行挠度检验或仅检验构件的挠度、
抗裂或裂缝宽度时，应符合式（5）要求：

$$a_{\mathrm{s}}^{0} \leqslant 1.2 a_{\mathrm{s}}^{\mathrm{c}} \tag{5}$$

同时还应符合式（3）的要求。

式中：$a_{\mathrm{s}}^{\mathrm{c}}$——在荷载标准值下，按实配钢筋确定的构件挠度计算
值，单位为毫米（mm）。

5.6.3　抗裂

抗裂检验应符合式（6）、式（7）要求：

$$\gamma_{\mathrm{cr}}^{0} \geqslant [\gamma_{\mathrm{cr}}] \tag{6}$$

$$[\gamma_{\mathrm{cr}}] = 0.95 \frac{\sigma_{\mathrm{pc}} + \gamma f_{\mathrm{rk}}}{\sigma_{\mathrm{ck}}} \tag{7}$$

当冷轧带肋钢筋配筋时，其抗裂检验系数允许值，按下列两
种情况考虑：

a）当按 JGJ 95 规定进行检验时，按式（8）计算：

$$[\gamma_{\mathrm{cr}}] = 0.95 \frac{\sigma_{\mathrm{pc}} + \gamma f_{\mathrm{tk}}}{\sigma_{\mathrm{pc}} + \alpha_{\mathrm{ct,s}} \gamma f_{\mathrm{tk}}} \tag{8}$$

b）当设计要求按实际的抗裂计算值进行检验时，则按式
（7）计算。但当式（7）的计算结果小于式（8）的计算结果时，
则应取式（8）的计算值。

式中：γ_{cr}^{0}——抗裂检验系数实测值，即试验时构件的开裂荷载
实测值与荷载标准值（包括自重）的比值；

$[\gamma_{\mathrm{cr}}]$——抗裂检验系数允许值；

σ_{ck}——荷载的标准值产生的抗拉边缘的混凝土法向应力
值，单位为牛每平方毫米（N/mm²）；

γ——混凝土构件截面抵抗矩塑性影响系数，圆孔板取

$\gamma=1.50$，配套构件取 $\gamma=1.75$；

σ_{pc}——由预加力产生的构件抗拉边缘的混凝土法向应力值，单位为牛每平方毫米（N/mm²）；

f_{tk}——混凝土抗拉强度标准值，单位为牛每平方毫米（N/mm²）；

$\alpha_{ct,s}$——荷载标准值下，混凝土拉应力限制系数，一般取 $\sigma_{ct,s}=0.6$。

5.6.4　裂缝宽度

非预应力板的裂缝宽度检验应符合式（9）的要求：

$$w_{s,max}^{0} \leqslant [w_{max}] \tag{9}$$

式中：$w_{s,max}^{0}$——在荷载标准值作用下，受拉主筋处最大裂缝宽度的实测值；

$[w_{max}]$——最大裂缝宽度允许值，对于圆孔板、过梁和踏步板一般取 $[w_{max}]=0.20mm$，对于阳台梁一般取 $[w_{max}]=0.15mm$。

十一、《高处作业吊篮》GB 19155—2003

5.2.2　吊篮制动器必须使带有动力试验载荷的悬吊平台，在不大于 100mm 制动距离内停止运行。

5.2.3　吊篮必须设置上行程限位装置。

5.2.4　吊篮的每个吊点必须设置 2 根钢丝绳，安全钢丝绳必须装有安全锁或相同作用的独立安全装置。在正常运行时，安全钢丝绳应顺利通过安全锁或相同作用的独立安全装置。

5.2.6　吊篮必须设有在断电时使悬吊平台平稳下降的手动滑降装置。

5.2.7　在正常工作状态下。吊篮悬挂机构的抗倾覆力矩与倾覆力矩的比值不得小于 2。

5.2.8　钢丝绳吊点距悬吊平台端部距离应不大于悬吊平台全长的 1/4，悬挂机构的抗倾覆力矩与额定载重量集中作用在悬吊平台外伸段中心引起的最大倾覆力矩之比不得小于 1.5。

5.3.5　吊篮在承受静力试验载荷时，制动器作用 15min，滑移距离不得大于 10mm。

5.4.3.1　提升机传动系统在绳轮之前禁止采用离合器和摩擦传动。

5.4.3.3　提升机必须设有制动器，其制动力矩应大于额定提升力矩的 1.5 倍。制动器必须设有手动释放装置，动作应灵敏可靠。

5.4.3.5　手动提升机必须设有闭锁装置。当提升机变换方向时，应动作准确，安全可靠。

5.4.5.1　安全锁或具有相同作用的独立安全装置的功能应满足：

　　a）对离心触发式安全锁，悬吊平台运行速度达到安全锁锁绳速度时，即能自动锁住安全钢丝绳，使悬吊平台在 200mm 范围内停住；

　　b）对摆臂式防倾斜安全锁，悬吊平台工作时纵向倾斜角度不大于 8°时，能自动锁住并停止运行；

　　c）安全锁或具有相同作用的独立安全装置，在锁绳状态下应不能自动复位。

5.4.5.2　安全锁承受静力试验载荷时，静置 10min，不得有任何滑移现象。

5.4.5.6　安全锁必须在有效标定期限内使用，有效标定期限不大于一年。

5.4.6.2　钢丝绳安全系数不应小于 9。其值按公式（3）计算：

$$n = S_1 a / W \tag{3}$$

式中：n——安全系数；

　　S_1——单根钢丝绳最小破断拉力，kN；

　　a——钢丝绳根数；

　　W——额定载重量、悬吊平台自重和钢丝绳自重所产生的重力之和，kN。

5.4.6.6　安全钢丝绳必须独立于工作钢丝绳另行悬挂。

5.4.7.4 带电零件与机体间的绝缘电阻不应低于 2MΩ。

5.4.7.5 电气系统必须设置过热、短路、漏电保护等装置。

5.4.7.6 悬吊平台上必须设置紧急状态下切断主电源控制回路的急停按钮，该电路独立于各控制电路。急停按钮为红色，并有明显的"急停"标记，不能自动复位。

十二、《橡胶支座　第3部分：建筑隔震橡胶支座》GB 20688.3—2006

5.4　按剪切性能允许偏差分类

支座按剪切性能的允许偏差分类见表3。

表3　按剪切性能的允许偏差分类

类　别	单个试件测试值	一批试件平均测试值
S-A	±15%	±10%
S-B	±25%	±20%

6.3　支座性能要求

6.3.1　支座力学性能试验项目

支座力学性能试验项目见表4。

表4　支座力学性能试验项目

性能	试验项目	试验方法	出厂检验	型式检验	试件
剪切性能	水平等效刚度 等效阻尼比 屈服后刚度 屈服力	GB/T 20688.1—2007 的 6.3.2	√	√	足尺

6.3.2　力学性能要求

支座的力学性能应满足表5的要求。

表 5 力学性能要求

序号	项目	要 求	试件	试验方法和条件
2	剪切性能	1. 剪切性能允许偏差见表3。 2. 测量项目 1）天然橡胶支座：水平等效刚度 K_h 2）高阻尼橡胶支座：水平等效刚度 K_h 等效阻尼比 h_{eq} 3）铅芯橡胶支座：水平等效刚度 K_h 等效阻尼比 h_{eq} 或者，屈服后刚度 K_d 屈服力 Q_d	型式检验：应采用足尺支座；出厂检验：应采用支座产品	1. 加载方法采用 GB/T 20688.1—2007 的 6.3.2.2 的 3 次加载循环法，加载 3 次，剪切性能应按第 3 次加载循环测试值计算。剪应变为 γ_0 或 100%。 2. 若加载频率和设计频率不同，应对试验结果进行修正。基准频率为设计频率或 0.5Hz。 3. 试验标准温度为 23℃，否则应对试验结果进行温度修正。 4. 可采用单、双剪试验装置，试验方法见 GB/T 20688.1—2007 的 6.3.2

6.3.5 耐久性性能要求

支座的耐久性性能应满足表 8 的要求。

表 8 支座的耐久性性能要求

序号	项目	要 求	试 件
1	老化性能	水平等效刚度 K_h 和等效阻尼比 h_{eq} 的变化率应满足设计要求	足尺支座、缩尺模型 A 支座、标准试件或剪切型橡胶试件
2	徐变性能	60 年徐变量不应超过 10%	足尺支座、缩尺模型支座

6.7 外观要求

橡胶支座表面应光滑平整，外观质量应符合表 13 的规定。

表 13 外观质量

缺陷名称	质量指标
裂纹（侧面）	不允许
钢板外露（侧面）	不允许

8.4　隔震橡胶支座产品的平整度允许偏差

支座的平整度要求为：

$$|\Psi| \leqslant 0.25\%$$

$$|\delta_T| \leqslant 3.0\text{mm}$$

8.5　隔震橡胶支座水平偏移允许偏差

支座产品的水平偏移 δ_H 不应超过 5.0mm（此偏移值也适用于试验后 48h 内残余变形的限制要求）。

8.8　连接板螺栓孔位置允许偏差

连接板螺栓孔位置（包括封板螺纹孔位置）的允许偏差应符合表 17 的规定。

表 17　螺栓孔位置的允许偏差　　　　单位为毫米

D_f（或 L_f）	允许偏差
$400 < D_f$（或 L_f）$\leqslant 1000$	± 0.8
$1000 < D_f$（或 L_f）$\leqslant 2000$	± 1.2
D_f（或 L_f）> 2000	± 2.0

9.1.1　型式检验

制造厂提供工程应用的隔震橡胶支座新产品（新种类、新规格、新型号）进行认证鉴定时。或已有支座产品的规格、型号、结构、材料、工艺方法等有较大改变时，应进行型式检验，并提供型式检验报告。

9.1.2　出厂检验

隔震橡胶支座产品在使用前应由检测部门进行质量控制试验，检验合格并附合格证书，方可使用。

9.2　检验项目

支座力学性能试验项目见表 4。橡胶材料物理性能试验项目见表 9。

9.3.2　对一般建筑，产品抽样数量应不少于总数的 20%；若有不合格试件，应重新抽取总数的 30%，若仍有不合格试件，则应 100% 检测。

对重要建筑，产品抽样数量应不少于总数的 50%；若有不合格试件，则应 100%检测。

对特别重要的建筑，产品抽样数量应为总数的 100%。

一般储况下，每项工程抽样总数不少于 20 件，每种规格的产品抽样数量不少于 4 件。

9.3.3 支座产品在安装前应对工程中所用的各种类型和规格的原型部件进行抽样检测，抽样的数量和要求同出厂检验。

第十六篇　市政与燃气

一、《钢纤维混凝土检查井盖》GB 26537—2011

6　技术要求

6.1　外观质量

6.1.2　井盖表面应有防滑花纹或图案，防滑花纹或图案的凹槽深度要求为：A15、B125 和 C250 级井盖≥2mm；D400、E600 和 F900 级井盖≥3mm。凹槽部分面积与整个井盖面积之比应不小于 10%。

6.3　钢纤维混凝土抗压强度

井盖用钢纤维混凝土应按 JG/T 3064 的规定配制和成型。对 F900 级和 E600 级井盖其立方体抗压强度应不低于 C80；对 D400 级和 C250 级井盖其立方体抗压强度应不低于 C50；B125 级和 A15 级井盖其立方体抗压强度应不低于 C40。钢纤维混凝土抗压强度每星期应检测一次。

6.5　承载能力

钢纤维混凝土检查井盖的承载能力应符合表 3 的规定。

表 3　钢纤维混凝土检查井盖的承载能力　单位为千牛

检查井盖等级	裂缝荷载	破坏荷载
A15	≥7.5	≥15
B125	≥62.5	≥125
C250	≥125	≥250
D400	≥200	≥400
E600	≥300	≥600
F900	≥450	≥900

注：裂缝荷载系指对井盖加载时表面裂缝宽度达 0.2mm 时的试验荷载值

二、《城镇燃气调压器》GB 27790—2011

6.2　承压件液压强度

6.2.1　承压件应按设计压力 P 的 1.5 倍且不低于 $P+0.2MPa$

进行液压强度试验，试验结果应符合下列要求：

a）试验期间无渗漏；

b）卸载后，试件上任意两点间的残留变形不大于以下数值中的较大者：

——0.2%乘以该两点间距离；

——0.1mm。

6.2.2 金属隔板应进行液压强度试验，试验压力按 6.2.1 的规定，应无渗漏和异常变形。

6.3.1 膜片耐压试验

试验压力为设计压力（见本标准 5.1.1.3）的 1.5 倍，保压期间不应漏气。

6.4 外密封

调压器经承压件液压强度试验合格后应进行外密封试验。

承压件和所有连接处应按各自设计压力的 1.1 倍且不低于 0.02MPa 进行外密封试验，并应符合以下两种情况之一为合格：

a）按本标准 7.5.5 方法试验时，应无可见泄漏；

b）按本标准 7.5.6 方法试验时，总泄漏量不应超过表 10 规定的值。

表 10　最大泄漏量　　　　　　　　单位为立方米每小时

公称尺寸 DN	换算为基准状态的最大泄漏量	
	外密封	内密封
15～25	$4×10^{-5}$	$1.5×10^{-5}$
40～80	$6×10^{-5}$	$2.5×10^{-5}$
100～150	$1×10^{-4}$	$4×10^{-5}$
200～250	$1.5×10^{-4}$	$6×10^{-5}$
300	$2×10^{-4}$	$1×10^{-4}$

6.5.4.1 调压器关闭压力等级 SG 应符合表 12 的规定。

表 12 关闭压力等级

关闭压力等级	最大允许相对增量
SG2.5	2.5%
SG5	5%
SG10	10%
SG15	15%
SG20	20%
SG25	25%

6.5.5 内密封

6.5.5.1 型式检验

在最大进口压力下作静特性试验时，在调压器关闭 5min 后测量两次出口压力，两次测量间隔应保证当泄漏量为表 10 所示值时测压仪表能判读压力变化，根据两次测得的出口压力计算泄漏量不应大于表 10 的所列值（考虑到测量精度及温度修正）。

6.5.5.2 出厂检验和抽样检验

在最大进口压力下作静特性试验时，在调压器关闭 2min 后测量两次出口压力，两次测量间隔应保证当泄漏量为表 10 所示值时测压仪表能判读压力变化，根据两次测得的出口压力计算泄漏量不应大于表 10 的所列值（考虑到测量精度及温度修正）。

附：5.1.1.3 膜片的设计压力

膜片的设计压力应符合下列要求：

a) 当膜片所承受的最大压差 $\Delta P_{max} < 0.015MPa$ 时，膜片设计压力不应小于 0.02MPa；

b) 当 $0.015MPa \leqslant \Delta P_{max} \leqslant 0.5MPa$ 时，膜片设计压力不应小于 $1.33\Delta P_{max}$；

c) 当 $\Delta P_{max} > 0.5MPa$ 时，膜片设计压力不应小于 $1.1\Delta P_{max}$，且不小于 0.665MPa。

三、《城镇燃气调压箱》GB 27791—2011

6.3 强度试验

承压件应进行强度试验，应无渗漏，无可见变形，试验过程中无异常响声。用水作为试压介质时，试验压力应为 1.5 倍设计压力且不应低于 0.6MPa；用压缩空气或惰性气体为试压介质时，试验压力应为 1.15 倍设计压力且不应低于 0.6MPa。

6.4　气密性试验

调压箱应进行整体气密性试验，调压器前后管道的气密性试验应分别进行。调压器前的试验压力应为设计压力。调压器后的试验压力应为防止出口压力过高的安全装置的动作压力的 1.1 倍，且不应低于 20kPa。气密性试验应无泄漏，试验过程中温度如有波动，则压力经温度修正后不应变化。

四、《燃气采暖热水炉》GB 25034—2010

5.3.8　电源运行安全性

使用交流电源的器具，应确保当电源停止时或恢复供电时器具运行不出现安全问题。

5.4.3　控制装置和安全装置

a）控制面板标识应清楚；控制装置应安全可靠，误操作时不应造成人员或器具的安全事故。

b）控制装置和调节装置失灵不应影响安全装置的关闭功能。

c）安全系统应具有掉电自停功能。

d）控制装置和安全装置不应同时执行两个或两个以上程序动作；程序一经固定应不能改动。

e）器具应配备便于用户操作的手动关闭阀或自动装置，用于直接关断燃气。燃气切断装置为旋转关闭时，其关闭方向应为顺时针方向。

5.5.1　概述

a）器具应装有符合 5.5.2 要求的水温限制装置。

b）器具应安装符合 5.5.3 要求的固定式控制温控器或可调式控制温控器。

c) 当安全限温器和过热保护装置发生故障时，器具应产生非易失锁定。

5.5.2 水温限制装置

a) 对于敞开式器具，当控制温控器失效不会造成人身安全危险或者损坏器具，则可以不设置水温限制装置。

b) 对于封闭式器具，控温系统应装有以下之一的水温限制装置：

——一个符合 5.5.6 的规定的安全限温器；

——或者一个符合 5.5.4 的限制温控器和一个符合 5.5.5 的过热保护装置。另外，如果满足 6.5.7 中的所有要求，也可以采用其他装置（如水流量监控装置、水量过低检测安全装置）来代替该限制温控器。

c) 对于储水式器具，储水式生活热水系统中应设置控制温度小于 100℃的超温泄压阀。

6.2.1 燃气系统密封性

在 7.2.1 的试验条件下，燃气系统的泄漏量应小于：

a) 对试验 1：0.06L/h；

b) 对试验 2 和试验 3：0.06L/h（对于每个相关的关断装置）；

c) 对试验 4：0.14L/h 或明火检验无泄漏。

6.3.4 采暖额定热输出

在 7.3.4 的试验条件下，采暖热输出应大于等于采暖额定热输出。

6.4.4 靠近主燃烧器的燃气截止阀故障

当点火燃烧器的燃气由主燃烧器的两个起密封作用的阀门之间的管路提供时，在 7.4.4 的试验条件下，靠近主燃烧器的截止阀发生关闭故障时，应保证安全。

6.5.3.2 关闭功能

在 7.5.3.2 的试验条件下，阀的关闭功能应符合以下要求：

a) 在电压下降到 0.15 倍最小额定电压之前，阀门应自动关闭；

b）在电源电压介于 0.15 倍最小额定电压和 1.1 倍最大额定电压之间时，阀门应在电源中断时自动关闭；

c）气动或液动阀，在驱动压力减小到制造商规定 0.15 倍最大额定驱动压力时，阀应自动关闭。

6.5.5.1　热电式火焰监控装置

a）气密性

在 7.5.5.1a）的试验条件下，在 1kPa 气压下阀的泄漏量应小于等于 0.04L/h。

b）点火开阀时间

在 7.5.5.1b）的试验条件下，常明火点火燃烧器的点火开阀时间应小于等于 30s；若此过程不需要手动操作时，则点火开阀时间不超过 60s。

c）熄火闭阀时间

在 7.5.5.1c）的试验条件下，熄火闭阀时间：

1）当额定热输入 $\Phi_n \leqslant 35\text{kW}$ 时，熄火闭阀时间应小于等于 60s；

2）当 $35\text{kW} < \Phi_n \leqslant 70\text{kW}$ 时，熄火闭阀时间应小于等于 45s；

3）若安全装置触发热电火焰检控装置时，应无延迟立即关闭。

6.5.5.2　自动燃烧器控制系统

a）点火安全时间

在 7.5.5.2a）的试验条件下，点火安全时间应符合制造商规定，但不应大于 10s；

b）熄火安全时间

在 7.5.5.2b）的试验条件下，熄火安全时间应小于等于 5s（再点火除外）；

c）再点火安全时间

在 7.5.5.2c）的试验条件下，再点火安全时间应小于等于 1s；

d）再启动

在 7.5.5.2d）的试验条件下，再启动应先关闭气路；点火过程应从头开始，从点火装置点火开始计算，点火所用的时间符合 6.5.5.2a）的要求；

e）延迟点火安全性

在 7.5.5.2e）的试验条件下，延迟点火不应危及人身安全和损坏器具。

6.5.7.3 水温限制装置

a）循环水量不足

在 7.5.7.3a）的试验条件下，封闭式器具循环水量不足时不应损坏器具。

b）水温过热

在 7.5.7.3b）的试验条件下，器具应符合下列要求：

1）装有安全限温器的器具，在水温达到 110℃ 之前应产生非易失锁定；

2）装有限制温控器和过热保护装置的器具，在水温达到 110℃ 之前，限制温控器应产生安全关闭；在器具被损坏或给用户造成危险之前，过热保护装置应产生非易失锁定。

6.6.2 极限热输入时 CO 含量

在 7.6.2 的试验条件下，烟气中 $CO_{\alpha=1}$ 浓度应小于 0.10%。

6.8.2 温控器故障

当温控器出现故障时，在 7.8.2 的试验条件下：

a）与烟气不接触的生活热水管路，采暖系统中的限制温控器或安全限温器应在水温达到 110℃ 之前安全关闭。

b）与烟气直接接触的生活热水管路，生活热水系统的限温制装置应在水温达到 100℃ 之前安全关闭。

9.1.1 铭牌

每台器具应有铭牌，铭牌应粘贴在器具醒目的位置上，并应包含以下信息：

d）燃气种类及额定压力，单位 Pa；

9.1.2　包装的标志

包装箱上应包括器具的名称、型号、质量、外形尺寸、适用燃气种类、使用地区、燃气供应压力；制造商名称、地址、产品生产日期；符合 GB/T 191 规定的储运标志。

9.2.1　警示牌

器具上应有醒目的专用警示牌，且应牢固、耐用，并应包括以下内容：

a）不应使用规定外的其他燃气；

b）通风要求和安装环境；

c）使用交流电的器具应安全接地；

d）安装前应仔细阅读技术说明书；

e）用户使用前应仔细阅读使用说明书。

9.2.2　误使用风险警示

在说明书中应对可预期误使用风险提出警示，至少应包括以下内容：

a）安装不当会引起对人、畜和物的危害；

b）器具安装应严格按说明书要求和相关规定执行；

c）只有制造商授权的代理商或技术人员才可以维修、更换零部件或整机；

d）应使用原装配件，以免降低产品的安全性；

e）应使用原配烟道，不能随意改用其他烟道，严禁用单管烟道代替同轴烟道；

f）器具维修时涉及燃气调压阀和控制器的维修应找器具制造商；

g）不应购买经销商改装的器具，而应买生产企业的原装产品，以确保安全性；

h）安装器具时应在器具前的管道上安装燃气截止阀；

i）器具不应靠近电磁炉、微波炉等强电磁辐射电器安装；

j）严禁拆动器具上的任何密封件；

k）器具清洁时不应使用有腐蚀性的清洁剂；

l）器具严禁安装在卧室、客厅、浴室；

m）儿童和不会使用的人不应操作器具，儿童严禁玩弄器具；

n）用户自己不应动采暖安全阀和采暖水排泄阀，应由专业人员来处理；

o）器具不宜暗装；

p）维修和检查人员在产品维修后应在产品上进行标示维修和检查的结果；

q）房间的配电系统应有接地线；器具连接的开关不应设置在有浴盆或淋浴设备的房间；插头、插座应通过相关认证；

r）指出器具防冻功能起作用的条件，提示用户为了避免器具或管路冻坏，在冬季长期停机时，应将器具采暖和生活热水系统内的水全部排空；或者只排生活热水，而在采暖水中加入防冻剂。

附录 F（规范性附录）使用交流电源器具的电气安全

略

五、《城镇燃气用二甲醚》GB 25035—2010

3.1 城镇燃气用二甲醚的质量应符合表 1 的规定。

表 1 城镇燃气用二甲醚质量要求

项　　目	质 量 指 标
二甲醚质量分数/%	≥99.0
甲醇质量分数/%	＜1.0
水质量分数/%	≤0.5
铜片腐蚀/级	不大于1

3.3 城镇燃气用二甲醚应加臭。

六、《燃气用埋地聚乙烯（PE）管道系统 第 1 部分：管材》GB 15558.1—2003

4.2 混配料

生产管材应使用聚乙烯混配料。混配料中仅加入生产和应用必要的添加剂，所有添加剂应均匀分散。

4.6 分级

聚乙烯混配料应按照 GB/T 18475—2001 进行分级，见表 2。混配料制造商应提供相应的级别证明。

表 2 聚乙烯混配料的分级

命名	σ_{LCL}(20℃,50 年,97.5％)/MPa	MRS/MPa
PE80	$8.00 \leqslant \sigma_{LCL} \leqslant 9.99$	8.0
PE100	$10.00 \leqslant \sigma_{LCL} \leqslant 11.19$	10.0

4.7 总体使用（设计）系数 C 和设计应力 σ_s

燃气用埋地聚乙烯管道系统的总体使用（设计）系数 $C \geqslant 2$。

设计应力 σ_s 的最大值：PE 80 为 4.0MPa；PE 100 为 5.0MPa。

7 力学性能

管材的力学性能应符合表 6 的要求。

表 6 管材的力学性能

序号	性能	单位	要求	试验参数	试验方法
1	静液压强度（HS）	h	破坏时间 ≥100	20℃（环应力） PE80 PE100 9.0MPa 12.4MPa	GB/T 6111—2003
			破坏时间 ≥165	80℃（环应力） PE80 PE100 4.5MPa[a] 5.4MPa[a]	
			破坏时间 ≥1000	80℃（环应力） PE80 PE100 4.0MPa 5.0MPa	

续表6

序号	性能	单位	要求	试验参数	试验方法
2	断裂伸长率	%	≥350		GB/T 8804.3—2003
5	耐慢速裂纹增长 e_n >5mm	h	165	80℃，0.8MPa（试验压力）[e] 80℃，0.92MPa（试验压力）[f]	GB/T 18476—2001

[a] 仅考虑脆性破坏。如果在165h前发生韧性破坏，则按表7选择较低的应力和相应的最小破坏时间重新试验。

[e] PE 80，SDR 11试验参数。

[f] PE 100，SDR 11试验参数

8 物理性能

管材的物理性能应符合表8要求。

表8 管材的物理性能

序号	项目	单位	性能要求	试验参数	试验方法
1	热稳定性（氧化诱导时间）	min	>20	200℃	GB/T 17391—1998
2	熔体质量流动速率（MFR）	g/10min	加工前后MFR变化<20%	190℃，5kg	GB/T 3682—2000
3	纵向回缩率	%	≤3	110℃	GB/T 6671—2001

七、《燃气用埋地聚乙烯（PE）管道系统 第2部分：管件》GB 15558.2—2005

5.2 混配料

制造管件应使用聚乙烯混配料。混配料中仅添加有对于符合本部分管件的生产和最终使用及熔接连接所必要的添加剂。所有添加剂应分散均匀。添加剂不应对熔接性能有负面影响。

5.5 分级

聚乙烯混配料应按照 GB/T 18252—2000（或 ISO 9080：2003）确定材料与 20℃、50 年、预测概率 97.5％ 相应的静液压强度 σ_{LCL}。并应按照 GB/T 18475—2001 进行分级，见表 1。混配料制造商应提供相应的级别证明。

表 1　聚乙烯混配料的分级

命名	σ_{LCL}(20℃,50 年,97.5％)/MPa	MRS/MPa
PE80	$8.00 \leqslant \sigma_{LCL} \leqslant 9.99$	8.0
PE 100	$10.00 \leqslant \sigma_{LCL} \leqslant 11.19$	10.0

8.2　要求

按照表 5 规定的方法及标明的试验参数进行试验，管件－管材组件的力学性能应符合表 5 的要求。

表 5　力学性能

序号	项目	要求	试　验　条　件		试验方法
1	20℃静液压强度	无破坏，无渗漏	密封接头 方向 调节时间 试验时间 环应力： PE80 管材 PE100 管材 试验温度	a 型 任意 1h ≥100h 10MPa 12.4MPa 20℃	GB/T 6111—2003 本部分的 10.5
2	80℃静液压强度[a]	无破坏，无渗漏	密封接头 方向 调节时间 试验时间 环应力： PE80 管材 PE100 管材 试验温度	a 型 任意 12h ≥165h 4.5MPa 5.4MPa 80℃	GB/T 6111—2003 本部分的 10.5

续表 5

序号	项目	要求	试 验 条 件		试验方法
3	80℃静液压强度	无破坏，无渗漏	密封接头 方向 调节时间 试验时间 环应力： PE80 管材 PE100 管材 试验温度	a 型 任意 12h ≥1000h 4MPa 5MPa 80℃	GB/T 6111—2003 本部分的 10.5
4	对接熔接拉伸强度[b]	试验到破坏为止： 韧性：通过 脆性：未通过	试验温度	23±2℃	GB/T 19810
5	电熔管件的熔接强度[c]	剥离脆性破坏百分比≤33.3%	试验温度	23℃	GB/T 19808[c] GB/T 19806[c]
6	冲击性能[d]	无破坏，无泄漏	试验温度 下落高度 落锤质量	0℃ 2m 2.5kg	GB/T 19712
7	压力降[d]	在制造商标称的流量下： d_n≤63： Δp≤0.05×10^{-3}MPa d_n>63： Δp≤0.91×10^{-3}MPa	空气流量 试验介质 试验压力	制造商标称 空气 2.5×10^{-3}MPa	附录 D

a　对于（80℃，165h）静液压试验，仅考虑脆性破坏。如果在规定破坏时间前发生韧性破坏，允许在较低应力下重新进行该试验。重新试验的应力及其最小破坏时间应从表 6 中选择，或从应力-时间关系的曲线上选择。

b　适用于插口管件。

c　仅适用于电熔承口管件。

d　仅适用于鞍形旁通

9　物理性能

按照表 7 规定的方法及标明的试验参数进行试验，管件的物理性能应符合表 7 的要求。

表 7　管件的物理性能

序号	项目	单位	要求	试验参数	试验方法
1	氧化诱导时间	min	＞20	200℃[a]	GB/T 17391 —1998
2	熔体质量流动速率 (MFR)	g/10min	管件的 MFR 变化不应超过制造管件所用混配料的 MFR 的 ±20%	100℃/5kg （条件 T）	GB/T 3682 —2000

[a]　如果与 200℃的试验结果有明确的修正关系，可以在 210℃进行试验。仲裁时，试验温度应为 200℃

八、《民用建筑燃气安全技术条件》GB 29550—2013

6.1　安全保护装置

6.1.1　燃具应设熄火保护装置。

6.1.2　半密闭式燃具应有防倒烟措施。

6.2.1　燃具采用界限气和$(0.5\sim1.5)P_n$试验压力范围内检验时应有良好的燃烧性能，不应产生不完全燃烧、析碳、回火和脱火现象。

6.3.1　家用燃具应采用低压燃气$(P＜10\text{kPa})$。

6.3.3　商用燃具采用中压燃气时应有相应的安全保护装置。

九、《纤维水泥电缆管及其接头》JC 980—2005

6.3　物理力学性能

6.3.1　抗折荷载和外压荷载

电缆管及接头的抗折荷载和外压荷载见表 5。

6.3.2　抗渗性

应符合表 5 的规定。

表 5　电缆管及接头的抗折荷载、外压荷载和抗渗性

分类	公称内径（mm）	电　缆　管			接头
		抗折荷载[a]（kN）	外压荷载（kN/m）	抗渗性	外压荷载（kN/m）
A 类	100	5.0	17.0	0.1MPa 静水压力下恒压 60s，管子外表面无洇湿，接头处不滴水	17.0
	125	9.0			
	150	12.0			
	175	17.0			
	200	22.0			
B 类	100	6.0	27.0		27.0
	125	11.0			
	150	16.0			
	175	20.0			
	200	26.0			
C 类	150	21.0	48.0		48.0
	175	25.0			
	200	30.0			
[a]　抗折荷载中心净支距应为 1000mm。					

6.3.3　吸水率

电缆管及接头的管壁吸水率不大于 23%。

6.3.4　抗冻性

电缆管与接头应能承受反复交替冻融 25 次其外观不出现龟裂、起层现象。

第十七篇　给　水　排　水

一、《饮用净水水质标准》CJ 94—2005

3　水质标准

饮用净水水质不应超过表1中规定的限值。

表 1　饮用净水水质标准

项　目		限　值
感官性状	色	5 度
	浑浊度	0.5NTU
	臭和味	无异臭异味
	肉眼可见物	无
一般化学指标	pH	6.0～8.5
	总硬度（以 $CaCO_3$ 计）	300mg/L
	铁	0.20mg/L
	锰	0.05mg/L
	铜	1.0mg/L
	锌	1.0mg/L
	铝	0.20mg/L
	挥发性酚类（以苯酚计）	0.002mg/L
	阴离子合成洗涤剂	0.20mg/L
	硫酸盐	100mg/L
	氯化物	100mg/L
	溶解性总固体	500mg/L
	耗氧量（COD_{Mn}，以 O_2 计）	2.0mg/L
毒理学指标	氟化物	1.0mg/L
	硝酸盐氮（以 N 计）	10mg/L
	砷	0.01mg/L
	硒	0.01mg/L
	汞	0.001mg/L
	镉	0.003mg/L

续表1

项　目		限　值
毒理学指标	铬（六价）	0.05mg/L
	铅	0.01mg/L
	银（采用载银活性炭时测定）	0.05mg/L
	氯仿	0.03mg/L
	四氯化碳	0.002mg/L
	亚氯酸盐（采用 ClO_2 消毒时测定）	0.70mg/L
	氯酸盐（采用 ClO_2 消毒时测定）	0.70mg/L
	溴酸盐（采用 O_3 消毒时测定）	0.01mg/L
	甲醛（采用 O_3 消毒时测定）	0.90mg/L
细菌学指标	细菌总数	50cfu/mL
	总大肠菌群	每100mL 水样中不得检出
	粪大肠菌群	每100mL 水样中不得检出
	余氯	0.01mg/L（管网末梢水）*
	臭氧（采用 O_3 消毒时测定）	0.01mg/L（管网末梢水）*
	二氧化氯（采用 ClO_2 消毒时测定）	0.01mg/L（管网末梢水）* 或余氯 0.01mg/L（管网末梢水）*

注：表中带"＊"的限值为该项目的检出限，实测浓度应不小于检出限

二、《游泳池水质标准》CJ 244—2007

4.1　游泳池原水和补充水水质要求

4.1.1　游泳池原水和补充水水质必须符合 GB 5749 的要求。

4.3.1　游泳池池水水质常规检验项目及限值应符合表 1 的规定。

表 1　游泳池池水水质常规检验项目及限值

序号	项　目	限　值
1	浑浊度	≤1NTU
2	pH值	7.0～7.8

续表 1

序号	项　目	限　值
3	尿素	≤3.5mg/L
4	菌落总数（36±1℃，48h）	≤200CFU/mL
5	总大肠菌群（36±1℃，24h）	每100mL不得检出
6	游离性余氯	0.2～1.0mg/L
7	化合性余氯	≤0.4mg/L
8	臭氧（采用臭氧消毒时）	≤0.2mg/m³以下（水面上空气中）
9	水温	25～30℃

三、《建筑排水系统吸气阀》CJ 202—2004

5.8 气密性

吸气阀分别在其内部承受 30Pa、500Pa 和 10000Pa 正压力下，按附录 B 进行气密性试验，保压 5min 后的压力应分别不小于 5min 前的压力的 90%。

5.9 抗疲劳和耐温性

当按附录 C.1 在常温和高温的条件下进行疲劳性试验后，吸气阀应符合附录 B.3 的规定。吸气阀冷冻试验后，应符合附录 C.2.3 的准则。

四、《城镇污水处理厂污泥泥质》GB 24188—2009

4.2.1 城镇污水处理厂污泥泥质基本控制指标及限值应满足表 1 的要求，表 1 中第 3 项、第 4 项适用于新建、改建、扩建的城镇污水处理厂。

表 1　泥质基本控制指标及限值

序号	基本控制指标	限值
1	pH	5～10
2	含水率/%	<80
3	粪大肠菌群菌值	>0.01
4	细菌总数（MPN/kg 干污泥）	<10⁸

五、《陶瓷片密封水嘴》GB 18145—2014

7.4　金属污染物析出（适用于洗面器及厨房水嘴）

铅析出统计值（Q）不大于 $5\mu g/L$，非铅元素的析出量应不大于表1规定的限值。

表1

序　号	元素名称	限值/（$\mu g/L$）
1	锑	0.6
2	砷	1.0
3	钡	200.0
4	铍	0.4
5	硼	500.0
6	镉	0.5
7	铬	10.0
8	六价铬	2.0
9	铜	130.0
10	汞	0.2
11	硒	5.0
12	铊	0.2
13	铋	50.0
14	镍	20.0
15	锰	30.0
16	钼	4.0

7.6.2　密封性能

水嘴的密封性能应符合表3的规定。

表3

以冷水为介质进行试验

检测部位	阀芯或转换开关位置	出水口状态	试验条件		要求
			压力/MPa	持续时间/s	
阀芯及阀芯上游	阀芯关闭	开	1.6±0.05	60±5	阀芯及上游过水通道无渗漏
出水口能够被堵住的水嘴阀芯下游	阀芯打开	关	洗衣机水嘴：1.6±0.05, 其他水嘴：0.4±0.02	60±5	阀芯下游任何密封部位无渗漏
			0.05±0.01	60±5	
出水口不能被堵住的水嘴阀芯下游	阀芯打开	开	水嘴流量为0.4±0.04L/s时的压力	60±5	
浴缸与淋浴手动转换开关	阀芯开、转换开关处于浴缸模式	人工堵住水嘴流向浴缸的出水口、淋浴出水口呈开启状态	0.4±0.02	60±5	水嘴的淋浴出水口无渗漏
			0.05±0.01	60±5	无渗漏
	阀芯开、转换开关处于淋浴模式	人工堵住淋浴出水口、浴缸出水口开	0.4±0.02	60±5	水嘴的浴缸出水口无渗漏
			0.05±0.01	60±5	无渗漏

续表 3

以冷水为介质进行试验

检测部位	阀芯或转换开关位置	出水口状态	试验条件		要求
			压力/MPa	持续时间/s	
	阀芯开、转换开关处于浴缸模式		0.4±0.02	60±5	水嘴的淋浴出水口无渗漏
	阀芯开、转换开关处于淋浴模式		0.4±0.02	60±5	水嘴的浴缸出水口无渗漏
浴缸与淋浴自动复位转换开关	阀芯开、转换开关处于淋浴模式	两个出水口开	0.05±0.01	60±5	转换开关不得移动，水嘴的浴缸出水口无渗漏
	阀芯关		—		转换开关自动回到浴缸出水模式
	阀芯开、转换开关处于浴缸模式		0.05±0.01	60±5	水嘴的淋浴出水口无渗漏

续表 3

以冷水为介质进行试验

检测部位	阀芯或转换开关开关位置	出水口状态	试验条件		要求
			压力/MPa	持续时间/s	
顶喷花洒与手持花洒转换开关	阀芯开，转换开关处于顶喷花洒模式	人工堵住水嘴连接顶喷花洒的出水口，连接手持花洒的出水口开	0.4±0.02	60±5	水嘴连接手持花洒的出水口无渗漏
			0.05±0.01	60±5	
	阀芯开，转换开关关处于手持花洒模式	人工堵住手持花洒连接的出水口，连接顶喷花洒的出水口开	0.4±0.02	60±5	水嘴连接顶喷花洒的出水口无渗漏
			0.05±0.01	60±5	
冷、热水隔墙（适用于单柄双控水嘴）	阀芯关	开	0.4±0.02	60±5	出水口及未连接的进水口无渗漏

7.6.3.1　流量

水嘴的流量应符合表 4 的规定。

表 4

水嘴用途	试验压力/MPa		流量 Q/（L/min）
普通洗涤水嘴、洗面器水嘴、厨房水嘴、净身器水嘴	动压：0.1±0.01	普通型	$3.0{\leqslant}Q{\leqslant}9.0$
		节水型	$3.0{\leqslant}Q{\leqslant}7.5$
浴缸水嘴		浴缸位	全冷或全热位置：$Q{\geqslant}6.0$；混合水位置（测试单柄双控水嘴时，水温在 34~44℃ 之间）：$Q{\geqslant}6.5$
		淋浴位	$Q{\geqslant}6.0$（不带花洒）；$4.0{\leqslant}Q{\leqslant}9.0$（带花洒）
淋浴水嘴			$Q{\geqslant}6.0$（不带花洒）；$4.0{\leqslant}Q{\leqslant}9.0$（带花洒）
洗衣机水嘴			$Q{\geqslant}9.0$

7.6.9　寿命

7.6.9.1　水嘴开关寿命

水嘴开关寿命按照 8.6.9.1 及表 7 的规定试验，试验过程中零部件不应出现断裂、卡阻和渗漏现象。试验完成后阀芯上、下游密封及冷热水隔墙密封应符合 7.6.2 的规定。

表 7

水嘴类别	循环/个
单柄单控水嘴	$2{\times}10^5$
双柄双控水嘴	每个控制装置 $2{\times}10^5$
单柄双控水嘴	$7{\times}10^4$

7.6.9.2　换转开关寿命

转换开关按照 8.6.9.2 进行 $3{\times}10^4$ 个循环试验，试验过程中零部件不应出现变形、断裂现象，转换开关不应有卡阻和复位失效的现象，试验完成后转换开关密封性能应符合 7.6.2 的要求。

7.6.9.3　旋转出水管寿命

旋转出水管按照 8.6.9.3 进行 8×10^4 个循环试验，试验过程中出水管不应出现变形、断裂现象，出水管与本体连接部位不应出现变形、断裂，各部件应无污水现象，试验完成后阀芯下游密封性能应符合 7.6.2 的要求。

7.6.9.4　抽取式水嘴寿命

抽取式水嘴按照 8.6.9.4 进行 1×10^4 次抽拉循环运动后，试验过程中，抽取软管或其连接装置无损坏，并能够维持抽取功能，试验完成后阀芯下游密封性能应符合 7.6.2 的要求。

六、《水嘴通用技术条件》QB 1334—2004

5.1.1　产品所使用的所有与饮用水直接接触的材料，应符合 GB/T 17219 的规定。

5.1.2　产品所使用的与水直接接触的材料，在本标准规定的使用条件下，不应对水质造成污染，不允许使用易腐蚀性材料。

5.4.1　水嘴的阀体强度试验应符合表 7 的规定。

表 7

项目	检测部位	压力/MPa	时间/s	技术要求
强度试验	进水部位（阀座下方）	2.5 ± 0.05（静水压）	60 ± 5	阀体无变形、无渗漏
	出水部位（阀座上方）	0.4 ± 0.02（静水压）		

5.4.2　水嘴的密封试验应符合表 8 中水压试验或气压试验的规定。

表8

检测部位		压力/MPa	时间/s	要求
阀体密封面		1.6±0.05（静水压）	60±5	阀体密封面无渗漏
		0.6±0.02（气压）	20±2	
冷、热水隔墙		0.4±0.02（静水压）	60±5	另一进水孔无渗漏
		0.2±0.01（气压）	20±2	
上密封		0.3±0.02（动水压）	60±5	各连接部位无渗漏
手动式转换开关	转换开关处于浴缸放水位置	0.4±0.02（静水压）	60±5	淋浴出水口无渗漏
		0.1±0.01（气压）	20±2	
	转换开关处于淋浴放水位置	0.4±0.02（静水压）	60±5	浴缸出水口无渗漏
		0.1±0.01（气压）	20±2	
自动复位式转换开关	转换开关处于浴缸放水位置	0.4±0.02（动水压）	60±5	淋浴出水口无渗漏
	转换开关处于淋浴放水位置	0.4±0.02（动水压）	60±5	浴缸出水口无渗漏
	转换开关处于淋浴放水位置	0.05±0.01（动水压）	60±5	浴缸出水口无渗漏
	转换开关处于浴缸放水位置	0.05±0.01（动水压）	60±5	淋浴出水口无渗漏
低压密封试验		0.05（静水压）	60±5	各密封连接处无渗漏

5.4.3 流量

5.4.3.1 在动态压力为 0.3±0.02MPa 水压下，浴缸水嘴（不带附件）流量不小于 0.33L/s，洗面器、洗涤等其他水嘴（不带附件）流量不小于 0.20L/s。

5.4.3.2 带有一个或几个附件的面盆、洗涤等水嘴，在动态压力为 0.3±0.02MPa 水压下，流量不小于 0.15L/s。

5.4.3.3 洗面器及洗涤水嘴（带附件）在动态压力为 0.1±0.01MPa 水压下，流量不大于 0.15L/s。

5.4.11 感应水嘴

5.4.11.1 电性能和使用性能要求应符合表11的规定。

表 11

序号	项目	参　数	要　　求
2	超时用水控制	连续用水 1min	水嘴自动关闭
6	强度试验	1.0MPa	阀体无渗漏
7	密封试验	0.02MPa 0.6MPa	连接处无渗漏
8	流量	0.07～0.15L/s	装有节流器，水压 0.1MPa
		＞0.2L/s	无节流器，水压 0.3MPa
9	寿命	≥1×10⁵ 次	符合第 1、3、4、6、7 项要求

5.4.11.4 安全要求

安全要求应符合《非接触式（电子）给水器具》CJ/T 3081—1999 中 6.5 的规定。

七、《饮用水冷水水表安全规则》CJ 266—2008

3 安全要求

3.1 耐水压要求

水表应保证在最大允许工作压力下安全工作。

3.2 零件材料要求

3.2.1 水表上所有接触水的零部件和防护材料应采用无毒、无污染、无生物活性的材料制造。

3.2.2 制造水表的材料应有足够的强度和耐用度，以满足水表的使用要求。承压件允许采用与下列相同或更好的材料。

3.2.3 承压件的材料要求见表 1。

表 1 承压件的材料要求

序号	零件名称	材料要求		符合标准代号	适用水表公称口径范围
		名称	代号		
1	表壳	铸造铅黄铜 不锈钢铸件 灰铸铁 球墨铸铁	ZCuZn40Pb2 ZG12Cr18Ni9 HT150 QT450-10	GB/T 1176 GB/T 12230 GB/T 9439 GB/T 1348	所有口径 小于或等于 40mm 所有口径 大于或等于 40mm

续表1

序号	零件名称	材料要求		符合标准代号	适用水表公称口径范围
		名称	代号		
2	管接头	铸造铅黄铜 不锈钢铸件 不锈钢	ZCuZn40Pb2 ZG12Cr18Ni9 1Cr18Ni9	GB/T 1176 GB/T 12230 GB/T 14976	小于 50mm
3	连接螺母	铸造铅黄铜 不锈钢铸件 不锈钢	ZCuZn40Pb2 ZG12Cr18Ni9 1Cr18Ni9	GB/T 1176 GB/T 12230 GB/T 14976	小于 50mm
4	湿式水表罩子	铸造铅黄铜 不锈钢铸件 不锈钢	ZCuZn40Pb2 ZG12Cr18Ni9 1Cr18Ni9	GB/T 1176 GB/T 12230 GB/T 14976	所有口径
5	湿式水表的表玻璃	钢化玻璃		JB/T 8480	所有口径

3.2.4 采用灰铸铁和球墨铸铁生产的表壳内表面应加防护材料。

3.2.5 灰铸铁表壳在本标准批准实施 2 年后不得在饮用水管网中新安装和换装。

3.3 承压件尺寸和重量要求

3.3.1 采用铸造铅黄铜生产的连接螺母尺寸和重量应符合附录 A.2.1 的要求。

A.2.1 连接螺母

见图 A.1 和表 A.1。

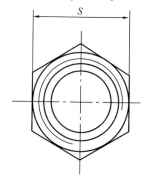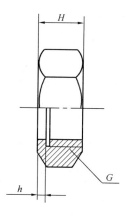

图 A.1

表 A.1　连接螺母尺寸及重量

水表连接螺纹	控制尺寸/mm			重量/g
	S	H	h	≥
G3/4	30	16	3.0	38
G1	37	18	3.5	60
G1　1/4	46	21	4.0	95
G1　1/2	52	22	4.0	120
G2	65	24	4.5	220

3.3.2　采用铸造铅黄铜生产的管接头尺寸和重量应符合附录
A.2.2 的要求。

A.2.2　管接头

见图 A.2 和表 A.2。

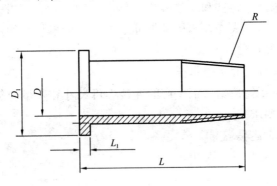

图 A.2

表 A.2　管接头尺寸及重量

水表管接头	控制尺寸/mm				重量/g
	L±1	L_1	D	D_1	
R1/2	45	3.0	15	24.0	≥46
R3/4	50	3.0	20	29.5	≥75
R1	58	3.5	25	38.5	≥140
R1　1/4	60	4.0	32	44.5	≥240
R11/2	62	4.0	40	56.0	≥280

3.3.3 采用铸造铅黄铜生产的湿式水表罩子尺寸和重量应符合附录 A.2.3 的要求。

A.2.3 湿式水表罩子

本条仅适用于连接螺纹为 M80×2、M85×2 和 M105×2 的湿式水表罩子。见图 A.3 和表 A.3。

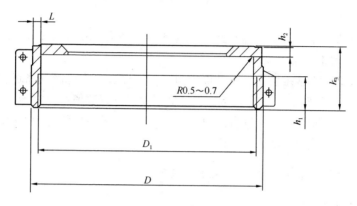

图 A.3

表 A.3 湿式水表罩子尺寸及重量

水表公称口径/ mm	控制尺寸/mm						重量/g
	D	D_1	L	h_1	h_2	h_3	
15	85	M80×2	≥2.3	≥12	≥3.0	≥22.5	≥170
20	85	M80×2	≥2.3	≥12	≥3.0	≥22.5	≥170
25	90	M85×2	≥2.5	≥12.5	≥3.2	≥24.0	≥200
32	90	M85×2	≥2.5	≥12.5	≥3.2	≥24.0	≥200
40	112	M105×2	≥3.0	≥13	≥4.5	≥27.0	≥450

八、《节水型生活用水器具》CJ 164—2002

4.2.1 产品应在水压 0.1MPa 和管径 15mm 下，最大流量不大于 0.15L/s。

4.2.3 离开使用状态后，感应式水嘴应在 2s 内自动止水，非正常供电电压下应自动断水。

4.2.4 延时自闭式水嘴每次给水量不大于1L，给水时间4～6s。

4.3.2 产品每次冲洗周期大便冲洗用水量不大于6L。

4.4.1 水压为0.3MPa时，大便冲洗用产品，一次冲水量6～8L。小便冲洗用产品，一次冲水量2～4L（如分为两段冲洗，为第一段与第二段之和）。冲洗时间3～10s。

4.5.2 淋浴器喷头应在水压0.1MPa和管径15mm下，最大流量不大于0.15L/s。

4.6.3 产品在最大负荷洗涤容量、高水位、一个标准洗涤过程，洗净比0.8以上，单位容量用水量不大于下列数值：

　　a) 滚筒式洗衣机有加热装置14L/kg，无加热装置16L/kg；

　　b) 波轮式洗衣机22L/kg。

九、《卫生陶瓷》GB 6952—2005

5.3.2.3 水封深度

所有带整体存水弯卫生陶瓷的水封深度不得小于50mm。

5.3.2.4 坐便器水封表面面积

安装在水平面的坐便器水封表面面积不得小于100mm×85mm。

6.1.1 便器用水量

便器平均用水量应符合表6规定。坐便器和蹲便器在任一试验压力下，最大用水量不得超过规定值1.5L。

双档坐便器的小档排水量不得大于大档排水量的70%。

表6　便器用水量　　　　　　　　　　　　单位为升

坐便器	普通型（单/双档）	9
	节水型（单/双档）	6
蹲便器	普通型	11
	节水型	8
小便器	普通型	5
	节水型	3

6.1.2.4 水封回复功能

每次冲水后的水封回复都不得小于 50mm。

7.1.1 配套要求

必须配备与该便器配套使用且满足 6.1 条规定的定量冲水装置，并应保证其整体的密封性。

7.1.3 防虹吸功能

所配套的冲水装置应具有防虹吸功能。

参 考 文 献

1. 闫军. 建筑设计强制性条文速查手册（第二版）. 北京：中国建筑工业出版社，2014

2. 闫军. 建筑结构与岩土强制性条文速查手册. 北京：中国建筑工业出版社，2012

3. 闫军. 建筑施工强制性条文速查手册. 北京：中国建筑工业出版社，2012

4. 闫军. 给水排水与暖通强制性条文速查手册. 北京：中国建筑工业出版社，2013

5. 闫军. 交通工程强制性条文速查手册. 北京：中国建筑工业出版社，2013